Walter R. Fuchs
Bevor die Erde sich bewegte

Walter R. Fuchs

Bevor die Erde sich bewegte

Eine Weltgeschichte der Physik

Deutsche Verlags-Anstalt

Die Bücher der Öffentlichen Wissenschaft
entstehen in enger Zusammenarbeit
mit der Redaktion der Zeitschrift *Bild der Wissenschaft*
im Verlagsbereich Öffentliche Wissenschaft.

ISBN 3 421 02677 7

Umschlagentwurf: Klaus Dempel, Stuttgart
Grafische Gestaltung: Klaus Bürgle, Göppingen
Gesamtherstellung: Druck- und Buchbinderei-Werkstätten
May & Co Nachf., Darmstadt
Printed in Germany

Inhalt

Einleitung

Aufsehenerregende Studien wie der Club-of-Rome-Bericht *Die Grenzen des Wachstums,* die Resignation der NASA in Sachen »bemannte Weltraumfahrt« oder trotzige Aktionen von Bürgerinitiativen gegen den Bau von Kernkraftwerken sollten wir als klare Signale für einen Prozeß der Bewußtwerdung erkennen: Der Glaube an den technischen und damit auch den wissenschaftlichen Fortschritt ist deutlich ins Wanken geraten. Das Pathos blinder Fortschrittsgläubigkeit wurde als hohl entlarvt.

In einer solchen Situation liegt es nahe, sich auf historische Gegebenheiten zu besinnen, nicht zuletzt in der wissenschaftlichen Entwicklung der Menschheit: Gibt es zum Beispiel einen klar erkennbaren Fortschritt, den man über die Jahrhunderte hinweg in der Physik feststellen kann? Ist die Newtonsche Dynamik durch die Einsteinsche Relativitätstheorie »überholt«? Entwertete das Kopernikanische Weltsystem das Ptolemäische? War die Physik des Aristoteles »falsch«? Ist Werner Heisenberg, einer der hervorragendsten Vertreter der modernen Physik, ein unverbesserlicher »Reaktionär«, weil er in Zusammenhang mit der Elementarteilchen-Forschung über Platons *Timaios*-Dialog meditiert? Wird »gute Physik durch schlechte Philosophie verdorben«, wie Heisenberg meint, wenn er auf Demokrit und die Idee des Atomismus zu sprechen kommt? Ist es ein Zufall, daß der Nobelpreis für Physik im Jahr 1974 erstmals (!) an zwei Astronomen vergeben wurde? Oder hat man im Nobel-Komitee ganz plötzlich erkannt, daß die exakteste unter den exakten Wissenschaften, die Physik, eigentlich ein »Geschenk des Himmels« ist?

Die Beschäftigung mit der Geschichte der Naturforschung, speziell mit den Aktivitäten, die unter der Sammelbezeichnung »Physik« verbunden sind, ist keineswegs naheliegend: Aus einleuchtenden Gründen verleitet gerade eine Wissenschaft wie die Physik zur Mißachtung ihrer Geschichte. Denn die rasante Entwicklung der modernen Naturforschung im 20. Jahrhundert hat dazu geführt, daß bahnbrechende Ideen, die erst wenige Jahrzehnte alt sind, schon als »klassisch« oder gar »veraltet« angesehen werden. Selbst »historische« Bemerkungen in Physikbüchern umfassen allenfalls einen Zeitraum von rund drei Jahrhunderten, zurück bis zu jenen Tagen, an denen Galilei – angeblich nach Fallversuchen am Schiefen Turm von Pisa – seine Bewegungslehre konzipierte und »radikal« mit Aristoteles brach: War dies die Geburtsstunde der »neuen Wissenschaft« Physik?

Gerade die Arbeit dieses italienischen Gelehrten ist so von Legenden umwoben, daß es überaus nützlich erscheint, hier die physikalischen Tatsachen aufzuspüren. Dabei zeigt sich übrigens recht offenkundig, daß Galileis Werk keinesfalls als die »Stunde Null« der Physik angesehen werden kann: Exakte Naturforschung als Wissenschaft mit mathematischer Theorie wird zumindest seit zweieinhalb Jahrtausenden betrieben.

In diesem Buch soll darüber hinaus gezeigt werden, daß die naturforschende Tätigkeit des Menschen, in deren Rahmen die Entwicklung der Physik erst verständlich wird, als eine über mehrere Jahrtausende hinweg praktizierte kulturelle Aktivität begriffen werden sollte: Der geschichtlich faßbare Mensch hatte mit seinem überentwickelten und ständig aktiven Gehirn stets mehr geistige Energie zur Verfügung, als er zum Kampf ums Dasein brauchte, zum bloßen Überleben in biologischer Form. Das zeigt sich bereits recht eindrucksvoll beim Naturkundeunterricht in den Eiszeithöhlen Südfrankreichs, wo nach standardisierten Lehrmethoden zoologische, anatomische und strategische Kenntnisse vermittelt wurden. Das zeigt sich aber auch schon beim altsteinzeitlichen Nahrungssammeln, wo nicht nur Lebensmittel, sondern in gleichem Maße Informationen gesammelt wurden, was den Menschen zu einem scharfen Beobachter zufälliger Ereignisse werden ließ – unabdingbare Voraussetzung jedes naturwissenschaftlichen Tuns. Es wird erläutert, wieso im südenglischen Stonehenge bereits zur Steinzeit ein imposantes astronomisches Observatorium und »Rechenzentrum«

entstehen konnte, wie die altägyptische Forschungsbürokratie zum Vorbild der modernen Forschungsverwaltung wurde und wie die Spekulationen der ionischen Naturphilosophen das Denken der modernen Physiker beeinflußte.

Es soll untersucht werden, warum die Pythagoreer einen so nachhaltigen Einfluß auf die Überlegungen der Physiker ausgeübt haben, der noch in unserem Jahrhundert spürbar ist, warum die Philosophie des berühmten Platon noch immer nicht »physikalisch überholt« ist und Aristotelische Begriffsbildungen ihre Faszination wohl nie so ganz verlieren werden. Wir wollen nach der angeblichen Rückständigkeit antikgriechischer Technik fragen, nach der Bedeutsamkeit der arabischen Übermittlung naturwissenschaftlicher Kenntnisse im Mittelalter, nach dem »größten Astronomiebuch der Welt«, das peruanische Indianer in den Wüstenboden gekratzt haben, und danach, ob die vorgalileische Naturforschung ausschließlich von »Affen des Aristoteles« betrieben wurde, um ein Schimpfwort aufzugreifen, mit dem man Albertus Magnus attackierte.

Dabei wird es sich erweisen, daß entscheidende Fragestellungen der physikalischen Forschung, wenn nicht gar *die* entscheidenden, bereits formuliert wurden, »bevor die Erde sich bewegte«: Vielleicht kann diese Betrachtung mit dazu beitragen, daß wir die Physik von heute nicht mehr als »Dame ohne Unterleib« betrachten, deren »Nabel« die Galileische Kinematik bildet. Geschichte der Physik – das ist wahrlich mehr als Galileo Galilei, der den Schiefen Turm zu Pisa erklimmt, um Kugeln fallen zu lassen, oder Isaac Newton, dem ein überreifer Apfel auf die Nase donnert.

1
Naturkunde in der Eiszeithöhle

Nach jenem denkwürdigen 4. Oktober 1957, als es sowjetischen Wissenschaftlern gelang, den ersten künstlichen Erdsatelliten »Sputnik I« auf eine Erdumlaufbahn zu schießen, breitete sich in den Vereinigten Staaten der berüchtigte »Sputnik-Schock« aus. Erst als dann im Juli 1969 US-Commander Neil Armstrong im Rahmen der erfolgreichen Apollo-11-Mission »den Mond zum Ami« machte, wie die *Bild-Zeitung* erleichtert feststellte, schien für die westliche Hemisphäre die naturwissenschaftlich-technische Welt wieder in Ordnung zu sein.
Doch das gute Jahrzehnt, das inzwischen verflossen war, sollte ungeahntes beträchtliches Leid über westliche Schul- und vor allem Elternhäuser bringen: Das hektische Umkrempeln der mathematisch-naturwissenschaftlichen Lehrpläne hatte den westlichen Industrienationen die *new math* beschert, jene »neue Mathematik«, die hierzulande vor allem mit dem Schreckenswort »Mengenlehre« verbunden ist: »Die *new math* traktierte alsbald bereits die Kinder mit abstrakten Begriffen der Mengenlehre und der Gruppentheorie, von denen bis dahin nur Hochschulstudenten der Mathematik und der theoretischen Physik zu hören bekommen hatten«, knurrte grimmig Fritz Zwicky, damals Professor für Astrophysik am California Institute of Technology in Pasadena, während einer der »Neue-Mathematik-Päpste«, Zoltan P. Dienes, noch emphatisch verkündete: »Jedes Kind kann das Entzücken erleben, ein kleiner Prometheus zu sein, der das Feuer von den mathematischen Göttern stiehlt.« Doch dieses Hochgefühl erstarb

recht bald in der rauhen Wirklichkeit der Unterrichtspraxis. Und Tom Lehrer, ein amerikanischer Mathematiker, der nebenbei gern bitterböse Songs voll schwarzem Humor schmiedete, sah den Sinn der neuen Schulmathematik lediglich noch darin, daß ein US-Bürger von nun an eben immer einen Schritt weiter als ein Russe sein müsse.

Aber mit der Mathematik allein war dieses Problem schließlich nicht gelöst: Wer den Himmel erstürmen wollte, der mußte vor allem technologisch und damit physikalisch auf der Höhe sein. Und so machte sich denn die »American Association for the Advancement of Science«, eine Vereinigung also, der die Fortschritte in der Naturforschung ein wirkliches Anliegen sind, daran, ein sogenanntes »Post-Sputnik-Science-Curriculum« zu entwerfen, ein detailliertes Lehrplangerüst, das gewährleisten sollte, daß die kleinen Amerikaner den kleinen Russen nicht nur mathematisch, sondern auch naturwissenschaftlich immer eine Nasenlänge voraus sind.

Dafür bemühte man nicht nur einen Kreis von Physikern, sondern vor allem ein Heer von Pädagogen und Entwicklungs-, Lern- und Denkpsychologen, die »ein forschungsbestimmtes Verständnis der Naturwissenschaften« erzeugen wollten: Die Naturforschung sollte frei von allen traditionellen Zwängen als »dynamischer, offener und erregender Prozeß« erscheinen, und zwar nach dem Motto, daß eigentlich jedermann das Zeug zum Wissenschaftler habe und mit etwas gutem Willen seinen eigenen Problemlöser spielen könne: *»Every man could be his own scientist – his own problem solver.«*

Die selbständige Entdeckung naturwissenschaftlicher Erkenntnisse wurde – ähnlich wie zuvor bei der neuen Mathematik – zum bestimmenden Lernprinzip erhoben. Das überlieferte Fachwissen wurde bewußt abgewertet, wenn nicht geradezu als störend empfunden. Denn, so formulierte die amerikanische Kommission:

»Naturwissenschaft ist mehr als ein Wissensbestand, eine Zusammenstellung von Grundgedanken und eine Menge von Meßinstrumenten. Sie ist ein strukturierter und gerichteter Weg, Fragen aufzuwerfen und zu beantworten. Es ist keineswegs ein pädagogisches Kunststück, Kinder naturwissenschaftliche und technische Fakten zu lehren. Der pädagogische Triumph besteht darin, diese Tatsachen in ihrer Beziehung zu den naturwissenschaftlichen Forschungsmethoden zu lehren.«

Das Märchen vom »kleinen Prometheus«, der dieses Mal nicht den mathematischen, sondern den physikalischen Göttern ans Feuer soll, nährten Aussagen von Psychologen wie die von Robert M. Gagné:

»Naturwissenschaftler beobachten, klassifizieren, messen, ziehen Schlüsse, stellen Hypothesen auf und führen Experimente durch. Wie sind sie in den Besitz dieser Fähigkeiten gelangt? Vermutlich haben sie diese Verfahren erlernt, indem sie sie viele Jahre hindurch praktisch angewandt haben. Wenn Naturwissenschaftler auf diese Weise gelernt haben, Informationen zu erarbeiten, so können sicherlich elementare Formen dieser Tätigkeit von Kindern der ersten Schuljahre erlernt werden.«

Für diese angeblich so simple Art der naturwissenschaftlichen Selbstbetätigung wurde den Abc-Schützen ein Rezeptblock von zunächst acht wesentlichen Grundfertigkeiten erarbeitet: Erst einmal wird beobachtet, dann klassifiziert, Zahlen werden gebraucht (immerhin Dezimalbrüche und Zehnerpotenzen!), Messungen ausgeführt, Raum-Zeit-Beziehungen bis hin zu Rotationsgeschwindigkeiten erlernt, Diagramme gezeichnet, Voraussagen gemacht (»Interpolation und Extrapolation in grafisch angebotenen Daten«) und schließlich Schlußfolgerungen gezogen. Danach wird es dann »etwas komplexer« mit fünf »integrierenden« Fertigkeiten: Die Daten müssen interpretiert, Hypothesen formuliert und Variablen kontrolliert, es muß operational definiert und experimentiert werden.

Die Sache sieht auf Anhieb so aus, als handle es sich bei der naturforschenden Tätigkeit um ein Verhaltensmuster, das durchaus vergleichbar sei mit dem einer ordentlichen Morgentoilette (Zähneputzen, Waschen, Rasieren) und dem anschließenden Einnehmen eines nahrhaften Frühstücks – wenn auch vielleicht ein wenig umständlicher. Aber irgendwie klingt das Ganze doch nach dem fröhlichen Motto aus Lehrermund: »So, liebe Kinder, heute wollen wir einmal jeder für sich die spezielle Relativitätstheorie entdecken! Also dann: Forscht mal schön!«

Aber zum einen sind *Wissenschaft* im allgemeinen und *Physik* im speziellen eben *nicht nur methodisches Vorgehen:* Sie sind in gleichem Maße Institution, Gemeinschaftsarbeit oder Teamwork, historisch überlieferte Fachkenntnis und Weltanschauung, und sie stehen in Beziehung zu den Produktionsmitteln und in Wechselwirkung zur Gesellschaft.

Zum anderen jedoch sind nicht einmal die naturwissenschaftlichen Methoden so sonnenklar, wie es einem die »Post-Sputnik-Curriculum-Experten« auf ihrer Gebrauchsanweisung vorgaukeln möchten: Wissenschaftliche Fragestellungen sind in hohem Maße von der Zeit ab-

hängig, zu der sie formuliert werden, das heißt, bereits vorliegende Theorien oder Hypothesen bestimmen in jedem Fall die Art der Frage. Während des Experimentierens kann man zudem auf Tatsachen stoßen, die völlig unerwartet waren. Der irische Physiker John D. Bernal (geboren 1901) meint deshalb durchaus zu Recht:
»Die Erforschung der Methode der Wissenschaft hat viel langsamere Fortschritte gemacht als die wissenschaftliche Entwicklung selbst. Wissenschaftler machen zunächst irgendeine Entdeckung und überlegen sich dann mehr oder weniger erfolgreich, wie sie eigentlich dazu gekommen sind. Leider sind die meisten Bücher über die Methoden der Wissenschaft von Leuten geschrieben worden, die – obwohl philosophisch oder sogar mathematisch begabt – keine experimentierenden Wissenschaftler sind und daher, strenggenommen, gar nicht wissen, wovon sie reden.«
Auch der berühmte Albert Einstein, der nun wahrlich zu denjenigen zählen müßte, die genau wissen, wie man Physik betreibt, konnte einfach nur feststellen: »Wissenschaft als etwas Bestehendes und Abgeschlossenes ist zwar die objektivste Sache, die wir kennen. Aber Wissenschaft, wie sie betrieben wird, Wissenschaft als Ziel, das man verfolgt, ist genauso subjektiv und psychologisch bedingt wie jede andere Art menschlichen Strebens – so sehr sogar, daß auch die Frage ›Was ist Sinn und Zweck der Wissenschaft?‹ zu verschiedenen Zeiten und von verschiedenen Leuten ganz verschieden beantwortet wird.«
Wenn man so will, ist dieser Anspruch Einsteins auch ein Plädoyer dafür, sich mit der Geschichte der exakten Wissenschaften ernsthaft zu beschäftigen. Für jemanden, der nicht selbst Naturwissenschaftler ist, klingt diese Ermunterung eigentlich ganz selbstverständlich: Bücher, die sich mit historischen Sachverhalten beschäftigen, werden schließlich von vielen Menschen mit Begeisterung gelesen, gleichgültig, ob es sich nun um nüchterne Prosa handelt oder der Stoff in Romanform verarbeitet wurde.
Dagegen zeichnen sich »praktizierende« Physiker – wie fast alle Vertreter der exakten Zunft – gewöhnlich dadurch aus, daß sie ein ausgesprochen gestörtes Verhältnis zur Geschichte haben. Anders gesagt: Es fehlt ihnen jedes historische Bewußtsein für ihre Wissenschaft. Bahnbrechende Ideen in ihrer Forschungsdisziplin, die bereits mehr als ein paar Jahrzehnte alt sind, bezeichnen sie zumeist schon als »klassische« Theorien. Und wenn ein Physiker – falls überhaupt! – einmal von Galileo Galilei spricht, dessen revolutionäre Überlegungen und

Experimente immerhin erst 350 Jahre »jung« sind, dann klingt das ungefähr so ähnlich, als rede er von einem Zeitgenossen des alten Hammurabi, der im 17. Jahrhundert vor unserer Zeitrechnung im alten Babylon regierte. Ganz zu schweigen von den exaktwissenschaftlichen Glanzleistungen aus den Zeiten vor dem klassischen Griechenland: Physikalisch gesehen, so scheint es, kann es damals nur ein stockfinsteres »Neandertal« gegeben haben.

In vielen Physikbüchern beschränkt sich daher der »geschichtliche« Teil der Betrachtungen auf recht vage Bemerkungen der Art, daß »Physik« soviel wie »Naturlehre« oder »Naturforschung« bedeute und dieses Betätigungsfeld eine echte Erfahrungswissenschaft sei, die allein auf experimentell gefundenen Tatsachen beruhe: »Die Tatsachen bleiben, die Deutungen wechseln im Laufe des historischen Fortschritts«, erläuterte beispielsweise Robert W. Pohl, ein berühmter Göttinger Experimentalphysiker zu Beginn der dreißiger Jahre. Und bei seinem Kollegen Wilhelm H. Westphal hieß es: »Seitdem Newton den Blick des Physikers von der Erde zu den Sternen erhob, gehören die astronomischen Beobachtungen zum wichtigsten Tatsachenmaterial, auf das sich die Physik gründet.« Die vornewtonschen Beobachtungsdaten über Gestirnbewegungen waren also physikalisch bedeutungslos? Ein Sachverhalt, den wir untersuchen sollten.

Fast schon verwegen klingt es, wenn irgend jemand behauptet, die exakte Naturforschung sei doch eigentlich das Produkt einer rund zweieinhalbtausendjährigen Bemühung; denn damals habe man ja schon systematisch *Geometrie* betrieben. Dagegen fällt dann zumeist wieder das Argument, daß die diesbezüglich wünschenswerte, wenn nicht notwendige *empirische* Forschung von den Griechen völlig vernachlässigt, ja sogar verachtet worden sei – ein höchst fragwürdiger Einwand übrigens, wie wir später sehen werden.

Die überaus achtbaren *astronomischen* Erkenntnisse der alten Kulturvölker an Euphrat und Tigris und am Nil werden trotz ihrer empirischen Grundlage andererseits wieder dadurch entwertet, daß man den Vorwurf erhebt, sie seien total mit spekulativer Astrologie oder mit religiösen Aussagen durchsetzt gewesen: Als ob man heutzutage Physik ausschließlich um ihrer selbst willen betreiben würde!

Die angeblich »zweckfreie« physikalische Wissenschaftsbetätigung hat es in der Geschichte der menschlichen Kultur eigentlich nie gegeben. Das »reine Streben« nach Erkenntnissen über die Natur, »wie sie wirklich ist«, ein sogenanntes »objektives» Schauen und Verstehen unserer Welt und ihrer Geschehnisse ist nämlich keineswegs eine von allen gesellschaftlichen Zwängen enthobene Angelegenheit, wie man das uns bisweilen weismachen möchte: Es gibt wohl kaum eine menschliche Tätigkeit, die sich über die Jahrhunderte, ja die Jahrtausende hinweg so deutlich verändert hat wie die naturwissenschaftliche Forschungsarbeit.

Die Anfänge dieses Tuns sind scheinbar so einfach, aber letztlich doch so kompliziert wie das menschliche Schauen, Denken und Berichten selbst: »Die naturwissenschaftliche Methode mag in ihren verfeinerten Formen kompliziert erscheinen«, meditierte Bertrand Russell, »ihrem Wesen nach ist sie bemerkenswert einfach: Sie besteht darin, solche Tatsachen zu beobachten, die es dem Beobachter ermöglichen, allgemeine Gesetze zu entdecken, denen die fraglichen Tatsachen gehorchen. Beide Stadien, zuerst das der Beobachtung und danach das des Ableitens eines Gesetzes, sind wesentlich, beide einer nahezu unbegrenzten Verfeinerung fähig.«

Eigentlich, so meinte Russell, habe ja schon der erste Mensch die naturwissenschaftliche Methode angewandt, der, nachdem er sich mehrmals seine Gliedmaßen verbrannt habe, schließlich den Aussagesatz formuliert habe: »Feuer brennt!«

Doch dann schränkte der englische Philosoph und Mathematiker inkonsequent ein, daß eben dieser Mensch vor zigtausenden von Jahren zwar bereits beobachtet und verallgemeinert, aber halt doch nicht das beherzigt habe, »was eine naturwissenschaftliche Technik verlange, nämlich eine sorgfältige Auswahl bezeichnender Tatsachen«.

Diese Argumentation ist ausgesprochen engherzig: Zwar verlangt die moderne naturwissenschaftliche Methode eine überaus penible Selektion der für eine Theorie relevanten Erfahrungstatsachen. Doch gehört es nicht bereits zu der von Russell erwähnten »nahezu unbegrenzten Verfeinerung« der Beobachtung, wenn man seine wissenschaftliche Aufmerksamkeit lediglich sorgfältig ausgewählten Fakten schenkt? Außerdem ist man bei diesem Auswahlvorgang nie ganz sicher vor Überraschungen: In jeder wissenschaftlichen Theorie ist nämlich stets Platz für Tatsachen, die man noch gar nicht kennt. Doch das nur am Rande. Zurück zu dem Menschen, der »Feuer brennt« sagte: Er ist bekanntlich nicht bei dieser Erkenntnis stehengeblieben, sondern hat das Feuer gezähmt, unter Kontrolle gebracht und damit Naturforschung als Naturbeherrschung betrieben.

Jedenfalls war die Verwendung des gebändigten Feuers bereits ein Sachverhalt, der vollständig außerhalb der Möglichkeit irgendeines Tieres lag und eigentlich durchaus vergleichbar ist mit unseren heutigen Bemühungen, das »Sonnenfeuer« per kontrollierter Kernfusion in den Griff zu bekommen: Die wilde Gewalt des natürlichen Verbrennungsprozesses, der durch Blitzschlag, Wald- oder Steppenbrand, Vulkanausbruch oder entflammtes Erdgas doch recht zufällig und ziemlich selten zustande kam, mit Feuersteinen selbst zu entfachen, zu zähmen, zu unterhalten und obendrein noch systematisch zu erforschen, war eine durchaus risikoreiche und überaus schwierige Angelegenheit, die in zahlreichen Mythen und Legenden ihren berechtigten Ausdruck erhalten hat.

Jedenfalls schreckte das nächtliche Lagerfeuer streunende Wölfe und Hyänen ab. Und mit gezielten Flammen und Rauchschwaden hetzte man das Wild aus seinen Unterschlüpfen in vorbereitete Fallgruben oder Baumstammfallen. Das Fleisch wurde am Spieß gebraten, in der Glut geröstet, in der Asche gebacken. Die fast ebenso alte, noch heute bei manchen Beduinenstämmen praktizierte Technik, Wasser durch das Hineinwerfen von glutheißen Steinen zu erhitzen, um darin Fleisch garzukochen, sollten wir neben dem Feuermachen und -unterhalten ohne Zögern als beachtenswerte naturwissenschaftliche Erkenntnis akzeptieren: Noch heute zeigt sich die Bedeutung dieses Verfahrens in einigen Indianersprachen Nordamerikas, wo »gekochtes Fleisch« gleichbedeutend mit »Festmahl« gebraucht wird.

Derartige, nach unserer heutigen Vorstellung ziemlich »primitive« Verfahren sind, vorurteilslos besehen, gewiß Sachverhalte, die man als ein zumindest »natur-kundliches» Wissen betrachten sollte: Welche vernünftigen Gründe sprechen denn dagegen, daß wir die Menschen der letzten *Eiszeit* und jüngeren Altsteinzeit, Menschen einer Epoche, die sich ungefähr zwischen 50 000 und 10 000 Jahren vor unserer Zeitrechnung abspielte, als geistig rege Geschöpfe akzeptieren, die bereits ein beträchtliches »Natur-Wissen« besaßen, das sie aufgrund naturkundigen Tuns erarbeitet und weitergegeben hatten?

Denken wir doch nur an die überwältigenden Skulpturen, Gravierungen und Malereien, die in den altsteinzeitlichen Höhlen entdeckt wurden! Die Menschen dieser Zeit hatten gewiß schon einen umfangreichen biologischen Wissensstoff über Pflanzen und Tiere angesammelt und weitergegeben, Erkenntnisse, die nicht zuletzt in ihren bildhaften Darstellungen zum Ausdruck kamen und damit buchstäblich »eingefangen« wurden: Da gab es durchaus »realistische« Abbildungen von Bisons oder Urrindern, in denen bisweilen sogar die Knochen, das Herz und die Eingeweide der

Tiere festgehalten waren. Man könnte heute geradezu von »anatomischen Lehrtafeln« sprechen, von Demonstrationsmitteln also, die für eine Unterrichtung im Zerlegen der Jagdbeute von beträchtlichem Nutzen waren.

Oftmals sind diese Darstellungen *zoologisch* und *anatomisch* so verblüffend präzise, daß man die Grundlagen – Jagdzauber und Religion – dieser Kunstwerke fast vergessen könnte. Bisweilen fühlt man sich geradezu an die naturhistorischen Zeichnungen eines Leonardo da Vinci erinnert. Fest steht jedenfalls, daß die medizinisch-naturwissenschaftliche Disziplin der *Anatomie* mit dem waidgerechten Zerlegen des Wildes und den Eiszeitbildern ihren Anfang nahm.

Zieht man zudem noch in Betracht, daß die »Künstler« der Eiszeit ja nicht nur ein bewundernswertes naturkundliches Wissen, sondern auch noch achtbare maltechnische Kenntnisse in der Bearbeitung von Erdfarben (zum Beispiel Eisenoxid, Manganerde, Ocker) besaßen, die sie in steinernen Reibschalen mit erwärmten Tierfetten aufbereiteten, so muß man den *magischen* Aspekt dieser bildhaften »Lehrmittel« nicht mehr in dem Maße überbewerten, wie das bisher zumeist der Fall war: Was hatten denn diese Höhlenbilder überhaupt für einen Sinn?

»Der Mensch ist angewiesen auf die Tiere«, berichtete der Vorgeschichtsforscher Herbert Kühn über diese Epoche, »sein Leben hängt ab von der Jagd; er braucht die Tiere, um leben zu können. All sein Denken kreist um das Tier. Um es zu bannen, malt er es, genauso wie er es gesehen hat: das einzelne Tier, das individuelle Wesen, und so sind ganz bestimmte Bisons, bestimmte Rentiere, Urrinder, Höhlenlöwen gemalt. Man kann ihr Alter erkennen, man kann sehen, ob es weibliche oder männliche Tiere sind. Man sieht deutlich, wie genau die Eiszeitmenschen die Tiere erfaßt und wie genau sie sie wiedergegeben haben. Jeder Strich sitzt; das Bild gibt die *Wirklichkeit* bis ins einzelne wieder.«

Es könnte also fast so etwas Ähnliches wie *Brehms Tierleben* in eiszeitlicher Ausdrucksweise gewesen sein: Die Jagdgesellschaft versammelte sich zur Unterrichtsstunde. Zauberer oder Priester mit soliden zoologischen Kenntnissen bereiteten gleichsam als Lehrpersonal die »Jagdszenen aus Südfrankreich« mit akribisch ausgefeilten »Schautafeln« vor – kultisch zwar im Ritual, aber naturwissenschaftlich im »Know-how«. Denn letztlich ging es doch – nicht anders als in unserer modernen Naturforschung – um die Reichweite der wissenschaftlichen Erkenntnis, um lebensnotwendige Naturbeherrschung und um zweckmäßig scheinende Organisationsformen im sozialen Leben der Gemeinschaft: Das magische

Beschwörungsritual der Jagdzaubertänze war im Grunde genommen eine besondere Form des naturkundlichen Unterrichts, ein getanztes Planspiel von »Managementproblemen« bezüglich einer kollektiven Nahrungsbeschaffung. Es war eine *formale* Unterweisung, die eine praktische Jagderfahrung natürlich nicht ersetzen, aber doch ergänzen und komplettieren konnte. Im Ritual wurde memoriert, repetiert, exerziert und demonstriert – »programmierter Unterricht« im Eiszeitstil für die Jüngeren und »Mnemotechnik«, kunstvolle Gedächtnisübungen für die älteren Großwildjäger.

Um solche Fragen eines im weitesten Sinne »naturkundlichen« Wissens und seiner Vermittlung aus vergangenen Jahrtausenden, Jahrhunderten und Jahrzehnten soll es in unserer Betrachtung gehen. Das mag auf den ersten Blick ein etwas merkwürdiger Denkansatz für ein naturwissenschaftliches Buch sein – zumindest für Leute, die als Geburtsstunde der Physik die zweifellos revolutionären Experimente des Galileo Galilei ansehen, der von 1564 bis 1642 gelebt hat. Wir meinen allerdings, daß es auch überaus lohnenswert sein kann, einmal das gründlicher zu betrachten, was uns als scheinbar nur »vorwissenschaftliches Erfahrungswissen« aus den Jahrtausenden der Menschheitsgeschichte erhalten geblieben ist: Schließlich gehört die »gute alte« Tradition, Wissen von Eltern an die Kinder, von Meistern an die Lehrlinge und von Lehrern an die Schüler weiterzugeben, zu den gewichtigsten Merkmalen jeder Wissenschaft.

Womit wir wiederum beim Ausgangspunkt unserer Überlegungen angelangt wären: Kann man »ein forschungsbestimmtes Verständnis« der Naturwissenschaften ähnlich wie bei den Lehrversuchen zur »neuen Mathematik« fast ausschließlich durch die Anregung zu eigenen, selbständigen Entdeckungen erzeugen? Sind historische Kenntnisse über die Art und Weise, wie die Menschen in früheren Zeiten Naturforschung betrieben haben, für ein Verständnis der Physik von heute überflüssig oder womöglich sogar bei der eigenen Entdeckungsarbeit hinderlich?

Eine akzeptable Antwort auf solche Fragen hat der bekannte amerikanische Lernpsychologe B. Frederic Skinner wie folgt formuliert:

»Die Stärke einer Kultur liegt in der Fähigkeit, sich zu überliefern. Sie muß den Schatz an Fertigkeiten, an Wissen, an sozialen und ethischen Praktiken an ihre neuen Mitglieder weitergeben. Das ist die Aufgabe der Erziehung. Für den Schüler ist es ganz unmöglich, irgendeinen wesentlichen Teil der Weisheit seiner Kultur selbst zu entdecken. Große Denker bauen auf der Vergangenheit auf, aber sie verschwenden keine Zeit damit, sie nochmals zu entdecken. Es ist daher gefährlich, dem Schüler zu sagen, es sei unter seiner Würde, das zu lernen, was andere vor ihm schon wissen – daß es nicht vornehm sei, Tatsachen, Formeln oder Texte auswendig zu lernen, und daß der Weg zur Anerkennung nur über das ›schöpferische‹ Denken gehen müsse.«

Eigenständiges Denken, das immer auch eine schöpferische, kreative Komponente enthält, gedeiht wohl kaum in einem Klima, das die überwältigende Mannigfaltigkeit der von früheren Generationen erarbeiteten und reichhaltig gestalteten Denklandschaft völlig außer acht läßt. Wie schon gesagt: Es gibt überhaupt keine verbindliche Methode der Naturforschung. Und zudem ist Wissenschaft stets mehr als nur eine bloße Methode. Sie rein methodisch ohne ihre anderen wesentlichen Aspekte zu sehen, wäre eine ziemlich nutzlose Abstraktion:

»Es besteht dann die Gefahr«, so meint wiederum John D. Bernal, »daß sie als eine Art platonischer Idee betrachtet wird, so, als gäbe es einen einzigen richtigen Weg, die Wahrheit über Natur und Mensch zu erkennen, und als sei es die einzige Aufgabe der Wissenschaftler, diesen Weg zu finden und zu beschreiten. Eine solche absolute Konzeption wird durch die ganze Geschichte der Wissenschaft mit ihrer ständigen Entwicklung einer Vielfalt neuer Methoden Lügen gestraft. Die Methode der Wissenschaft ist nichts Feststehendes, sondern ein Wachstumsprozeß.«

Sie ist, so könnte man den irischen Physiker ergänzen, nicht einmal ein Wachstumsprozeß, der fortlaufend Zuwachsraten methodischer Verbesserungen garantiert: Auch die naive Fortschrittsgläubigkeit wird durch einen Blick in die Geschichte der Naturforschung ganz erheblich erschüttert.

Andererseits könnten vielleicht allzu nüchterne Leser unserer Betrachtung den Einwand erheben, daß Beschwörungen, Zauber und Magie, Mythos und Religion, die allesamt bei den eiszeitlichen Bildwerken eine bedeutsame Rolle gespielt haben, mit Naturwissenschaft im modernen Stil nun wahrlich nichts zu tun hätten: Die Schilderung unserer naturkundlichen Unterrichtsszene in der Eiszeithöhle wäre demnach eine totale Fehlinterpretation des »wahren« Sachverhalts, dem eines magischen Beschwörungstanzes kultisch verzückter »Primitiver« nämlich. Aber waren diese »abergläubischen« Menschen wirklich nur irrationale Spinner, die – bar aller naturwissenschaftlichen Kenntnisse – einfach glaubten, durch finstere rituelle Beschwörungen ihre Jagdbeute verhexen zu können?

Symbolische Handlungen, wie sie die Eiszeitmenschen hier praktizierten, dürfen wir keineswegs nur als magischen Hokuspokus, als absurden, kindischen Selbstbetrug ansehen: Wir können und sollten sie im Rahmen unserer Überlegungen als erste Schritte zu einer allgemeinverständlichen, überwiegend vorsprachlichen Darstellung und ständig möglichen Reproduktion von praktisch nützlichem *Wissensstoff* ansehen, als brauchbare Kommunikationssituation einer gesellschaftlichen Gruppe, die mit Hilfe eines symbolischen Zeichenvorrats von tänzerischen Gesten und Lauten arbeitete. Man spielte, in Tänzen und Gesängen nachahmend, die zuvor erfolgreich ausgeführten Jagdszenen immer wieder durch, um nützliche Verhaltensmuster und damit bewährte Methoden zu trainieren. Erst durch diese imitierende Tradition wurden *erprobte Methoden standardisiert.* Man betrieb das Jagdgeschäft nicht auf gut Glück in jenen Tagen: Das Planspiel des Rituals entwarf eine sorgfältig erarbeitete *Strategie* oder Taktik und vermittelte mit Hilfe der Wandmalereien zugleich ein gutes Bild von der *Anatomie* des zu jagenden Tieres.

Das Ritual hat damit dereinst auch Kenntnisse naturwissenschaftlicher Art bewahrt und gleichsam zum starren Weltbild zusammengehalten. Es war das sorgsam bewahrende, konservative Element dieser eiszeitlichen Lerngesellschaft – ein eingedrilltes Gewohnheitswissen mit Gruppenverstärkung sozusagen, eine kollektiv memorierte »Populärwissenschaft«, die allmählich schon das formte, was wir heute Common sense nennen, den gesunden Menschenverstand.

Leider wissen wir über das eigentlich naturkundliche Wissen der Eiszeitmenschen noch immer so herzlich wenig, daß sich, über unsere vielleicht etwas ungewöhnliche Interpretation ihrer Höhlenmalereien und der damit verbundenen Rituale, eine vernünftige Spekulation über ihre naturwissenschaftlichen Aktivitäten kaum lohnt.

Ganz anders sieht die Sache inzwischen bereits aus, wenn wir durch die exaktwissenschaftliche Brille Menschen der *Jungsteinzeit* betrachten, des sogenannten *Neolithikum:* Aus dieser Epoche haben sich so beredte Zeugnisse menschlichen Handelns erhalten, daß wir sie ohne weiteres auch mit der mathematisch-naturwissenschaftlichen Elle messen können und nicht nur – wie das bisher zumeist geschehen ist – unter dem bloßen Blickwinkel der Religion, der Kunst und der Wirtschaft. Entdecken wir also in der folgenden Betrachtung ein steinzeitliches Observatorium und Rechenzentrum in Südengland.

2
Die Steinzeit-Astronomen von Stonehenge

Während der jüngeren Altsteinzeit, dem sogenannten »Jung-Paläolithikum«, fertigten kunst- und naturkundige Menschen die »magischen« Bildtafeln der Eiszeitmalerei in Höhlen an, die – je nach Betrachtungsweise – als Tempel, als Kultplätze oder Unterrichtsstätten Verwendung fanden. Entscheidend für diese Wandbilder von monumentalen Proportionen – zwei bis drei Meter hoch, bisweilen über vier Meter breit – war jedenfalls ihre Einbeziehung in ein »Unterrichtsritual«, an dem sich zunächst wohl alle Angehörigen der Gemeinschaft beteiligten.
Doch im Laufe der für uns unvorstellbar langen Epoche zwischen rund fünfzig- und zehntausend Jahren vor unserer Zeitrechnung traten allmählich immer deutlicher gewisse »Experten« in den Vordergrund der rituellen Handlung, äußerlich besehen maskierte Tänzer, die sich auf das Nachahmen der Tiere spezialisiert hatten: Diese Menschen in Tierverkleidung, die man Magier oder Zauberer, Medizinmänner oder Schamanen nennen kann, wurden zu den geachteten Bewahrern eines immer umfangreicheren Wissens, das sie der Gesellschaft zur Verfügung stellten. Damit können wir sie nicht nur als Vorfahren der Priester ansehen, sondern durchaus schon als erste Vertreter eines Gelehrtenstandes, die sich mit praktischer Wissenschaft, mit Philosophie und Pädagogik beschäftigten.
Vor mehr als zehn Jahrtausenden waren das allerdings noch Tätigkeitsbereiche, die wir heute pauschal als »magische Künste« einstufen: Doch die Beschwörungen dieser »Urgelehrten« besaßen durchaus Merkmale,

die mit dem heutigen Tun im Wissenschaftsbetrieb vergleichbar sind. Ihre Zaubereien vermittelten auf recht einprägsame Weise ja auch zoologischen und anatomischen Unterrichtsstoff, der über Generationen hinweg gesammelt und bewahrt worden war. (Noch heute weisen viele unserer Redewendungen, die mit »Informationsspeicherung« im weitesten Sinne zu tun haben, auf diese magischen Wurzeln hin: Eine bildhafte Situation »bannen« wir auf den fotografischen Film, die Stimmung der Zuschauer im Fußballstadion wird durch eine Hörfunkreportage »eingefangen«, Ergebnisse einer Sitzung werden im Protokoll »festgehalten«, Tagesordnungspunkte »erledigt« und Journalisten »jagen« hinter Nachrichten her.)

Im übrigen bezogen sich die magischen Beschwörungen zwar weitgehend auf die Nachahmung, die Imitation bereits vorausgegangener Jagdszenen, die man allgemein als überaus erfolgreich bewertet hatte und von denen man im möglichst gleichartigen Wiederholungsfall einen ähnlichen Erfolg erwartete: Doch das spätere Erfolgserlebnis bei der tatsächlich ausgeführten Jagd bestätigte schließlich die »Richtigkeit« der zuvor durchgespielten rituellen Prozedur. So betrachtet, kann man den scheinbaren Hokuspokus des Zauberers durchaus als nützlichen »Lehrauftrag« für eine Gemeinschaft mit magischem Weltbild ansehen.

Daß man die überaus realistisch gestalteten Wandbilder in der kultischen Verzückung des Rituals mit der Wirklichkeit selbst identifizierte, ist übrigens eine »Verwechslung«, die in vergleichbaren Unterrichtssituationen über die Jahrtausende hinweg immer wieder passiert ist. Sogar heute noch gibt es Situationen, in denen die Abbildung der Wirklichkeit mit dieser Wirklichkeit selbst hoffnungslos durcheinandergebracht wird: In zahlreichen Lehrbüchern der modernen Mathematik für die Grundschule finden sich beispielsweise grafische Darstellungen für die Mengenlehre, in denen das Mengen*bild* der eigentlichen Menge gleichgesetzt wird. Natürlich stellt das, was dort abgebildet ist, lediglich das *Bild* der Menge dar, nicht die Menge selbst – genauso wie ein Foto vom Matterhorn nicht dieser Berg selbst ist. Bei der Fotografie leuchtet dieser Sachverhalt unmittelbar ein, beim Fernsehbild schon weniger und beim Mengenbild im Schulbuch erst nach gründlichem Nachdenken.

Der Zauberer in der Eiszeithöhle, der seinen Speer an die »richtige« Stelle im Wandbild des Urrindes bohrte, war jedenfalls weitaus weniger »komisch« als das enttäuschte Mädchen, das die Fotografie seines Freundes zerreißt, oder der wütende Geschäftsmann, der seinen Steuerbescheid verbrennt. Bei der Fußballweltmeisterschaft 1974 ist die italienische

Mannschaft bekanntlich ausgeschieden, »obwohl« während des entscheidenden Spiels zahlreiche Fernsehgeräte in römischen Haushalten bei der Direktübertragung in die Brüche gegangen sein sollen, um diese Schmach zu bannen.

Entscheidend für das Ansehen des Zauberers in den Gemeinschaften des Jung-Paläolithikum war es, daß seine Beschwörungen »funktionierten«, das heißt, daß die nachfolgende Realisation der im Ritual vorgespielten Jagdszene zum Erfolg führte: Das tatsächliche Nach-Spiel des magischen Vor-Spiels stimmte denn auch zumeist in den Ergebnissen überein, weil ein ausreichender Wildbestand vorhanden war, während die Anzahl der jagenden Menschen sich in Grenzen hielt.

Solange dieser »paradiesische«, das heißt parasitäre Zustand der Jagdgesellschaft gewährleistet war, gab es daher auch keinerlei Probleme: Erst die Dezimierung der Jagdbeute durch klimatische Veränderungen und eine fortgeschrittene Technisierung der Großwildjagd erschütterten das magische Weltbild auf ähnliche Weise, wie es jüngst mit der Wachstumsideologie unserer Konsumgesellschaft geschehen ist, als arabische »Ölscheichs« die weltweite Energiekrise inszenierten.

In der Zeit des »Neolithikum«, der Jungsteinzeit, die etwa von 8000 bis 3000 v. Chr. nach langwierigen Entwicklungsprozessen eine Epoche brachte, die überwiegend von nomadisierender *Landwirtschaft* und ausgereifter *Viehzucht* bestimmt war, wurde das traditionelle »Beschwörungsgewerbe« der Steinzeit-Experten wesentlich erschwert. Warum? Im Gegensatz zur Großwildjagd, die gleichsam als eine Art von Dauerbeschäftigung erfolgte, war der Ackerbau saisonbedingt: Die beherrschende Sorge galt daher den guten Ernten, die immer nur zu bestimmten Zeiten eingeholt werden konnten. Die einst so bewährten Imitationsriten taugten für dieses Geschäft aber nichts mehr: Gute Speerwerfer und Bogenschützen ließen sich im Unterrichtsritual trainieren – gute Bauern keineswegs. Sie brauchten solides empirisches Wissen über Bewässern und Düngen, Unkrautjäten und Beschneiden. Rituelle Beschwörungen im alten Stil halfen dabei wenig.

Man verlegte sich daher auf die Ausführung von *Fruchtbarkeitsriten,* bei denen der Segen des bepflanzten Feldes durch Paarungen von Menschen beschworen wurde – in der Tat eine phantastische Assoziation. Sie war, verglichen mit den realistischen Planspielen des Jagdrituals, die sich weitgehend auf Nachahmung bereits stattgefundener Handlungen bezogen hatten, eine gewaltige Abstraktion – durchaus vergleichbar mit der modernen »Erfindung« der theoretischen Physik. Auch in den bildlichen

Darstellungen des Neolithikum wurde dieser beachtliche Abstraktionsprozeß spürbar: Die alten, noch überaus realistischen Bildwerke wichen nach und nach symbolischen Darstellungen der Fruchtbarkeit, wenn auch in durchaus konkreten »Bildzitaten« menschlicher und tierischer Sexualität, vor allem in Abbildungen der Geschlechtsorgane.

Doch die genannten »Urgelehrten«, die damaligen Vertreter der magischen Künste, bekamen aufgrund dieser Umstände eben doch gewisse Schwierigkeiten mit ihren einst so präzisen *Prognosen:* Bei der alten Großwildjagd hatte sich praktisch immer herausgestellt, daß die vorangegangene Beschwörung im Ritual »richtig« gewesen war. Man spielte damals einfach bewährte Verhaltensmuster im Ritual nach. Dagegen blieb beim weitaus weniger realistischen Fruchtbarkeitsritual die erwünschte »Bestätigung« ziemlich oft aus, insbesondere bei eklatanten Mißernten. Das magische Weltbild wurde mehr und mehr erschüttert: Allerdings war, wie wir heute leicht einsehen können, ein kräftiger Regen für das bestellte Feld eben weitaus weniger zuverlässig zu beschwören als ein gezielter Speerwurf auf einen frei weidenden Bison.

Man mußte sich, wie leicht einzusehen ist, mit den Naturgewalten selbst auseinandersetzen: mit anhaltender Trockenheit, allzu langen Regenperioden, heftigen Gewitterschauern. Daher wurde vor vielen tausend Jahren den plötzlichen Veränderungen am Himmel, den spektakulären Gewittern mit Blitzen und Donnerschlägen, vermutlich zunächst die größte Aufmerksamkeit geschenkt. Man versuchte sie, im Rahmen des bestimmenden Weltbildes der Fruchtbarkeitsriten, durch Kulthandlungen zu verbannen, die bis hin zum Blutopfer gingen: Noch heute lassen die Semang-Pygmäen von Malakka geduldig ihr Blut aus Schnittwunden an der Wade fließen, die sie sich selbst zugefügt haben, um eine vermeintliche Gewittergottheit zu besänftigen. Als dann aber weder der im Geschlechtsakt praktizierte Fruchtbarkeitsritus noch der im Blutopfer beschworene Aderlaß zuverlässig funktionierten, entstanden schließlich die in unseren Augen höchst grausamen Tier- und schließlich Menschenopfer, um eine gute Ernte zu gewährleisten. Man hat bereits alle möglichen Argumente ins Gedankenspiel gebracht, um diese schauerlichen Prozeduren zu »erklären« und zu rechtfertigen: Feststehen dürfte in jedem Fall, daß sich der menschliche Geist hier in eine entsetzliche Sackgasse begab, die uns mit aller Deutlichkeit die *Grenzen der symbolischen Aktivität* zeigt.

Die geradezu überwältigende Fülle des *empirischen,* das heißt naturkundlichen Wissens reichte dereinst eben noch immer nicht aus, »um den Menschen vor falschen, oft perversen Eingebungen des Unbewußten ab-

zuschirmen, die ursprünglich vielleicht durch zufällige Erfolge bestärkt worden waren«, schrieb der amerikanische Sozialwissenschaftler Lewis Mumford über die Zeit des Neolithikum: Seine Bemerkung ist leider praktisch zeitlos geblieben; sie läßt sich auf unser wahrlich nicht nur »finsteres« Mittelalter genauso anwenden wie auf die »blutgierigen« Azteken zur Zeit der spanischen Eroberung ihres südamerikanischen Reiches. Selbst unsere eigene, naturwissenschaftlich angeblich so aufgeklärte Zeit, kennt schließlich immer noch Ritualmorde der abscheulichsten Art.
Der oft beschworene Schatten, der auf dieser Zeit der frühen Domestizierung im Neolithikum liegt, ist zweifellos die Kehrseite einer Medaille, die der Menschheit einen echten, auch naturwissenschaftlich fundierten Fortschritt bescherte. Es bleibt das Blutopfer-Mysterium der symbolischen und damit abstrahierenden Betätigung des menschlichen Geistes: »In der Landwirtschaft« des Neolithikum, spekulierte Lewis Mumford wohl zu Recht, »könnte das Ritualopfer aus einer allgemeinen Gleichsetzung des menschlichen Blutes mit allen anderen Manifestationen des Lebens entstanden sein, möglicherweise abgeleitet von der Assoziation der Menstruation mit Blut und Fruchtbarkeit«.
Der systematische Ackerbau, der einst vermutlich von den Frauen erfunden wurde, diktierte einer Gesellschaft die Spielregeln, die den weiblichen Sexualmerkmalen hohe symbolische Bedeutung beimaß, so natürlich auch der *Menstruation*. Da die Ackerbauern aufgrund ihrer ständigen Wetterbeobachtungen auch zu aufmerksamen Betrachtern des Firmaments wurden, nahmen sie zunächst natürlich die *Sonne* wahr, die Licht und Wärme spendete und – je nach Jahreszeit – in langen oder kurzen Pendelbogen Tag für Tag über ihre Felder hinwegzog. Die symbolisch hoch gewertete Menstruation, die monatliche Blutung der Frau, stand für diese Leute jedoch in einer klaren Beziehung zum *Mond*rhythmus: Alle 29 bis 30 Tage wechselt das am Nachthimmel dominierende Gestirn seine Gestalt auf eindrucksvolle, nicht zu übersehende Weise, indem es die vier bekannten Mondphasen durchläuft – Neumond, erstes Viertel (zunehmender Halbmond), Vollmond und letztes Viertel (abnehmender Mond). Im gleichen Vier-Wochen-Rhythmus setzen auch die Blutungen der Frauen ein, so daß damals die Vorstellung naheliegen konnte, der Mondwechsel »steuere« die Menstruation. (Noch heute gibt es übrigens »primitive« Bauernvölker, die streng nach dem Mondrhythmus anbauen und den vier »Lichtgestalten« des Nachtgestirns hohe magische Bedeutung beimessen.)
Daß die Bewegungen des Mondes über das Firmament bereits von den

Ackerbauern des Neolithikum höchst aufmerksam verfolgt wurden, kann aufgrund solcher Überlegungen durchaus einleuchten: Zunächst war da der höchst auffällige Mondwechsel, das heißt die permanente Aufeinanderfolge der vier Mondphasen. Eine mathematische oder astronomische Herausforderung war dieser Vorgang bestimmt noch nicht. Aber immerhin: Der Mondwechsel lieferte einen ersten brauchbaren »Monatskalender«, der mit der mythisch überaus geachteten Menstruation synchronisiert war.

Darüber hinaus stellten sich dann vielleicht schon Fragen etwas schwierigerer Natur der Art: *Wo* geht der Mond an einem bestimmten Tag am Horizont auf? *Wie* und *wie lange* ungefähr bewegt sich dieser Himmelskörper übers Firmament? *Wo* geht der Mond wieder unter? Dies waren jedoch Probleme, mit denen sich die »Experten« zu beschäftigen hatten, die »Urgelehrten« jener Zeit. Was wußten sie über die Bewegungen des Mondes? Bevor wir diese Frage möglichst überzeugend beantworten können, scheint es ratsam, unsere heutigen Kenntnisse vom Mondlauf zu skizzieren:

Selbst jemandem, der heutzutage die Bewegungen der Himmelskörper Sonne, Mond und Sterne nur recht flüchtig und beiläufig zur Kenntnis nimmt, wird es auffallen, daß gerade der *Mond* ein überaus rastloser, emsiger Wanderer am Firmament ist, der – im Gegensatz zur Sonne und den sogenannten »Fixsternen« – ein beachtliches und ziemlich komplexes »Laufpensum« erledigt. Zunächst geht er für eine gewisse Zeit mit der Sonne zusammen auf und unter, wobei er als Neumond praktisch nicht zu sehen ist. (Zwei, drei Tage nach Neumondbeginn kann allerdings das von der sonnenbeleuchteten Seite der Erde zurückgeworfene Licht, der »Erdschein«, so kräftig sein, daß man diesen dunklen Himmelskörper schon recht gut erkennen kann.) In den folgenden Tagen steht dann bereits die feingeschnittene, leuchtende Mondsichel kurz nach Sonnenuntergang am südwestlichen Horizont des Abendhimmels, deutlich links vom Sonnenuntergangspunkt. Die helle Sichel des zunehmenden Halbmondes ist daher stets rechts an der matt leuchtenden »Mondscheibe«. Als Vollmond geht der Mond auf, wenn die Sonne untergeht; er wandert über den südlichen Nachthimmel und geht erst unter, wenn die Sonne wieder aufgeht: Dabei zieht er – genau entgegengesetzt zum vorausgegangenen Tageslauf der Sonne – im Winter einen großen, im Sommer einen kleinen Pendelbogen über das Firmament. Als abnehmender Halbmond im letzten Viertel geht er erst gegen Mitternacht auf und hängt als linke Sichel noch bei Morgengrauen im Südhimmel. Mit dem allmäh-

lichen Eintritt in die Neumondphase beginnt dieser Zyklus wieder von vorn.
Noch abwechslungsreicher gestaltet sich der Mondlauf jedoch durch die fortlaufende Veränderung der Positionen am Horizont, an denen dieser Himmelskörper auf- beziehungsweise untergeht: Im Gegensatz zur Sonne, deren Auf- und Untergangspunkte gleichmäßig zwischen zwei Extremwerten im Jahr hin- und herwandern, wobei die am weitesten von der Mittagslinie (Süd) entfernten Positionen bei der Sommersonnenwende im Mittsommer erreicht werden, verschieben sich die Auf- und Untergangspunkte des Mondes geradezu sprunghaft. Außerdem erreichen sie, über einen Zeitraum von vielen Jahren hinweg beobachtet, bemerkenswerte Extremwerte gegenüber den vergleichbaren Positionen der aufgehenden Sonne am Himmelsrand oder Horizont. Dabei ist die auffälligste Abweichsituation übrigens dann erreicht, wenn der Mondaufgangspunkt am östlichen Horizont ziemlich weit vom Sonnenwendepunkt nach Norden hin verschoben ist: Man spricht dann von der »extremen Aufgangserscheinung« des Mondes. Sie wiederholt sich ungefähr alle 19 Jahre – ziemlich genau gesagt: alle 18,6134 Erdenjahre zu 365,2422 Tagen.
In der *modernen* Astronomie läßt sich dieser Vorgang natürlich relativ einleuchtend erklären: Da sind: der Mond, der die Erde umwandert, und unser Heimatplanet, der die Sonne umläuft. Die Bahn des Planeten Erde um die Sonne liegt dabei in einer Ebene, die »Ekliptik« genannt wird. Auf dieser Ekliptik verläuft damit genau die – nach unserer heutigen Vorstellung – »scheinbare« Sonnenbahn über den Tageshimmel: Die Bahn der Sonne ist in diesem Modell der Gestirnbewegungen ein Bild der »wirklichen« Erdumkreisung der Sonne. »Tatsächlich« bewegt sich da ein schräggestellter Kreisel (Erde) in einer nahezu kreisförmigen Bahn, die in der Ebene der Ekliptik verläuft, mit deutlich geneigter Drehachse um das Zentralgestirn (Sonne). Daß die Erdkugel nicht »bolzengerade«, sondern in ständig gleichbleibender Kipplage durch die Ekliptik kreiselt, erklärt einem irdischen Beobachter recht einfach die verschiedenen Auf- und Untergangspunkte der Sonne, die zwischen zwei Extremwerten gleichmäßig hin- und herpendeln (Abbildung 2.1).
Soweit der überaus einfache Sachverhalt der »scheinbaren« Sonnenbewegung. Aber wie sieht in diesem Modell die »wirkliche« Bewegung des Mondes aus? Und wie lassen sich die bisweilen erheblich verschobenen Auf- und Untergangsmarken des Mondes im Vergleich zur Sonne erklären?

Die Erde umkreist die Sonne und der Mond die Erde: Also beschreibt der Mond eine Art Wellenbahn um die Sonne (Abbildung 2.2). Obwohl der Erdtrabant in knapp 27 Tagen und 8 Stunden seinen Vollkreis von 360 Grad um unseren Planeten zieht, wobei er sich einmal um die eigene Achse dreht und damit dem Erdenbeobachter stets die gleiche Kugelhälfte zur Ansicht bietet, braucht er gute 29,5 Tage, um von einer Neumondphase in die folgende zu treten: Der Mond muß ja zugleich mit seiner Erdumkreisung noch der die Sonne umlaufenden Erde folgen. Beide Bewegungen zusammengenommen ergeben von der Sonne aus gesehen die schon genannte Schlangenlinie seiner Wellenbahn.

Doch dies erklärt noch nicht die markanten Abweichungen bei den Positionen des »lunaren« Auf- und Untergangs am irdischen Horizont im Vergleich mit den entsprechenden Sonnenmarken: Nach dem bisherigen Modellbild müßten sie übereinstimmen. Aber wir haben dabei stillschweigend etwas angenommen, das nicht zutrifft: Denn die Wellenbahn des Mondes verläuft nicht in der Ebene der Ekliptik, sondern die Ebene des Mondkreislaufs um die Erde ist gegenüber dieser Ebene der »tatsächlichen« Erdbahn beziehungsweise der »scheinbaren« Sonnenbahn ein

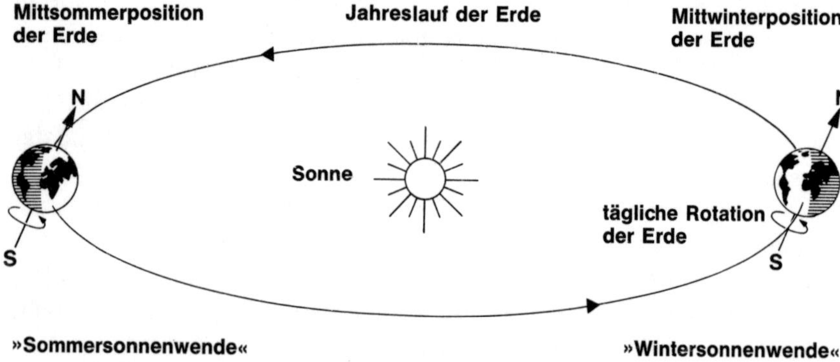

Abbildung 2.1: Am Beginn einer Entschlüsselung der Relativbewegung von Sonne und Erde steht die Beobachtungstatsache, daß die Sonne für einen irdischen Beobachter in mehr oder weniger weiten Bogen über das Firmament zieht. Wählt man nun ein Modell, bei dem die Sonne die Position des Zentralgestirns einnimmt, so wird sie von der Erde auf einer nahezu kreisförmigen Bahn als schräg gestellter Kreisel umlaufen.

wenig geneigt. Beide Ebenen, die der Ekliptik und die der Mondbahn um die Erde, schneiden sich nämlich unter einem Winkel von knapp 5,2 Grad (5° 9′). Dieses Winkelchen ist scheinbar gering, doch aus der zunächst vermuteten Wellenbahn des Mondes wird dadurch eine kräftige Berg-und-Tal-Bahnfahrt in Wellenform: Während die Erde ruhig durch die Ebene der Ekliptik dahinkreiselt, pendelt der Mond laufend durch diese Ebene hindurch, bewegt sich also mal unter, mal auf und mal über der Ekliptik. Welche Auswirkungen hat dieses Auf-und-ab-Tänzeln des Mondes auf seine Positionen des Auf- und Untergangs am irdischen Horizont?
Ganz einfach: Da die Punkte des Sonnenauf- und -untergangs ja stets Punkte auf der Ekliptik markieren, können die entsprechenden Mond-

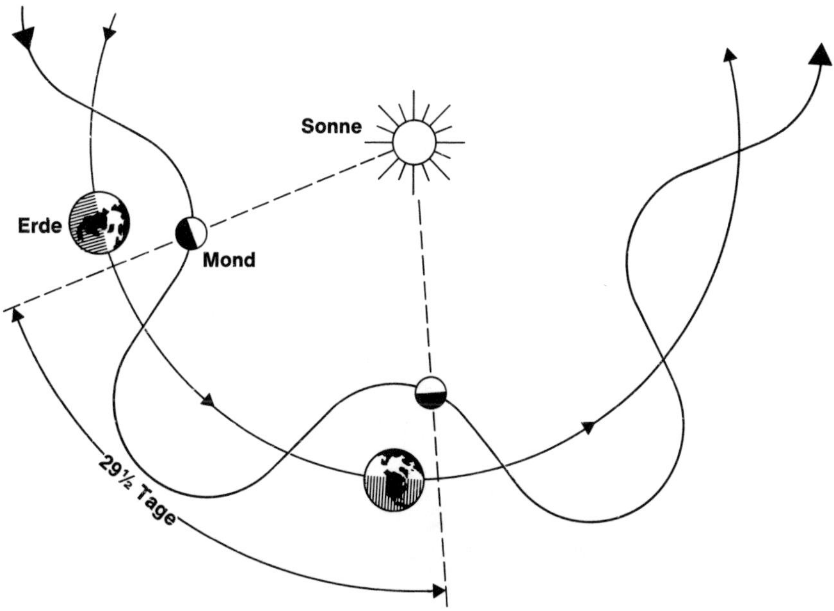

Abbildung 2.2: Läßt man im Modellbild die Erde die Sonne umkreisen (vergleiche Abbildung 2.1), so beschreibt der Mond eine wellenförmige Berg-und-Tal-Fahrt, wobei er zum einen die Erde umkreist und zum andern der die Sonne umlaufenden Erde folgt. Auf diese Weise braucht er rund 29,5 Tage, um von einer Neumondphase in die folgende Neumondphase zu treten.

marken natürlich bis zu 5,2 Grad links oder rechts davon auftreten. Auf diese Weise bemerkt ein irdischer Beobachter vermeintliche »Unregelmäßigkeiten« bei den Positionen des Mondauf- und -untergangs, die aber bei näherer Untersuchung des Sachverhalts recht gut erklärbar und vorhersehbar sind.

Nun ist nur noch eine Frage unter dem Blickwinkel der modernen Astronomie zu klären, der 18,6134-Jahresrhythmus bei der sogenannten »extremen Aufgangserscheinung« des Mondes nördlich des mittsommerlichen Sonnwendpunktes. Dazu betrachten wir zunächst Abbildung 2.3: Hier ist die Bahn des Mondes um die Erde gleichsam »festgehalten«, so daß – vom Mond aus gesehen – der »Kreisel« Erde zu torkeln beginnt. Dieses relative Schwanken der irdischen Drehachse erklärt sich unter diesem Blickwinkel natürlich durch die Berg-und-Tal-Bahnfahrt des Mondes um unseren Planeten. Abbildung 2.4 dagegen ist einfach das Bild der scheinbaren Sonnenbewegung um die Erde, das heißt das Bild der tatsächlichen Erdwanderung um die Sonne (vergleiche Abbildung 2.1): Eingezeichnet sind die Positionen der Winter- und Sommersonnenwende. Da die Ebenen der Erd- beziehungsweise Sonnenbahn in der Ekliptik übereinstimmen, verändert sich die Drehachse der Erde in diesem Fall nicht: Der Planetenkreisel rotiert in einer gleichbleibenden Schräglage.

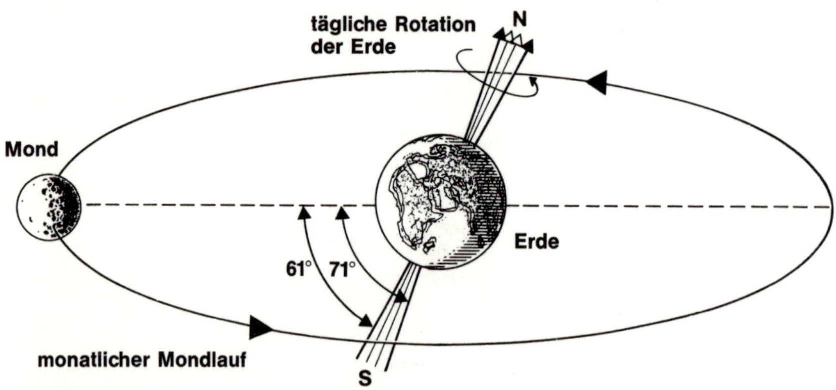

Abbildung 2.3: In rund 27 Tagen und 8 Stunden zieht der Mond seine Bahn um die Erde, wenn wir diese als ruhend betrachten, das heißt, er beschreibt in diesem Zeitraum seinen Vollkreis von 360 Grad um sie. Blickt man bei diesem »ebenen« Mondumlauf auf den Kreisel Erde, so schwankt dessen Drehachse zwischen zwei Extremwerten hin und her.

Wenn wir nun diese beiden Abbildungen 2.3 und 2.4 kombinieren, dann erhalten wir eine grafische Darstellung, die über den schwankenden Verlauf der Mondbahn genau Auskunft gibt (Abbildung 2.5): Die Mondbahn ist um jeweils 5,2 Grad mal nach der einen, mal nach der anderen Seite der Ekliptik gekippt und weicht damit ziemlich deutlich von der Sonnenbahn ab. Die sich durchkreuzenden Bahnebenen bilden ja kein starres, statisches System: Ihre Schnittlinie, durch die beiden Punkte M_1 und M_2 markiert, dreht sich gleichmäßig im Uhrzeigersinn und vollführt innerhalb eines gewissen Zeitraumes eine volle Drehung von 360 Grad. M_1 und M_2 werden übrigens »Mondknoten« genannt, die Schnittlinie $\overline{M_1M_2}$ »Knotenlinie«.

Der volle Umlauf der Mondknoten beziehungsweise die komplette Rotation der Knotenlinie dauert nun aber genau die schon genannten 18,6134 Erdenjahre. Das ist die Zeitspanne, die zwischen zwei extremen Aufgangserscheinungen des Mondes zur Mittsommerzeit verstreicht. Alle 18,6 Jahre weichen Mondauf- und -untergang also um rund 5,2 Grad nördlich von den entsprechenden Sonnenmarken ab, jeweils 9,3 Jahre später um den gleichen Betrag in südlicher Richtung. Ansonsten liegen die Abweichungen zwischen diesen beiden Extremwerten.

Soweit die wichtigsten Überlegungen zum Mechanismus der Mondbewe-

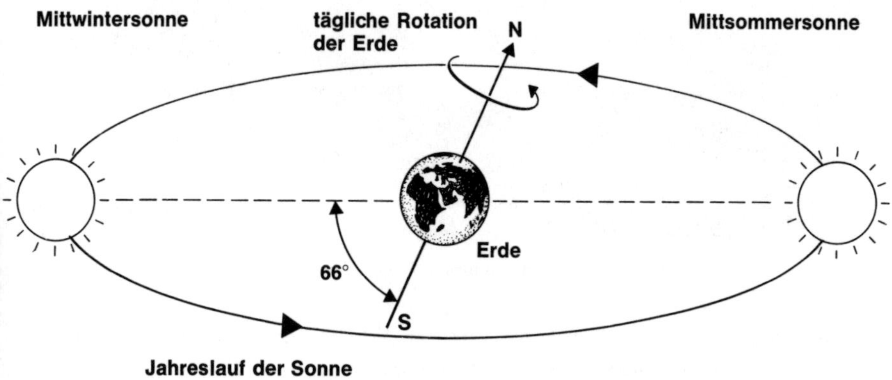

Abbildung 2.4: Dies ist das Modellbild der »scheinbaren« Sonnenbewegung um den schräg gestellten Erdkreisel, wobei die Ebene der Sonnenbahn der sogenannten »Ekliptik« entspricht.

gung aus heutiger Sicht. Es wäre übertrieben zu behaupten, daß sie zum Allgemeinwissen unserer Zeit gehörten. Doch im Rahmen unserer Betrachtungen interessiert vor allem, welche Kenntnisse denn die »Urgelehrten« des Neolithikum, der Jungsteinzeit, von diesen Bewegungsabläufen gehabt haben könnten: Immerhin besaß der Mond für die Ackerbauern jener Zeit eine überragende magische Bedeutung. Es sollte uns daher nicht verwundern, wenn die naturkundigen Experten, die aufgrund ihres umfangreichen Wissens von der mühsamen Feldarbeit auf ähnliche Weise »freigestellt« waren wie ihre früheren Kollegen von der tatsächlichen Jägerei, einen beträchtlich hohen Kenntnisstand in der Astronomie erwerben konnten. Aufgrund neuerer Entdeckungen müssen wir sogar annehmen, daß ihr Wissen verblüffend groß war – eine Erkenntnis, die auch Fachleute in Erstaunen versetzt hat.

Bisher fielen selbst den meisten Kennern lediglich die alten Hochkulturen von Ägypten und Mesopotamien ein, wenn von der für die Wissen-

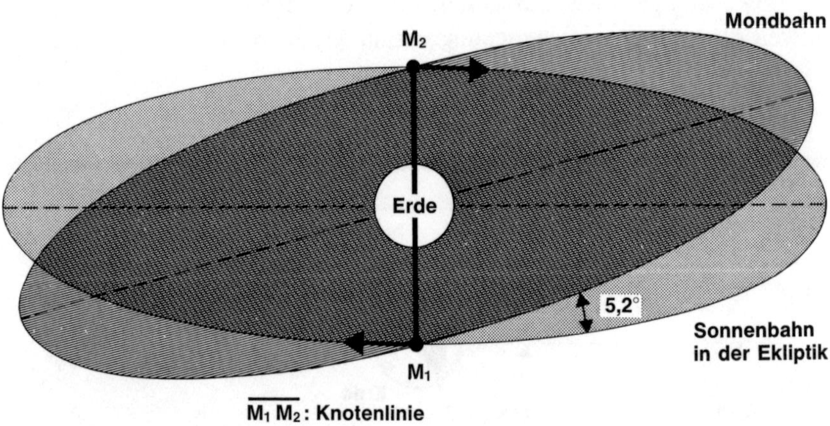

Abbildung 2.5: Kombiniert man die beiden Abbildungen 2.3 und 2.4, so erhält man – im vorliegenden Fall zur Verdeutlichung stark überzeichnet – eine grafische Darstellung, die über den schwankenden Verlauf der Mondbahn Auskunft gibt: Die sich durchschneidenden Bahnebenen von Sonne (Ekliptik) und Mond bilden kein starres, statisches System, sondern besitzen eine stetig im Uhrzeigersinn wandernde Schnitt- oder Knotenlinie $\overline{M_1 M_2}$, die in rund 18,6 Erdenjahren eine volle Drehung von 360 Grad ausführt.

schaftsgeschichte nicht unerheblichen *vorgriechischen Naturkundigkeit* die Rede war. Selbstverständlich wird hier die berühmte »spätbabylonische« Astronomie der letzten drei vorchristlichen Jahrhunderte auch durch die neuen Erkenntnisse über das enorme Wissen der europäischen Ackerbauern vom Sonnen- und Mondlauf ihre Bedeutsamkeit nicht verlieren: Aber die beliebten Fehleinschätzungen einer angeblich steinzeitlichen Unkenntnis von den Geschehnissen am Firmament müssen doch erheblich revidiert werden.

Es dürfte inzwischen mit hoher Wahrscheinlichkeit feststehen, daß die offenkundige Regelmäßigkeit der Gestirnbewegungen bereits den neolithischen Ackerbauern bestens vertraut waren, und zwar längst vor jenen Tagen, als die Priesterastronomen Babylons zu ihren einfachen Visiergeräten griffen, um eine systematische Beobachtung des Firmaments in Angriff zu nehmen. Lange bevor man bei den Hochkulturen der Babylonier, Ägypter und Griechen eine auch heute noch anerkannte Meßtechnik entwickelte, um Beobachtungsdaten in quantifizierter Form, das heißt in Zahlenwerten festzuhalten, existierte bei den wahrlich nicht primitiven Ackerbauern Südenglands eine astronomische Ortungsanlage, eine Art von »Observatorium«, das zu den faszinierendsten Steindenkmälern zählt, die auf unserem Planeten gesetzt wurden – der sogenannte »Sonnentempel« von *Stonehenge.* Millionen von Besuchern aus aller Welt haben die immer noch eindrucksvollen Überreste dieser geheimnisvollen Tempelanlage und Beobachtungsstation im Laufe der letzten Jahre besucht. Stonehenge liegt rund 130 Kilometer westsüdwestlich von London, auf den Hügeln von Wiltshire in der Grafschaft Salisbury.

Die Stonehenge-Anlage zählt zu den gigantischen Monumenten der sogenannten »Großstein-Kultur« *(Megalithkultur)* aus dem dritten und zweiten vorchristlichen Jahrtausend, deren Spuren man zwischen dem westlichen Mittelmeerraum und Skandinavien in Spanien und Frankreich, England und Dänemark, Deutschland und Schweden entdeckt hat. Nach den drei angeblich kulturell bestimmenden Elementen Wirtschaft, Kunst und Religion hat man den Sinn dieser Funde zunächst in erster Linie *religiös* gedeutet – als eine Ahnenverehrung mit einem typischen Toten- und Grabkult, die ganz im Zeichen eines Himmelsgottglaubens stand.

Es ist zwar nach wie vor recht beeindruckend, die Denkmäler dieser Epoche unter dem Blickwinkel der künstlerischen Gestaltung und des religiösen Bekenntnisses zu betrachten; doch der geistige Hintergrund dieser »megalithischen« Religion läßt sich zu den Großstein-Bauten vermutlich in eine ähnliche Beziehung bringen wie das westeuropäische Christentum des hohen Mittelalters zu den gotischen Kathedralen. Und so wie das *christliche* Mittelalter nicht nur religiöses Wissen hervorgebracht hat – Papst Johannes XXI. (Petrus Hispanus) war ein vorzüglicher Logiker, der Franziskaner Roger Bacon ein experimentierfreudiger Naturwissenschaftler und Mathematiker –, wird es auch mit den *megalithischen* »Kulturträgern« gewesen sein; jedenfalls können wir der Priesterschaft von Stonehenge inzwischen ein überaus fundiertes astronomisches und mathematisches Wissen nachweisen.

Wie schon angedeutet: Die Kultstätte von Stonehenge war zumindest *auch* astronomisches Observatorium, vermutlich sogar *auch* eine Art von Steinzeit-Rechenmaschine, ein »neolithischer Computer«, wie es der amerikanische Astronom Gerald S. Hawkins 1964 ziemlich provozierend formuliert hat.

Doch hören wir zunächst, was schon vor rund 2000 Jahren der griechische Historiker Diodor aus Sizilien, Verfasser einer bekannten Weltgeschichte von vierzig Bänden, über diese Stonehenge-Anlage der »sagenhaften Hyperboräer« von Südengland zu berichten wußte: »Auf der Insel sei auch ein herrlicher, dem Apollo gewidmeter Tempelbezirk von runder Gestalt«, schrieb Diodor und munkelte weiter, daß behauptet werde, »der Mond, den man von dieser Insel aus erblicke, stehe nicht weit von der Erde, und man sehe auf ihm sehr deutlich Gebirge, ähnlich wie die auf der Erde. Außerdem wird berichtet, daß Gott Apollo alle neunzehn Jahre die Insel besuche, zu den Zeiten, wo sich die Ausgangsstellungen der Gestirne am Himmel wiederholen.«

Das kann man als einen deutlichen Hinweis auf die enorme *Mondkundigkeit* schon der vorgermanischen Ackerbauern des Nordseegebietes betrachten: Daß Diodor die merkwürdig erscheinende Spekulation anführte, der Mond über Stonehenge stehe besonders nahe an der Erde, hängt wohl damit zusammen, daß man dort den Trabanten unseres Planeten vor allem dann anvisierte, wenn er *am Horizont* stand, also auf- oder unterging. Aufgrund einer simplen optischen Täuschung erscheint der Mond dann, wie jeder unbefangene Beobachter bestätigen wird, tatsächlich größer als in den wesentlich höheren Positionen am Firmament. Lassen wir uns zudem nicht durch die poetische Formulierung des griechischen Historikers blenden, der Lichtgott Apollo habe zu gewissen Zeiten Stonehenge besucht: Auch die amerikanische »Eroberung« des Mondes vor einigen Jahren erfolgte schließlich unter der klangvollen NASA-Bezeichnung »Apollo-Mission«. Viel bedeutsamer für unsere Betrachtung ist

nämlich der Hinweis auf die angeblichen »Besuchszeiten« des Gottes, die alle 19 Jahre stattgefunden haben sollen.
Diodor gab in diesem Zusammenhang sogar den ausdrücklichen Hinweis auf seinen Landsmann Meton, einen bekannten Mathematiker und Astronomen des fünften vorchristlichen Jahrhunderts, nach dem dieser schon angesprochene 19-Jahres-Rhythmus des Mondes »Metonischer Zyklus« benannt worden ist: Der griechische Gelehrte Meton erkannte – wenn auch gewiß nicht als erster –, daß 235 Mondmonate zu 29,5 Tagen (von Neumond zu Neumond oder von Vollmond zu Vollmond gemessen) ziemlich genau 19 »tropischen« Erdenjahren zu 365,2422 Tagen entsprechen, die von Sonnenwende zu Sonnenwende und von Mittag zu Mittag gemessen werden und damit – in unserer Sicht – einem vollen Umlauf der Erde um die Sonne entsprechen.
Bei der Entzifferung der Stonehenge-Anlage als astronomisches Observatorium hat dieser 19jährige Zyklus des Meton übrigens eine gewichtige Rolle gespielt: Sehen wir uns deshalb die vermutliche »Baugeschichte« von Stonehenge ein wenig an, die sich ungefähr zwischen dem 26. und 16. Jahrhundert vor unserer Zeitrechnung abgespielt haben dürfte. (Frühere Datierungen gehen »nur« bis ins 22. Jahrhundert zurück. Doch diese zeitliche Divergenz ist für unsere Überlegungen ziemlich unerheblich.)
Der erste und damit älteste Bauabschnitt dieser faszinierenden Anlage wird von den Archäologen »Stonehenge I« genannt: Es war ein aufgeschütteter Ringwall von gut hundert Meter Durchmesser, der außen durch einen vom Aushub gebildeten Graben begrenzt wurde. Diese Wallumgürtung der Anlage war im Nordosten von einer etwa einen halben Kilometer langen Kunststraße, der sogenannten »Avenue« durchbrochen, die wiederum von Wallaufschüttungen eingesäumt wurde. Diese Avenue, früher vermutlich ein Torweg, lenkt auch heute noch den Blick vom Mittelpunkt der Anlage aus hinüber zum sogenannten *Heel-Stein* (*heel:* englisch: hochhackiger Schuh, Ferse, Sporn), der am längsten Tag des Jahres, zur Zeit der Sommersonnenwende, eindeutig den Aufgangspunkt unseres Zentralgestirns markiert (Abbildung 2.6): In den frühen Morgenstunden des 21. Juni steigt hier bei klarem Himmel der glutrote Feuerball der Sonne Jahr für Jahr über dem Heel-Stein auf – ein grandioses Spektakel, das von zahlreichen Besuchern bestaunt wird.
Dieser bemerkenswerte Sachverhalt, der bereits im 18. Jahrhundert bekannt war, würde natürlich allein noch nicht ausreichen, um die Stonehenge-Anlage als leistungsfähige astronomische Ortungsanlage des Neolithikum auszuweisen: Auch in einem vom Geist her durch und durch

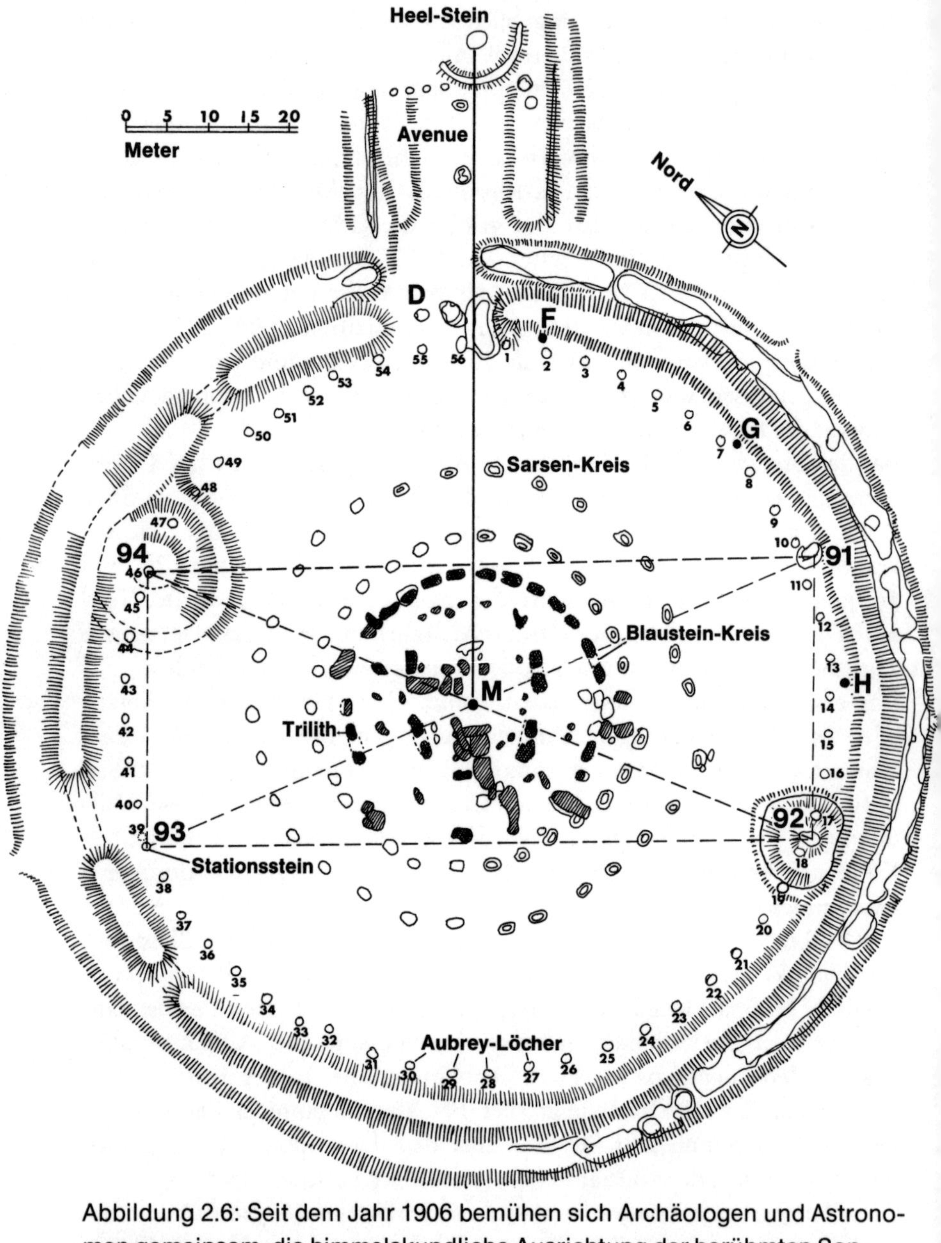

Abbildung 2.6: Seit dem Jahr 1906 bemühen sich Archäologen und Astronomen gemeinsam, die himmelskundliche Ausrichtung der berühmten Sonnentempelanlage von Stonehenge zu entziffern, ein Vorhaben, das bereits zu recht bemerkenswerten Erkenntnissen geführt hat.

magischen »Sonnentempel« hätte man irgendeine Vorrichtung erwarten dürfen, die das eindrucksvolle Schauspiel eines markierten Sonnenaufgangs bei der Sonnenwende zur Mittsommerzeit aufzeigen konnte.

Doch da sind vor allem die nach dem englischen Archäologen John Aubrey (1626–1697) benannten 56 *Aubrey-Löcher,* die innerhalb der Wallumgürtung einen präzise abgesteckten Innenkreis bilden, der an das Zifferblatt einer gigantischen Uhr erinnert (vergleiche wieder Abbildung 2.6): Diese Aubrey-Löcher *(Aubrey holes)* sind gleichartig grubenähnliche Aushebungen von knapp einem Meter Tiefe und einem Durchmesser von rund 1,3 Meter, in denen man Kalkschutt gefunden hat. Würde man diese Gruben bei den »Priestern« der Stonehenge-Siedler, wie zunächst vermutet wurde, lediglich als Feuerstellen zum Entfachen von Freuden- oder Opferbränden an gewissen Festtagen benützt haben, so wäre die Unterteilung des »Aubrey-Kreises« in 56 gleichmäßige Abschnitte eine recht überflüssige geometrische Fleißaufgabe gewesen: Eine Unterteilung des Kreises mit 32 oder 64 Löchern hätte dann zweifellos näher gelegen. Die Zahl 56 mußte also eine gewichtigere Bedeutung für die Konstruktion dieser Anlage gehabt haben.

Bevor wir uns den diesbezüglich angestellten Vermutungen widmen, wollen wir noch kurz die weiteren Bauelemente von Stonehenge ansehen: Zum ältesten und astronomisch bedeutsamsten Bauabschnitt »Stonehenge I« gehören noch vier Beobachtungsmale, die auf dem Aubrey-Kreis gelegen sind. Sie werden *Stationssteine* genannt und in der Fachliteratur mit den Zahlen 91–94 markiert (Abbildung 2.6): Wie man sieht, lagen zwei dieser Stationssteine (92, 94) auf künstlich aufgeworfenen Erdhügeln, sogenannten »Mounds«. Verbindet man die Positionen der vier Stationssteine, so bilden die Punkte 91, 92, 93, 94 eine geometrische Figur, die als ein dem Aubrey-Kreis eingeschriebenes Rechteck angesehen werden kann, dessen Diagonalenschnittpunkt M den Mittelpunkt der gesamten Anlage darstellt. Positionsmäßig sind für »Stonehenge I« noch die Steine A–E auf der Avenue und F–H im östlichen Bogen des Aubrey-Kreises von Bedeutung.

Die späteren Bauabschnitte »Stonehenge II« und »Stonehenge III« haben der Anlage zwar ihren einzigartigen monumentalen Charakter verliehen, doch sind sie wissenschaftsgeschichtlich für unsere Betrachtung mehr oder weniger zweitrangig: Die zweite Bauperiode wurde vermutlich von den nach Südengland eingewanderten Vertretern der »Glockenbecherkultur« in Angriff genommen, die ihren Namen nach den für sie typischen Gefäßformen erhalten haben, die mit Winkelmustern reich verziert wurden. Es dürfte etwa im 20. Jahrhundert vor unserer Zeitrechnung gewesen sein, als diese Glockenbecherleute Stonehenge in Besitz nahmen und bereits die ersten, bis zu fünf Tonnen schweren Großsteine zu diesem »Heiligtum« transportierten. Man hat über achtzig solcher Megalithen aus graublauem Sandstein gefunden, die aus den über zweihundert Kilometer entfernten Prescelly-Bergen von Pembrokeshire vermutlich auf dem See-, Fluß- und Landweg mit Schiffen und Schlitten herangeschleppt worden sind: Die gewaltigen Bausteine wurden in einem – allerdings nie ganz vollendeten – Doppelkreis innerhalb des Aubrey-Kreises aufgestellt.

Etwa um 1700 v. Chr., bereits zur Bronzezeit, setzte man in der Stonehenge-III-Periode jene 30 gewaltigen, rund 25 Tonnen schweren Steinpilare, die den sogenannten *Sarsenkreis* von rund 30 Meter Durchmesser bildeten, der mit Tragsteinen überdacht war und einen Innenraum abgrenzte: Dort bestaunen die Besucher der Anlage noch heute fünf riesige Dreistein-Tore *(Trilithen)* von acht Meter Höhe, die hufeisenförmig angeordnet sind. Das gigantische Hufeisen öffnet sich dabei hin zur Avenue und zum Heel-Stein. Als Baumaterial verwendete man Kalksteinblöcke aus dem rund 30 Kilometer entfernten Steinbruch von Marlborough Downs.

So bewundernswert, für viele Menschen geradezu »unvorstellbar« die Transport- und Verarbeitungsprobleme bei diesem Baudenkmal der Megalith- oder Großstein-Kultur auch erscheinen mögen: Die geometrischen, meßtechnischen und mechanischen Künste jener neolithischen und bronzezeitlichen Bauernvölker haben sichtlich ausgereicht, um dieses »achte Weltwunder« zu vollbringen. (Es läßt sich sogar ausrechnen und nachspielen oder »simulieren«, daß einige Hundertschaften von Steinzeitbauarbeitern solche Großsteine nicht nur aufstellen, sondern auch über weite Strecken transportieren konnten.) Und der nachhaltige Eindruck, den dieses gewaltige Bauwerk vermittelt, kann vielleicht mit dazu beitragen, unsere Verblüffung über den hohen astronomischen Wissensstand der Steinzeitmenschen von Stonehenge ein wenig zu mildern.

Der bekannteste und einleuchtendste Sachverhalt zum Thema »Astronomie von Stonehenge« ist ganz sicher die schon angesprochene Ausrichtung der Avenue nach Nordosten in Richtung Sonnenaufgang am 21. Juni, dem längsten Tag des Jahres zur Mittsommerzeit: Da erhebt sich überaus eindrucksvoll die glutrote Morgensonne direkt über dem Heel-Stein und füllt für den Betrachter, der am Mittelpunkt der Anlage steht, ein Steintor im »Sarsenkreis« mit einem gleißenden Strahlenkranz. Nüchtern

Der gewaltige Sonnentempel von Stonehenge in Südengland zählt nicht nur zu den eindrucksvollsten Baudenkmälern der sogenannten »Megalith-Kultur« (Großstein-Kultur), er ist auch als astronomisches Observatorium der Steinzeit für präzise Sonnen- und Mondlaufbeobachtungen und als »neolithischer Computer« wissenschaftshistorisch interessant.

Der Philosoph Aristoteles, einer der berühmtesten Gestalter der Wissenschaft, betrachtete die gesamte Natur als eine Art von vernunftbegabtem Organismus mit zielstrebigen Aktionen und Reaktionen.

astronomisch besehen, läßt sich diese Situation natürlich auch so kommentieren, wie das der englische Astrophysiker Norman Lockyer zu Beginn unseres Jahrhunderts getan hat: »Die Linie vom Mittelpunkt M, der auf der Achse des aus fünf Trilithen bestehenden ›Hufeisens‹ liegt, weist genau auf den Horizontpunkt, wo am Tage der Sommersonnenwende sich die Sonne mit ihrem oberen Rand erhebt.«

Neben dieser leicht zu durchschauenden Grundausrichtung der Anlage wurden dann jedoch im Laufe der sechziger Jahre eine Reihe von überaus bemerkenswerten Eigenschaften des Baudenkmals entdeckt. Vor allem seit dem Jahr 1963 konnte Stonehenge systematisch unter astronomischen Gesichtspunkten entziffert werden: Da waren der Engländer C. A. Newham mit einem höchst bedeutsamen Zeitungsartikel in der *Yorkshire Post* und der Amerikaner Gerald S. Hawkins mit seinem berühmten Aufsatz *Stonehenge decoded* in der Wissenschaftszeitschrift *Nature*. Hawkins hatte einen IBM-7090-Computer mit Richtungswerten von Geraden gefüttert, die durch je zwei markante Punkte der Stonehenge-Anlage als Ortungslinien zum Horizont hin bestimmt sind. Es ergaben sich dabei bemerkenswerte Häufungen für ganz bestimmte Richtungen, die ungefähr mit den Werten 29 Grad (± 29°), 24 Grad (± 24°) und 19 Grad (± 19°) in Verbindung gebracht werden konnten. Was konnten sie für einen astronomischen Sinn haben?

Wir wissen bereits, daß in den Extremfällen die Marken des Mondaufgangs- und -untergangs um runde fünf Grad (genauer: 5°9′) von den entsprechenden Positionen der auf- oder untergehenden Sonne abweichen können. Nimmt man daher ± 24° als Bezugspunkt für die Sonne, dann bekommt die Serie ± 19° – ± 24° – ± 29° durchaus ihren astronomischen Sinn: Man kann den Wert 24° als die »Schiefe der Ekliptik« interpretieren, das heißt als die Neigung der Erdachse gegen die Ebene der Erdbahn, die sich ja in der »scheinbaren« Sonnenbahn widerspiegelt. Die »Sonne von Stonehenge« pendelt also in ihren beiden Extrempositionen des Auf- und Untergangs zum Mittwinter und Mittsommer zwischen + 24° und – 24° hin und her, während der Mond mit den extremen Marken ± 19° und ± 29° seines Auf- und Untergangs jeweils fünf Grad davon abweichen kann.

Die Auswertung des Hawkinschen Rechen- und Interpretationsspiels ergab damit ein höchst beeindruckendes Schema, das Abbildung 2.7 zeigt: Besonders verblüffend sind für den Fachmann übrigens die *rechtwinklig* zueinander verlaufenden Ortungslinien der Auf- und Untergangspunkte von Sonne und Mond an den beiden »Mounds« 92 und 94. Diese Eigenschaft der um 90 Grad versetzten Marken des Mondes ist naturwissenschaftlich so bemerkenswert, daß sie zu den stärksten Argumenten dafür gerechnet werden muß, bereits Stonehenge I im »tiefsten Neolithikum« sei wohl als astronomisches Observatorium errichtet worden. (Keiner der Bezugspunkte des Schemas betrifft ja Stonehenge II oder III.) Die Einzigartigkeit der Anlage zeigt sich also auch in ihrer sorgfältig ausgewählten geographischen Breite von 51 Grad (genau: + 51,17°): Schon eine mehr oder weniger deutliche Verlagerung des Beobachtungsgebietes in

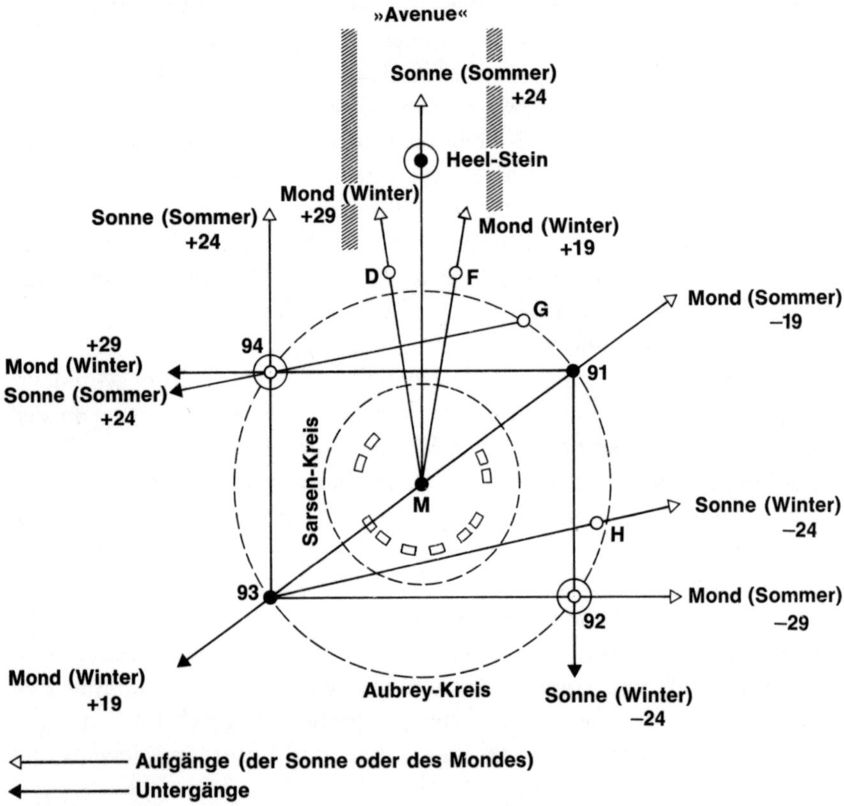

Abbildung 2.7: Grundmuster von Stonehenge als Ortungsanlage für Auf- und Untergangspunkte der Sonne oder des Mondes: Besonders verblüffend sind die rechtwinklig zueinander verlaufenden Ortungslinien an den beiden künstlich aufgeworfenen Erdhügeln (»Mounds«) 92 und 94.

südlicher oder nördlicher Richtung – um Fred Hoyles Formulierung zu gebrauchen: *»only a few tens of miles to the north or to the south«* – hätte nämlich diese bestechende Eigenschaft der Rechtwinkligkeit an dem »Stationsviereck« 91, 92, 93, 94 zerstört. So spricht nicht zuletzt die geographische Lage der Kultstätte von Stonehenge für eine außergewöhnliche Himmelskundigkeit ihrer Erbauer.

All das betrifft bereits, um es noch einmal zu sagen, die Konzeption von Stonehenge I. Die späteren »Imponierbauten«, der steinerne Ring des Sarsenkreises und das Hufeisen der fünf Trilithen, wurden der bestehenden Ortungsanlage »eingepaßt«, um eindrucksvolle »Grobvisuren« durch die gigantischen Steintore zu ermöglichen: Denn vom »Hufeisengelände« aus, dem Mittelpunkt der Kultstätte also, boten die Torbogen mit ihren sorgfältig ausgewählten und abgezirkelten Blickfeldern eine gute Orientierungshilfe für die Beobachtung der Auf- und Untergänge von Sonne und Mond. Ob diese aufwendigen Durchblicke nun lediglich dafür geschaffen wurden, um den »Priesterastronomen« bei ihrer Arbeit

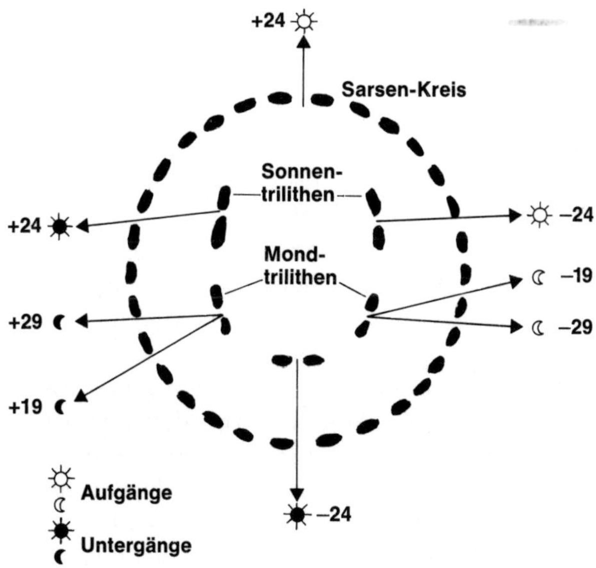

Abbildung 2.8: Nach Abschluß der Bauphase »Stonehenge III« erlaubten die fünf Trilithen des inneren Hufeisens und der mächtige Sarsenkreis eindrucksvolle »Grobvisuren« von Sonne und Mond am Horizont.

einen leichteren Überblick zu verschaffen, ob sie vielleicht dazu verwendet wurden, bei Kulthandlungen die »Gläubigen« zu beeindrucken, oder gar als nützliche Lernhilfen bei der Unterrichtung des Nachwuchses dienten, wissen wir nicht: Daß die Großsteine der Anlage jedenfalls mit sorgfältiger Überlegung, nicht nur als imposantes Dekor eingebaut worden sind, verrät aber schon ein Blick auf Abbildung 2.8.

Beim Entziffern von Stonehenge I fehlen uns jetzt noch die 56 Aubrey-Löcher innerhalb der Wallumgürtung: Nach der Meinung von Gerald S. Hawkins bilden sie Meßmarken auf einer gigantischen »Rechenscheibe«. Der amerikanische Astronom spricht selbst, wie schon angedeutet, von einem »neolithischen Computer«, einer Steinzeit-Rechenmaschine also. Wir wollen uns hier damit begnügen, eine grobe Skizze seiner Überlegungen zu geben: Der 18,6134-Jahresrhythmus bei der extremen Aufgangserscheinung des Mondes 5,2 Grad nördlich vom mittsommerlichen Sonnenwendepunkt wurde bereits ausführlich erläutert. Das Dreifache dieses Wertes gibt bereits eine recht gute Näherung mit der Zahl 56 (Fehler: rund 0,3 Prozent). Läßt man also auf dem Aubrey-Kreis einen Merkstein derart wandern, daß man ihn pro Jahr um drei Löcher weiterbewegt, dann hat er in 18,61 Jahren einen vollen Umlauf geschafft: Die Wanderung des Merksteines um den Aubrey-Kreis entspricht damit – fast – genau dem Umlauf eines »Mondknotens« in unserer Abbildung 2.5!

Hawkins vermutet nun, daß die Stonehenge-Astronomen zudem mit sechs beweglichen Merksteinen gearbeitet haben, die sie in gleichmäßigen Abständen Jahr für Jahr um ein Loch bewegten – zwei davon im Zehn-Loch-Abstand, vier im Neun-Loch-Abstand. Auf diese Weise entstand ein Rechen- oder Kalenderwerk, das langfristige Voraussagen gestattete, vor allem die extremen Mondaufgänge, aber auch Mondfinsternisse und bisweilen sogar Verfinsterungen der Sonne. Wie funktioniert das?

Eine totale Mondfinsternis entsteht bekanntlich genau dann, wenn der Erdtrabant völlig in den Kernschatten-Kegel der Erde tritt (Abbildung 2.9). Hätte die Mondbahn nicht ihre charakteristische, gegen die Ekliptik geneigte Ebene, so gäbe es sowohl Mond- als auch Sonnenfinsternisse bei jedem Mondumlauf, das heißt zweimal im Monat. Die bekannte Fünf-Grad-Neigung der Mondbahn-Ebene gegen die Ekliptik der scheinbaren Sonnenbahn hält die Häufigkeit dieses Spektakels jedoch in Grenzen: Allenfalls zweimal pro Jahr verfinstert sich in Wirklichkeit der Mond, dann nämlich, wenn er sich ganz in der Nähe der »Knotenlinie« bewegt, das heißt sich in der Ekliptik befindet (siehe Abbildung 2.5).

Für die »Astronomen« der Stonehenge-Anlage hieß das: Eine Verfinsterung des Mondes – oder auch der Sonne – kann genau dann eintreten, wenn der Aufgangspunkt des Vollmondes am Heel-Stein liegt. Nach dem 18,61-Jahresrhythmus der extremen Aufgangserscheinung erfolgt das aber alle 9,3 Jahre – mit dem geradzahligen Zählwerk des Aubrey-Kreises in der Folge 9 – 9 – 10 – 9 – 9 – 10 der genannten Merksteine »simuliert«: Auf diese Weise erhielt man mit der Aubrey-Kreis-»Rechenscheibe« bereits eine beachtliche Vorhersagegenauigkeit von ± 8 Tagen für die zu erwartenden Verfinsterungen.
Doch der Stonehenge-Computer, so spekulierte Hawkins weiter, funktionierte noch weitaus präziser – auf den Tag genau sogar, wenn als zusätzliches Zählwerk zum Aubrey-Kreis auch noch der gewaltige Sarsenkreis benützt wurde: Seine 30 Steinpilare bilden 30 Steintore, die nicht nur eindrucksvolle Grobvisuren gemäß Abbildung 2.8 erlaubten, sondern auch als »Tageszähler« eingesetzt werden konnten. Wie hätte das funktionieren können?
Gute 29,5 Tage braucht der Mond bekanntlich, um von einer Phase in die nächste zu gelangen, also auch von einem Vollmondaufgang zum folgenden. Markiert man dieses Ereignis durch einen Stein oder Pfosten in dem Steintor des Sarsenkreises, das zum Heel-Stein weist, und rückt diese Marke dann Tag für Tag um jeweils ein Steintor weiter, so erscheint der nächste Vollmond nach einem kompletten Umlauf der Marke um den Sarsenkreis. (Wegen der Zeitdifferenz von einem halben Tag

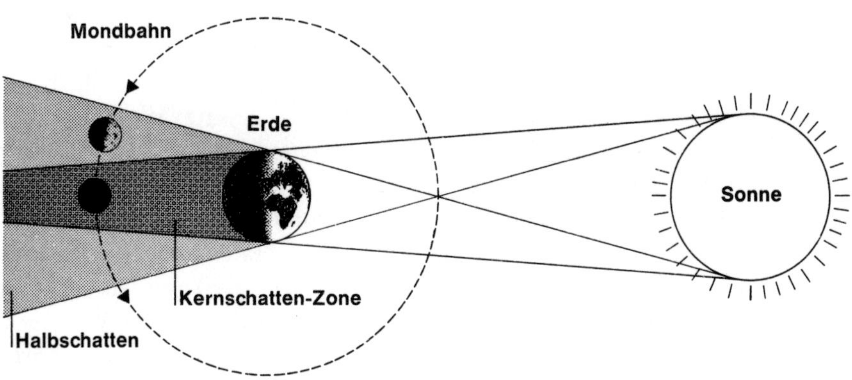

Abbildung 2.9: Schematische Darstellung einer totalen Mondfinsternis.

wurde diese »Uhr« vermutlich alle zwei bis drei Mondmonate »nachgestellt«, indem man die Marke ein Tor vor- oder zurückstellte.) Auf diese Weise wußte man, daß innerhalb des am Aubrey-Kreis errechneten Zeitraumes eine Mondfinsternis genau dann eintrat, wenn der »Tagesanzeiger« des Sarsenkreises im Heel-Stein-Tor stand, eine Sonnenfinsternis dagegen, wenn er im genau entgegengesetzten Tor – an der Rückseite des »Hufeisens« – zu finden war.

Wie schon gesagt: Der nachhaltige Eindruck, den die Ruinen dieses gewaltigen Bauwerkes von Stonehenge noch heute vermitteln, kann und sollte mit dazu beitragen, unsere Verblüffung über das beträchtliche astronomische Wissen dieser Steinzeitmenschen deutlich zu mildern: Man hat die Hawkinsschen Spekulationen in zahlreichen Abhandlungen zwar begeistert begrüßt und verfeinert, aber auch andere Interpretationen präsentiert oder gar Deutungen dieser Art energisch als bloße Phantastereien abgelehnt. Im Rahmen unserer Betrachtungen wollen wir jedenfalls den Stonehenge-Leuten eine *solide »Naturkundigkeit«* zugestehen, die sich *vielleicht* in den Überlegungen des amerikanischen Astronomen Gerald S. Hawkins einigermaßen korrekt ausdrückt. Jedenfalls ist anzunehmen, daß man in Stonehenge die Bewegungsabläufe von Sonne und Mond nicht nur qualitativ, sondern auch quantitativ, das heißt nach einfachen Spielregeln des Zählens und Messens erfolgreich untersucht hatte.

Dafür gibt es, wie wir gesehen haben, bestechende Indizien, die vor allem mit dem bereits in der Stonehenge-I-Phase angelegten Aubrey-Kreis zusammenhängen: Die durchaus überzeugende Hawkins-Interpretation vom »neolithischen Computer« ist inzwischen ergänzt worden durch eine Deutung des englischen Astronomen Fred Hoyle, der den Aubrey-Kreis als *Modell der Ekliptik* beschrieben hat. Eine weitere Zahlenspielerei sieht, grob skizziert, so aus: 39 Mondmonate zu 29,5 Tagen entsprechen »fast« drei Jahresläufen der Sonne – es fehlen rund 56 (!) Tage, die Anzahl der Aubrey-Löcher. Auch mit diesem Ansatz läßt sich Stonehenge zu einem »Rechenzentrum der Steinzeit« machen.

Kurzum: Wir wissen immer *noch nicht* genau, *wie* die »Experten« jener Zeit die Himmelsphänomene rechnerisch behandelt haben. Doch die Vermutung, *daß* sie sich mit den verschlungenen Pfaden des Mondes am Firmament rechnerisch auseinandergesetzt haben, ist kaum zu widerlegen. Ziehen wir daher mit Rolf Müller *(Der Himmel über dem Menschen der Steinzeit)* eine höchst behutsame Bilanz, die dann jedoch als »harte Minimalaussage« gewertet werden sollte:

»Man könnte sich auf den rigorosen Standpunkt stellen, etwa das Netz

der vielen Ortungslinien deshalb abzulehnen, weil man einfach nicht geneigt ist, den Erbauern von Stonehenge derartiges astronomisches Wissen zuzutrauen ... Es ist aber ein Wissen, das dem naturverbundenen Beobachter einst selbstverständlich zu eigen war. Es war die Schau zum Himmel, die den Menschen der Steinzeit lehrte, die Bewegungsverhältnisse der Gestirne zu erkennen. Er nutzte diese Kenntnisse, um die Zeiten und den Kalender zu bestimmen, den ein seßhaftes Agrikulturvolk so dringend benötigte. Stonehenge ist natürlich nicht von heute auf morgen erbaut worden: So wie der Baumeister etwa das Eigenheim erst einmal aussteckt oder die Autobahn ausgefluchtet wird, so haben früher die Kalendermacher in jahre- oder jahrzehntelangen Beobachtungen die Richtungen ausgepflockt und die Fluchtstäbe immer wieder korrigiert, um sie schließlich durch feste Steinpfeiler, Hügel oder Kreise zu markieren.«
In diesem durch und durch »experimentellen« Stil haben scharfe Beobachter und kühne Ingenieure ein Werk geschaffen, das auch heute noch den Gepflogenheiten einer *empirischen Wissenschaft* entspricht – ein Werk, das wissenschaftliche Entdeckung und zeitgenössische »Technologie« im besten Sinne vereinigt hat. Von einer *vor*griechischen Wissenschaft, die das für uns so vertraute Element der »Herleitung« eines gewissen Sachverhalts aus »etwas Allgemeinem«, die sogenannte *Deduktion,* noch überhaupt nicht kannte, sollte man weiß Gott nichts anderes erwarten: Was uns die überlieferten Zeugnisse dieser wissenschaftlichen Aktivität verraten, falls wir sie einigermaßen korrekt zu deuten verstehen, ist jedenfalls erstaunlich genug, um in unserer *Weltgeschichte der Physik* vermerkt zu werden.

3
Von der »Erdenschwere« der frühen Naturwissenschaften

Die Großwildjagd der Altsteinzeit bildete für unsere Betrachtung ein erstes Beispiel für die naturwissenschaftliche Betätigung der Frühmenschen: Da gab es ein ritualisiertes Trainingsprogramm der sensorisch-motorischen Fähigkeiten, die bei der tatsächlichen Jagd zum Einsatz kamen, und grafisch vermittelte Anatomiekenntnisse des zu erlegenden Wildes mit Hilfe der Höhlenbilder. Außerdem fand der erste *formale* Unterricht statt, der einen Katalog von Glaubenssätzen vermittelte, die als übergeordnetes »Weltbild« die praktischen Kenntnisse abrundeten. In gewissem Sinne war das bereits die *Theorie* der damaligen Naturwissenschaften.

Natürlich war die »Jägerschule« nur ein besonders bemerkenswertes, spektakuläres Beispiel aus dem bereits umfänglichen Lehrpensum altsteinzeitlicher Naturkunde. Schon beim Nahrungsammeln, das die menschliche Existenz jener Zeit übrigens in weit höherem Maße sicherte als die Jagd, wurden nicht nur Lebensmittel, sondern zugleich auch *Informationen* gesammelt: »Die ständige Übung des Suchens, Kostens, Auswählens, Identifizierens und vor allem des *Beobachtens der Resultate* – die bisweilen Krämpfe, Krankheit und früher Tod gewesen sein müssen – war ein wichtigerer Beitrag zur geistigen Entwicklung als Jahrhunderte des Feuersteinschleifens und der Großwildjagd«, behauptete Lewis Mumford wohl zu Recht.

In der Tat war die genaue *Beobachtungskunst*, die in solchen Tätigkeiten des Suchens und Sammelns zum Ausdruck kam, von akkurat derselben

Art, die noch heute einen Menschen zum Naturwissenschaftler macht. Dazu kam das beharrliche *Experimentieren* des »Allesfressers« Mensch bei der Gestaltung seines Speiseplans. Auch das gehört zweifellos zur frühen Wissenschaftsgeschichte. Hören wir dazu den Botaniker Oakes Ames:

»Studiert man die komplizierten Methoden der Zubereitung mancher Pflanzen, die dazu dienten, die Monotonie der Kost zu durchbrechen, so wird einem klar, daß der primitive Mensch die Eigenschaften der eßbaren und narkotischen Pflanzen nicht durch Zufall erkannt hat. Er muß schon ein *scharfer Beobachter von Zufällen* gewesen sein, um die Gärung, die Wirkung und das Vorkommen von Alkaloiden und toxischen Harzen sowie die Kunst des Röstens und Brennens zu entdecken, die ihm die gewünschte Narkotisierung oder die angenehmen Aromata wie Kaffee verschafften.«

Diese von Oakes Ames angesprochene scharfe Beobachtung zufälliger Ereignisse ist die Grundlage jeglicher naturwissenschaftlichen Tätigkeit: *Beobachtbar* sind ja zunächst nur isolierte, das heißt »zufällige« Ereignisse. Jede Wissenschaft beginnt mit der direkten Beobachtung einzelner Tatsachen. Erst ein mehr oder weniger systematischer *Vergleich* vieler solcher Ereignisse oder Tatsachen kann zur Entdeckung einer gewissen *Regelmäßigkeit* führen, zur Feststellung der Wiederholung von Ereignissen und zu ihrer Identifizierung. Es ist übrigens wichtig, bereits hier darauf hinzuweisen, daß den Steinzeitmenschen der Gedanke an eine Regelmäßigkeit der natürlichen Geschehnisse in ihrem unmittelbaren Erfahrungsbereich gekommen ist und nicht beim Blick zum Sternenhimmel: Eine gewisse »Erdenschwere«, das heißt beträchtliche Anstrengungen und schmerzhafte Einprägungen sind von Anfang an mit der Naturforschung verbunden.

Die vergleichende Tätigkeit ist ja ohne Zweifel auch ein mit Anstrengung verbundener *Denkakt:* Es entspricht einem oft mühsamen Ordnen der Tatsachen, wobei eine Beobachtung mit früheren Beobachtungen verglichen wird. Aber für diese Tätigkeit stand bereits dem Eiszeitmenschen das wichtigste Instrument seiner Existenz zur Verfügung – sein »Denkapparat« Gehirn.

Zwar lähmten zunächst extreme Kälte und Erschöpfung durch körperliche Anstrengung, Hungergefahr und ein hohes Schlafbedürfnis die geistige Aktivität der Frühmenschen. Doch die Zähmung des Feuers und klimatische Verbesserungen – vor rund 15 000 Jahren stiegen die Temperaturen in Südfrankreich bereits auf plus 20 Grad im Juni und blieben

bei minus 10 Grad im Januar – erlaubten schließlich den normalen Gebrauch des so bedeutsamen Denkwerkzeugs:
»Mit seinem überentwickelten und fortwährend aktiven Gehirn hatte der Mensch stets mehr geistige Energie zur Verfügung, als er zum Überleben in rein tierischer Form benötigte«, erläuterte Lewis Mumford, »und er war deshalb gezwungen, diese Energie nicht allein in Nahrungsbeschaffung und sexuelle Reproduktion zu kanalisieren, sondern in Lebensweisen, die diese Energie direkter und konstruktiver in angemessene kulturelle, das heißt symbolische Formen umwandelten.«
Diese kulturellen oder symbolischen Aktivitäten verliehen den frühmenschlichen Arbeitsprozessen, deren Erzeugnissen und ihrer Verwendung erst den eigentlichen Sinn: »Nur mittels der Kultur konnte der Mensch seine eigene Natur ausschöpfen, kontrollieren und voll entwikkeln«, wie es Mumford formulierte. Dazu gehörten die mannigfaltigsten Symbolisierungen der »ersten Stunde« – Tanz und Gesang, Malerei und natürliche Sprache: Sie schufen eine innere Distanzierung von den Tatsachen, die man nur sinnlich wahrnahm. Der wissende und interpretierende Mensch als Homo sapiens tat eben entschieden mehr als sammeln und jagen, Werkzeuge oder Waffen herstellen – er dachte und »erdachte« sich damit seine Welt in Mythos und Religion, Philosophie und Wissenschaft.
»Der wesentliche Denkakt ist die Symbolisierung«, heißt es in der *Naturgeschichte des Geistes* von Arthur D. Ritchie, der das *Denken* auf allen seinen Stufen konsequent als einen *symbolischen Prozeß* ansieht. Der von Lewis Mumford angesprochene Überschuß an geistiger Energie ist demnach ein ungemein reicher Vorrat an symbolischem Material, ein »Reservefonds von Vorstellungen«, wie es die Philosophin Susanne K. Langer plastisch ausdrückt: »Wenn nämlich Symbole das Material des Denkens sind, dann muß der denkende Organismus fortwährend symbolische Übersetzungen seiner Erfahrungen liefern, um die Bewegungen des Denkens zu unterhalten.«
So gilt bereits für das in den Dämmerstunden der Zivilisation solide erdachte Weltbild des Steinzeitmenschen, das sich über die Jahrhunderte hinweg wohl ständig verändert, wenn auch nicht stetig »verbessert« hat, daß die Symbole und Bedeutungen stets wichtiger waren als bloße Sinneswahrnehmungen oder Sinnesdaten. Schon damals galt, was Susanne K. Langer für die Rolle der Symbole in der modernen Naturwissenschaft schrieb:
»Die Eroberung der Welt durch den Menschen beruht zweifellos auf der

überlegenen Entwicklung seines Gehirns, die ihn befähigt, seine Reaktionen zu synthetisieren, zu retardieren und zu modifizieren, indem er *Symbole* in die Lücken und in das Durcheinander unmittelbarer Erfahrung einschaltet und vermöge ›verbaler Zeichen‹ die Erfahrungen anderer Personen seinen eigenen hinzufügt.«

Diese symbolische Aktivität des Menschen erfaßte im Zeitraum vor rund 30 000 bis 15 000 Jahren sogar die Herstellung von Werkzeugen und Waffen, zu einer Zeit nämlich, als *Pfeil und Bogen* erfunden wurden, die erste wirkliche Maschine, die nicht nur eine Nachbildung von Muskeln oder Gliedern, das heißt eine bloße »Verlängerung« des menschlichen Körpers war, wie etwa der Hammer als Kopie der Faust, die Zange als imitiertes Fingerpaar oder der Speer als verlängerter Arm. Auch das Wurfholz, der Bumerang, die Bola und die Schleuder waren – wenn auch bisweilen recht kunstvolle – Erweiterungen des simplen Stein- oder Stockwurfs. »Aber Pfeil und Bogen haben in der Natur nicht ihresgleichen«, erläuterte Lewis Mumford: »Sie sind ein so einzigartiges, spezifisches Produkt des menschlichen Geistes wie die Wurzel aus minus eins. Diese Waffe ist eine reine Abstraktion, in physikalische Form übertragen. Zugleich aber stützt sie sich auf drei Hauptquellen primitiver Technik – Holz, Stein, Tierdärme.«

Die Pfeil-und-Bogen-Maschine war denn auch die erste Anwendung gespeicherter mechanischer Energie, *potentieller* Energie im Sprachgebrauch der Physik von heute, die beim Spannen der Bogensaite über einen gewissen Zeitraum hinweg angesammelt und dann, beim Loslassen des Pfeiles, sehr rasch abgegeben werden konnte. Bei diesem Abschleudern des »Minispeers« Pfeil über die normale Wurfdistanz hinaus wurde nicht nur das Interesse an der physikalischen Disziplin der *Dynamik* geweckt: Mit Hilfe der Bogensaite ließ sich auch ein Bogenbohrer oder ein Feuerholz in einer kontinuierlichen *Rotationsbewegung* halten, wodurch man eine Hand aus der zuvor mit beiden Handflächen auszuführenden »Schmirgelbewegung« freibekam. Außerdem setzte der Klang der schwingenden Saite den Beginn des Musikinstrumentenbaus, der Herstellung von Saiteninstrumenten, und lieferte so seinen Beitrag zur *Musik*geschichte und zur physikalischen Disziplin *Akustik*.

So kann man an diesem »einzigartigen Produkt des menschlichen Geistes«, das in späteren Jahrhunderten als schauerliche Kriegsmaschine der Assyrer und Perser noch viel Furcht und Schrecken verbreiten sollte, doch auch recht ungewöhnliche Züge entdecken. Jedenfalls sorgte die Herstellung von Waffen und Werkzeugen am Ende der Altsteinzeit be-

reits für ein beträchtliches physikalisches Wissen. Nahrungsammeln und Jagen waren zudem Informationsquellen für medizinische, biologische chemische und pharmazeutische Kenntnisse.
Zur Zeit des Neolithikum kamen aufgrund der magischen Interpretation des Ackerbaus geradezu verblüffende astronomische Kenntnisse hinzu, die wir anhand des Observatoriums und »Computers« von Stonehenge bereits ausführlich erläutert haben. Man behauptete bisher vielfach, der Mensch der Frühzeit habe sich selbst in einem naturwissenschaftlich »strengen« Sinn erst über die Gestirne entdeckt, über etwas also, was ihm vom Erfahrungsraum her besehen am fernsten stand. Außerdem war man lange Zeit der Meinung, daß die hierfür erforderlichen Beobachtungen der Gestirnbewegungen erst von den Ägyptern und Babyloniern ausgeführt worden sind.
Beide Vermutungen haben sich als nicht stichhaltig erwiesen: Wir haben bereits auf die Ackerbauern-»Zivilisation« des Neolithikum hingewiesen, die den weiblichen Sexualmerkmalen im Weltverständnis so hohe symbolische Bedeutung beigemessen hatte, daß man dem Mondlauf am Firmament wahrscheinlich aufgrund seiner vermeintlichen »Steuerung« der Menstruationsblutung so große Aufmerksamkeit schenkte.
Der weibliche Organismus in all seinen Äußerungen war für diese Steinzeitbauern die magische Verkörperung der organischen Fruchtbarkeit. Weibliche Sexualität war die zentrale Manifestation des Lebendigen schlechthin. Vermutlich forderte die drückende Überlegenheit der Frau zu jener Zeit sogar männliche Menschenopfer – die Tötung oder zumindest die Kastration von Jünglingen: Die brutale Vernichtung männlicher Gottheiten in späteren Mythen, die »gewährleisten« mußte, daß neues Leben entstand, ist ein deutlicher Hinweis auf diesen Sachverhalt. So wurde dem Blut, das bei der Menstruation der Frau »natürlich« und beim Mann im Opferritus floß, besondere Beachtung zuteil, die sich auch naturkundlich auswirkte.
Doch waren es gewiß alle vertrauten Organe und Körperfunktionen bei Frau und Mann, die den Frühmenschen bereits zur naturwissenschaftlichen Aktivität anspornten: Er untersuchte nicht nur das bei den oft tödlichen Verletzungen ausströmende Blut, sondern auch den Urin, den Kot, den Samen, das Fruchtwasser und die ausgeatmete Luft. Er experimentierte an seinem eigenen Körper bis hin zur brutalen Selbstverstümmelung: Man hat in den Höhlen der Altsteinzeit Abdrücke von gezielt verunstalteten Händen gefunden. Die Beschneidung der männlichen Vorhaut geht bereits auf jene Zeit zurück. Man hat den Penis damals

durchbohrt und die Hoden herausgeschnitten – wahrlich grausame Experimente.

All dies waren nun gewiß keine chirurgischen Praktiken, die dazu gedient hätten, die physischen Überlebenschancen zu verbessern: Es waren primär magische Zeremonien, die uns heute teils sinnlos, teils pervers erscheinen. Aber diese grausamen Experimente waren auch ein nützliches Vorspiel zur Erprobung wirksamer Techniken der operativen Künste, der Chirurgie. So verwerflich diese Ansicht auf Anhieb klingen mag: Der angebohrte Schädel des steinzeitlichen Menschenopfers, die gezielt ausgeschlagenen Schneidezähne und schmerzhafte Tätowierungen gehörten zu den ersten erfolgreichen Versuchen menschlicher Selbstbeherrschung und damit menschlicher Naturbeherrschung, die ohne Zweifel zur naturwissenschaftlichen Tätigkeit gerechnet werden muß.

Heute wird in umstrittenen Tierexperimenten erprobt, was der Frühmensch grausam an sich selbst versuchte: Knaben und Jünglinge wurden aus rituellen Gründen (Mannbarkeit, Menschenopfer) entmannt. Erst viel später nahm man für diese religiösen Handlungen Tiere anstelle von Menschen. Wilde Stiere wurden kastriert; aus ihnen entstanden friedliche, arbeitsame Ochsen, die in diesem Zustand für den Menschen wesentlich nützlicher waren. Was zunächst als Ritus gedacht war, entpuppte sich als ökonomisch: Am Anfang der Haustierzucht stand das Opfertier.

So war es wohl keineswegs die leidenschaftslose, aufmerksame Betrachtung der Gestirnbewegung am Firmament, die den Frühmenschen zum Naturforscher werden ließ: Beobachtungs- und Experimentierkünste trainierte er zunächst an seinem eigenen Körper, um sie dann an seiner Umwelt zu erproben. Und im Neolithikum sorgte schließlich die Fruchtbarkeitsmagie, in der die weibliche Sexualität über alles dominierte, für immer abstraktere symbolische Aktivitäten, die auch das Interesse an den himmlischen Geschehnissen weckte: Es ist daher nicht auszuschließen, daß die ersten »exakten« Naturforscher im Stil der Steinzeit-Astronomen von Stonehenge weiblichen Geschlechts waren. Schließlich war es der Mond, dem dort die größte Aufmerksamkeit bei den Beobachtungen geschenkt wurde, ein Himmelskörper, dessen Rhythmus mit der Menstruation in Zusammenhang gebracht und als Muttergöttin identifiziert wurde. Unsere einseitige Fixierung auf männliche Priesterastronomen rührt ja wiederum von den klassischen Kulturen an Nil und Euphrat her, deren Vertreter noch als das »Sternenmännchen« oder der »Kalendermann« durch unsere Köpfe spuken.

Beim Kräuterweiblein oder der »Hexe« des Märchens hat sich die kundige Sammlerin heilsamer oder todbringender Kräuter und Beeren dagegen in der zutreffenden Verkörperung überliefert: Die Frau des Neolithikum war die typische Urvertreterin für die Disziplinen Botanik und Pharmazie. Die Pflanzenwelt war ja auch die unbestrittene Domäne der Frau: Warum also sollte die mutmaßliche Erfinderin des Ackerbaus dann nicht auch die Initiative beim Studium des dabei scheinbar bestimmenden Mondrhythmus ergriffen haben? Schließlich wurde die von den Frauen organisierte Bepflanzung von Gärten und Feldern primär nach lunaren Ereignissen ausgerichtet! Wir sollten jedenfalls die Rolle der Frau bei der Gestaltung des neolithischen »Wissenschaftsbetriebes« nicht unterschätzen. Lewis Mumford gestand zwar ein: »Das gesteigerte Bewußtsein ihrer sexuellen Rolle verlieh der Frau eine Würde, die sie nicht mehr bloß als eine sich abrackernde Magd des Jägers erscheinen ließ, der die schmutzige Arbeit des Zerteilens und Auslaugens der Därme zufiel, aus denen Schnüre gefertigt wurden, oder die Häute schaben und gerben mußte.«

Aber das neue, jungsteinzeitliche Rollenverständnis der Frau sah der amerikanische Sozialwissenschaftler dann doch eher bescheiden: »Das neue Bewußtsein befruchtete auch ihre Phantasie in anderen Tätigkeiten – sie formte Vasen, färbte Stoffe, schmückte den Körper und parfümierte die Luft mit Blütenduft.« Dennoch kann man annehmen, daß die Frauen jener Zeit erheblich mehr und mit Männerarbeit vergleichbare, anspruchsvolle Tätigkeiten verrichtet haben. Wie schon gesagt: Die Annahme, daß im südenglischen Stonehenge Frauen als Priesterastronominnen den Mondlauf erforscht haben, ist mindestens ebenso naheliegend wie die Vermutung, das Geschäft der neolithischen Gestirnbeobachtungen sei ausschließlich Männersache gewesen.

Schon bei der Geschichte von der Vertreibung aus dem Paradies, in der sich der schwerwiegende Wandel vom »parasitären« Jäger und Sammler zum hart arbeitenden Ackerbauern spiegelt, übernimmt Eva den aktiven Part der geistigen Rebellion: Sie, nicht Adam, greift schließlich zur »Frucht der Erkenntnis« und schafft damit das scheinbare Übel alles Wissens – ein gewiß bemerkenswerter Vorgang, der religiös noch immer als Auflehnung gegen das angeblich gottgewollt Gegebene, ja als Erbsünde diffamiert wird. Damit finden sich in diesem Mythos Hinweise auf die profilierte Rolle der Frau in der Gesellschaft der neolithischen Ackerbauern, die ihr zweifellos auch umfangreiche naturwissenschaftliche Tätigkeiten auf den Gebieten der Medizin und Biologie, der Chemie und Physik erlaubte, wobei wir die Astronomie als angewandte Physik ansehen können. (Daß die Jungsteinzeit-Frau obendrein noch »die Luft mit Blütenduft parfümiert« hat, braucht nicht unbedingt gegen ihre Forschungsaktivität zu sprechen.)

Wir sollten im übrigen mit einer Serie von Vorurteilen und Falschmeldungen aufräumen, die über die – gewiß bewundernswerte – Astronomie existieren. Die hartnäckigste Behauptung dieser Art ist, naturwissenschaftlich habe der Mensch sich selbst und seinen natürlichen Lebensraum mit allen Regelmäßigkeiten über die Gestirne am Firmament entdeckt: Der Umweg vom Allerfernsten des Erfahrungsraumes zum naheliegendsten Experimentierfeld, dem eigenen Körper, ist eine Legende. Für die umgekehrte Reihenfolge spricht einiges mehr. So zum Beispiel, daß nach der Überlieferung dem ägyptischen Himmelsgott ein *Auge* ausgerissen wurde – der Mond. Allmonatlich zur Neumondzeit wurde es von einem großen schwarzen *Schwein* aufgefressen, das zudem jeden Morgen viele kleine *Ferkel* verschlingt – die Sterne.

Schwärmerischen Überlegungen der Art, daß erst die regelmäßigen Gestirnbewegungen die Menschen auf die Idee einer präzisen Regelmäßigkeit aller natürlichen Geschehnisse gebracht hätten, sind also mit Vorsicht zu genießen: Die Naturwissenschaften einschließlich der Physik brauchen nicht unbedingt als ein freischwebendes »Himmelsgeschenk« angesehen zu werden – ihre ersten Kenntnisse wurden auf oft recht schmerzhafte Weise erfahren und nicht im beschaulichen Blick zum gestirnten Firmament.

Der berühmte französische Astronom und Mathematiker Henri Poincaré hat zu Beginn unseres Jahrhunderts sogar eine Spekulation entwickelt, die den Sternenhimmel zur »existentiellen« Grundlage der exakten Naturforschung heutigen Stils werden läßt: Man stelle sich doch einmal vor, erläuterte Poincaré, die Menschen auf diesem Planeten Erde würden seit Jahrtausenden unter einem ständig dicht bewölkten Himmel gelebt haben, der den Anblick der Sterne niemals erlaubt hätte! Dann wären die exakten Naturwissenschaften vermutlich noch in unserem Jahrhundert das kuriose Hobby einiger Käuze – meinte der Astronom und räsonierte:

»Würden wir die Sterne nicht gekannt haben, so hätten vielleicht einige kühne Geister versucht, die physischen Naturerscheinungen vorherzusagen. Dabei hätte es jedoch häufig Mißerfolge gegeben, die allenfalls den Spott der Menge erregt hätten. Sehen wir nicht heute noch, daß die Meteorologen sich bisweilen irren und sich gewisse Leute dann veranlaßt sehen, darüber zu lachen?«

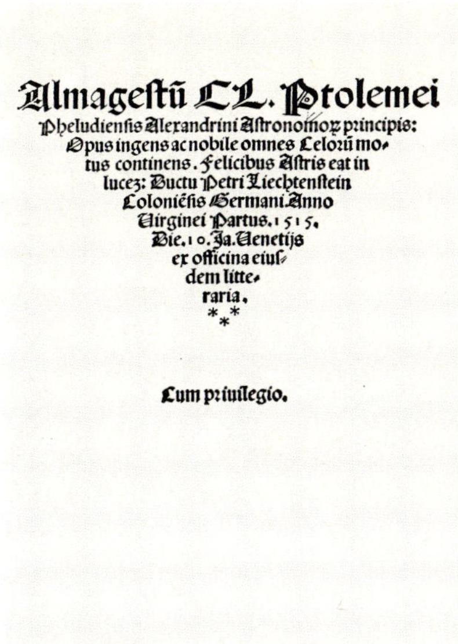

Almagestū CL. Ptolemei
Pheludiensis Alexandrini Astronomoꝝ principis:
Opus ingens ac nobile omnes Celorū motus continens. Felicibus Astris eat in lucē: Ductu Petri Liechtenstein Coloniēsis Germani. Anno Virginei Partus. 1515. Die. 10. Ja. Venetijs ex officina eiusdem litteraria.
* * *

Cum priuilegio.

* Laus Deo optimo maximoq; *

Petrus Liechtenstein

Contigimus portum: quo modo cursus erat.
Hic teneat nostras: ancora iacta rates.
1515

Das Hauptwerk des Astronomen Claudius Ptolemaios aus Alexandria *(Almagest)* in einer lateinischen Ausgabe aus dem Jahr 1515.

Diese assyrische Darstellung zeigt den Transport eines Stierkolosses zum Palast des Sanherib in Ninive. Solche Leistungen waren nur durch den Einsatz sklavisch gedrillter Arbeiter möglich, da an Maschinen lediglich die schiefe Ebene und der Hebel zur Verfügung standen.

Archimedes aus Syrakus, der bekannteste Physiker der Antike, gehört zu den legendenumwobenen Gestalten der Wissenschaftsgeschichte.

»Gewisse Leute«, die über Wettervoraussagen lachen, gibt es noch heute: Trotz Wettersatelliten und Computerauswertung kann eben das Wetter immer noch schneller als die Prognose sein. Für Henri Poincaré scheint dies ein schmerzliches Erlebnis gewesen zu sein, geeignet, die gesamte exakte Zunft in Mißkredit zu bringen und zu frustrieren: »Wie oft wären die Physiker, durch zahlreiche Mißerfolge bedacht, der Entmutigung verfallen«, schrieb er nämlich: »Doch das schlagende Beispiel des Erfolges der Astronomen hat ihr Zutrauen aufrechterhalten! Dieser Erfolg zeigte ihnen, daß die Natur Gesetzen gehorcht – sie brauchten nur noch zu wissen, welchen Gesetzen. Hierzu bedurfte es der Geduld, und sie hatten recht, zu verlangen, daß die Skeptiker ihnen Zeit ließen.«

So scheinbar überzeugend diese Poincarésche Hymne auf die braven Astronomen zunächst auch klingen mag: Ihr Wert ist letztlich doch recht fragwürdig. Zum einen sind die ersten, wenn auch etwas »gröberen« Regelmäßigkeiten ganz gewiß im nahen Erfahrungsraum des Menschen entdeckt worden. Zum anderen ist diese Spekulation des französischen Astronomen ohne Bezug zur Wirklichkeit, weil sie ständig mit irrealen Konditionalsätzen der Form »Wenn ... gewesen wäre, dann hätte ...« argumentiert.

Bei seinem einzigen Ansatzpunkt zur Realität verwendete Poincaré obendrein das übliche Klischee vom Menschen »vor einigen tausend Jahren«, den er so beschrieb: »Einsam inmitten einer Natur, in der ihm alles ein Geheimnis war, bestürzt über jede unerwartete Kundgebung unverständlicher Kräfte, war er unfähig, in der Leitung des Weltalls irgend etwas anderes zu sehen als bloße Laune. Er schrieb alle Erscheinungen der Tätigkeit einer Menge wunderlicher und anspruchsvoller kleiner Geister zu.«

Als ob diese »wunderlichen kleinen Geister« einfach vom Himmel gefallen wären! Wir übersehen heute nur allzu leicht, daß die gedankliche Konstruktion von Geistern eine vergleichbar respektable Freisetzung von geistiger Energie war wie die wissenschaftliche Begriffsbildung unserer Zeit, die, wie noch zu zeigen ist, trotz ihrer zahlenmäßigen Festlegung noch immer einen magischen Gehalt besitzt. Die von Poincaré beschworenen Geister waren jedenfalls bereits äußerst komplizierte, hochabstrakte Gedankengebilde – durchaus erdenkbar jedoch für die überentwickelten und ständig aktiven Gehirne der Frühmenschen:

»Der Begriff ›Geist‹«, erläuterte der Physiker John Desmond Bernal, »ist an sich schon eine sehr komplizierte Abstraktion. Er entsprang wahrscheinlich dem Unvermögen, sich mit der Tatsache des Todes abzufinden.

Die ersten Geister stellte man sich dann auch, wie die Gräberausstattungen zeigen, tatsächlich recht körperhaft vor. Da sie zu Lebzeiten Mitglieder des Stammes gewesen waren, glaubte man, sie würden auch weiterhin am Leben des Stammes Anteil nehmen. Man vermutete, daß sie ebenso wie die Lebenden auf die Natur direkt oder durch Magie einwirkten. Eine größere Macht schrieb man ihnen ursprünglich nicht zu. Erst später stellte man sich den Geist als das vor, was den Körper bei Eintritt des Todes verläßt, als etwas vom Körper Losgelöstes, das ein unsichtbares Eigenleben führt und dabei bestimmte Einflüsse ausüben kann.«

Aus den einfachen Familien- und Stammesgeistern wurden also erst im Laufe der Jungsteinzeit die uns bekannten Gottheiten der Überlieferung, die in Menschen- oder Tiergestalt und als personifizierte Naturkräfte (zum Beispiel Wind, Regen, Donner) in Erscheinung traten. Der neolithische Ackerbauer, der die Fruchtbarkeit als für ihn zentrales Naturgesetz erkannt hatte, »erfand« daher nach und nach eine Serie von überirdischen Geschöpfen: Zunächst waren es biedere Ahnengötter, dann mächtige Vegetations- und Lokalgottheiten, schließlich allmächtige Himmelsgötter. Oft existierten sie in der Vorstellungswelt mehr oder weniger friedlich nebeneinander, wenn auch die Rangordnung himmelwärts anstieg. Erst im dritten vorchristlichen Jahrtausend bildeten sich dann der unsere Zivilisation von Anfang an prägende Begriff des »Gottesstaates« aus: Alles Land und alle Erträge dieses Landes gehörten den regionalen Gottheiten, den geistigen Nachfahren der ehemaligen Stammesgeister.

Die schrittweise »Himmelfahrt« dieser Geister und die Veränderung ihres göttlichen Status hatte aber auch beträchtliche Folgen für die *Naturforschung:* Sie verlor ihre »Erdenschwere« und Menschbezogenheit. Denn wo früher die genaue Beobachtungskunst dominierte, das heißt das scharfe Beobachten von zufälligen Ereignissen bedeutsam war, wo der neolithische Mensch über eine faszinierende Fülle von Experimenten eine geradezu intime Vertrautheit mit den natürlichen Geschehnissen fand, die den zahlreichen Domestizierungsprozessen jener Zeit zugute kam, da diktierten im neuen Gottesstaat überwiegend abstrakte, unpersönliche Fertigkeiten wie Messen und Zählen den Wissenschaftsbetrieb.

Ganz allgemein bildeten jetzt akribisch exakte Aufzeichnungen eines vor allem »buchhalterisch« interessierenden Datenmaterials die Grundlage des Ordnungssystems, das in seiner Machtbezogenheit kosmische Dimensionen ansprach: Die unerbittliche Ordnung des Himmels wurde zum Vorbild für eine bürokratische Reglementierung von unvorstellbarem

Ausmaß. Naturkundliches Wissen mußte nun – wie auch jedes andere – vor allem auf verläßliche Weise organisiert und machtpolitisch ausgewertet werden. Dabei hatte die *Astronomie* natürlich ihre besondere Aufgabenstellung: Inwiefern sie sich entscheidend von derjenigen unterschied, die wir am Stonehenge-Observatorium kennengelernt haben, das sollen die folgenden Überlegungen deutlich machen.

4
Die »Physikbuchhalter« von Nil und Euphrat

Im Neolithikum hatten die in Dorfgemeinschaften vereinten Ackerbauern, beeindruckt von allem Lebendigen, von Wachstum und Sexualität, eine ungemein experimentierfreudige Naturforschung mit allerdings oft grausamen Selbstversuchen entwickelt, die uns heute mehr oder weniger barbarisch erscheinen müssen: Das erste Lebewesen, das der Mensch der so bedeutsamen *Domestizierung* unterwarf, war eben nicht der Stier oder der Widder, sondern der *Mensch selbst,* der sich den eigenen Herd und die eigene Hütte baute (*domus* heißt im Lateinischen »Haus« und *domare* »zähmen« oder »bändigen«). In gewissem Sinne ist der Mensch der Jungsteinzeit also selbst sein erstes »Haustier« gewesen.
Von der klaren Vorherrschaft der Frau in der neolithischen Dorfkultur blieb am Ende der Jungsteinzeit nur wenig erhalten: Die fortschreitende Tierdomestizierung ließ den Mann mehr und mehr zum Betreuer des Viehbestandes werden, zum Hirten und Schlächter. Zudem ergriff er auch die Vormacht beim Bestellen der Felder, beim Pflügen und Säen, so daß die eigentliche Domäne der Frau wieder das Haus und der Garten wurde: Die »Herrin des Hauses« durfte kochen und brauen, pflanzen und melken. Immerhin oblag ihr zudem die *Unterrichtung der Kinder,* wenngleich der Einfluß des »weisen alten Mannes« auch hier immer mehr spürbar wurde: Als Bewahrer der mündlichen Überlieferung spielte er eine höchst bedeutsame Rolle, wie sich an Institutionen im Stil des »Ältestenrats« erweist. Alter und Erfahrung werden auch heute noch sehr geschätzt: auch eine Tugend, die wir dem Neolithikum verdanken.

Mit der neuen Aufgabenverteilung setzte jedoch auch eine Entwicklung ein, die unsere »Zivilisationsgeschichte« – und damit zugleich die Geschichte der Wissenschaft – in einer Weise bestimmen sollte, die wohl zu Recht noch heute die Frauenbewegung zu empören vermag: Die wirtschaftliche, kulturelle und intellektuelle Vormachtstellung übernahm seither rigoros der Mann. Er drängte die Frau in eine deutlich passive, ja geradezu objekthafte Rolle. Aus männlicher Sicht ist man bisweilen geneigt, diesen Vorgang mit biologischen Argumenten zu beschönigen. Als Beispiel sei folgende Überlegung von Lewis Mumford angeführt:

»Die Frau, von ihrer männlichen Verpflichtung, zu arbeiten und zu regieren befreit, nicht länger durch exzessive Muskelarbeit verkrüppelt, wurde nicht nur durch ihre Sexualität, sondern durch ihre Schönheit reizvoller. Bei all den Erkenntnissen über das Züchten, das man der Domestizierung verdankte, wäre es ja auch seltsam gewesen, wenn die sexuelle Selektion davon unberührt geblieben wäre. Die zarten Konturen und welligen Linien des weiblichen Körpers waren eine ständige Faszination für die ägyptischen Bildhauer.«

Einmal ganz abgesehen von der Tatsache, daß die immer noch rein magischen Zwecken dienende altägyptische Kunst die Frauen – ebenso wie die Diener übrigens – allenfalls an typischen Kleidungsstücken auf einheitlich schlanken, mehr oder weniger knabenhaften Körpern erkennen ließ, beruhte die Vormachtstellung des Mannes im neuen System des Gottkönigtums zum einen Teil auf dem Rückgriff auf die räuberische Tapferkeit des Jägerhäuptlings, der sich mit Spezialisten des Tötens umgab – einst Jäger, jetzt Krieger: Jagen und Kämpfen wurden beliebig austauschbare Tätigkeiten. Und wo früher der Jüngling als Menschenopfer die Fruchtbarkeit beschwor, da zertrümmerte nun der babylonische Reichsgott Marduk der alten Göttin Tiamat erbarmungslos den Schädel mit seiner Keule. Zum anderen Teil jedoch bedurfte es einer überirdischen Autorität, einer Verquickung irdischer *und* kosmischer, weltlicher *und* göttlicher Kräfte, um dem König die totale Macht über die gesamte Gemeinschaft zu verleihen: Dafür sorgte als männliche Elite die Priesterschaft, die unter anderem auch *astronomische* Kenntnisse erwarb und bewahrte, um sie machtpolitisch zu nutzen. Davon soll noch ausführlicher die Rede sein.

Zurückbleibt daher in unserer Betrachtung eine in Wissenschaft und Lehre entmachtete Frau in der frühen Epoche des Königskults: Schon die ältesten Lehrschriften der ägyptischen Gelehrten, die sogenannten »Weisheitsbücher«, warnten eindringlich vor den Verführungskünsten schöner

Frauen, die zwar im Normalfall als liebevolle, anmutige und achtenswerte Wesen geschildert wurden, niemals jedoch als geistig zu akzeptierende Partnerin. Im Gegenteil: »So nichtssagend wie die Worte einer Frau« kritzelte bereits ein altägyptischer Witzbold an eine Tempelmauer – eine hartnäckig vorurteilende Bemerkung, die sich bis heute in liebevoller Pflege erhalten hat. Deshalb waren die Weisheitsbücher in der Regel auch als Belehrungen eines Vaters an seinen Sohn verfaßt – ein deutliches Indiz für die gewohnte Rollenverteilung bei der Wissensvermittlung.

So stammte etwa die älteste Weisheitslehre Ägyptens, die uns leider nicht erhalten geblieben ist, von einem Mann, den wir als ersten namentlich bekannten Wissenschaftler bezeichnen können, dem berühmten Imhotep, der um 2770 v. Chr. lebte: Er war nicht nur Minister des Pharao Djoser, sondern vor allem Architekt, Astronom und Physiker. Außerdem wurden ihm magische Heilkräfte zugeschrieben: Im Neolithikum war gerade dies bekanntlich eine ausgesprochen weibliche »Tugend«.

Immerhin wirkten praktisch alle Errungenschaften häuslicher Bequemlichkeit, die »der höhere Mensch als städtebauendes Tier« (Oswald Spengler) von nun an in Anspruch nehmen durfte, als spezifisch weibliche Erfindungen in die neue Zeit herein: Wir konnten ja schon Hammer und Zange, Speer und Keule als Nachbildungen von Muskeln und Gliedern, als »Verlängerungen« des menschlich-*männlichen* Körpers kennenlernen. Aber neben diesem männlichen Werkzeug- und Waffenschrank wurden Geräte wie Herd und Kochtopf, Trinkgefäß und Korb immer bedeutsamer – »Verlängerungen« des *weiblichen* Körpers, des Mutterleibes und der Mutterbrust sozusagen.

Nach einer ersten femininen Phase der »kleinen« Gefäße entwickelte sich bald die Phase der »großen« Gefäße, zu denen wir Gruben und Kanäle, Getreidespeicher und Tierpferche, sogar Tempel und Städte rechnen können. Eine gewisse Polarität feminin – maskulin in der Produktgestaltung und im Tätigkeitsbereich läßt sich seit dem durch Schriftwerke belegten Eintritt der Menschheit in die historischen Kulturen natürlich feststellen: Ob man sie allerdings so fixieren sollte, wie Lewis Mumford das im folgenden erläutert, sei jedoch zur Diskussion gestellt.

»Im allgemeinen sind die mobilen, dynamischen Prozesse männlichen Ursprungs«, schrieb der amerikanische Sozialwissenschaftler. »Sie überwinden den Widerstand der Materie, drücken, ziehen, reißen, durchdringen, schlagen ab, erweichen, bewegen, transportieren und zerstören. Dagegen sind die statischen Prozesse weiblich: Sie wirken von innen her wie chemische Prozesse. Sie verharren an Ort und Stelle, während qualitative Veränderungen geschehen: Rohes Fleisch wird gekocht; Gerste verwandelt sich in Bier; der Samen wandelt sich zur Pflanze.«

Es sei noch immer eine moderne Unsitte, meint Mumford, daß wir das Statische geringer werten als das Dynamische. Auf seine Schematisierung bezogen, über die sich natürlich schon prinzipiell streiten läßt, trifft dies in unserem hochtechnifizierten Alltag und Wissenschaftsbetrieb wohl nicht so ganz zu: Jedenfalls genießen so weiblich-statische Gebilde und Institutionen wie Tiefkühltruhen und Mikrowellenherde, Schallplatten, Tonbandkassetten und Super-Acht-Filme, Geldinstitute und Fußgängerzonen, Informationsspeicher (Datenbanken) und Kongreßhallen bei modernen Leuten eine nicht gerade geringe Wertschätzung.

Damit scheint eine weitere Diskussion dieser letztlich ziemlich fruchtlosen Sortierung menschlicher Aktivitäten und Erzeugnisse als »Herren- oder Damenkollektion« mehr oder weniger überflüssig zu sein: Entscheidend ist, daß unsere durch schriftliche Dokumente überlieferte Geschichte als Epoche des Mannes begann, der seine Macht auf einem Bündnis der göttlichen und weltlichen Kräfte begründete und sich der weiblich-statischen Prozesse in seinem Herrschaftsbereich genauso hemmungslos bediente wie seiner ureigenen männlich-dynamischen.

In diese Zeit legt man übrigens den Beginn der »Zivilisation«: Während zuvor das »unzivilisierte« Dorf die kulturelle und wirtschaftliche Einheit im Neolithikum bildete, wurde nun die Stadt als Hort dieser »Segnung« angesehen. Auch in der Zivilisation der ersten Gottesstaaten in Ägypten und Mesopotamien blieb jedoch die Landwirtschaft das eigentliche volkswirtschaftliche Machtpolster: Erst die hochentwickelte Ackerbautechnik eines großflächigen, zentral gesteuerten, das heißt öffentlich kontrollierten und organisierten Getreideanbaus auf präzise vermessenen Feldern erlaubten schließlich den Bau städtischer Siedlungen, in denen – im Gegensatz zur Dorfgemeinschaft – erheblich mehr Handwerker und Händler, Krieger und Verwaltungsbeamte lebten als Ackerbauern, weitaus mehr Konsumenten als Nahrungsproduzenten also.

Regelmäßigkeit, Ordnung, Standardisierung bestimmten die neue Ökonomie der Zivilisation in allen Bereichen: Die astronomische Dynamik nach dem Muster der Sternbewegung, jener Himmelslichter, die wie ein geordneter Heerbann übers Firmament zogen, und strenge mechanische Kontrolle durch die Beauftragten des göttlichen Herrschers bildeten einen Kosmos von Macht und Ordnung, der den endgültigen Sieg der Himmelsgötter über ihre doch mehr oder weniger irdisch schwache »Verwandtschaft« in animalisierter Gestalt von Stieren und Falken, Löwen und Kühen dokumentierte.

Die *Bürokratie,* der Verwaltungsapparat, spielte dabei eine überragende Rolle. Im Gottesstaat mußten die Tempel nicht nur als »Himmelshäuser« oder »Wohnungen der Gottheit« von irdischen Einflüssen abgeschirmt werden – körperliche Reinheit war das oberste Gebot für den ägyptischen Priester, der sich nicht nur viermal rund um die Uhr zu waschen hatte, sondern in späterer Zeit auch kahlscheren mußte, nur reines weißes Leinengewand tragen durfte und bestimmte Speise- und Handlungsverbote zu beachten hatte: Die Tempel waren auch Verwaltungszentren der göttlichen Liegenschaften, also Landwirtschaftsministerien, Kornkammern, Steuerbehörden, Bankhäuser, Nahrungsmittelverteilungsstätten und nicht zuletzt »Häuser des Lebens« als innerbetriebliche Ausbildungsstätten, Schreibbüros, Zeremonienorte, Krankenstationen für Wunderheilungen und natürlich auch astronomische Observatorien. Die als Tempelpersonal arbeitenden Astronomen hießen »Stundenpriester«: Ihre wichtigste praktische Aufgabe war es, aufgrund bestimmter Konstellationen der Himmelskörper den genauen Zeitpunkt für den Beginn gewisser Zeremonien festzulegen, zum Beispiel der »Stundengebete«, die es zur rechten Zeit zu sprechen galt.

Bevor wir auf diesen für unsere *Weltgeschichte der Physik* bedeutsamsten Tätigkeitsbereich zu sprechen kommen, sind noch einige allgemeine Überlegungen zur gottesstaatlichen Bürokratie angebracht, der ja auch die astronomischen »Stundenpriester« angehörten: Alle Priester Ägyptens waren praktisch *Staatsbeamte* im heutigen Sinne und handelten ausschließlich als Beauftragte des göttlichen Herrschers. Sie waren also weder Prediger noch Betreuer irgendeiner Pfarrgemeinde.

Sie formierten einfach den Verwaltungsapparat eines abstrakten, unpersönlichen Ordnungssystems, in dem unentwegt gezählt und vermessen, eingesammelt und verteilt, protokolliert und kontrolliert wurde: Heute, wo man in immer mehr Bereichen unseres öffentlichen Lebens dazu übergeht, »auf EDV umzustellen« und damit den Staatsbürger fast ausschließlich durch computer-verdauliches Datenmaterial zu erfassen und zu kontrollieren, ja durch automatisch ausgedruckte Bescheide, Mahnungen und Zahlungsaufforderungen zu terrorisieren, da bekommen wir ein ganz gutes Verständnis von diesen machtbezogenen Institutionen der sich zügig entwickelnden Zivilisation. Trotz der »göttlichen Eingebungen« zeigte jenes gottkönigliche System der Machtentfaltung nämlich verblüffende Parallelen zu den riesigen Staatsapparaten unserer Zeit, ob sie nun demokratisch oder kommunistisch sind. Lewis Mumford sah, in diesem Falle wohl völlig zu Recht, die vergleichbaren Konstellationen so:

»Zwar war sowohl für die Errichtung als auch für die Erhaltung des Königtums eine Infusion göttlicher Macht notwendig. Aber der ständige Verkehr mit dem Himmel, den die Führungsrolle des Königs erforderte, bedurfte der Hilfe von Priestern, Wahrsagern, Magiern, Traum- und Sterndeutern. Dieser Personenkreis wiederum war in Status und Amt von der weltlichen Macht und dem Reichtum des Königs abhängig.

Dieses Bündnis zwischen königlicher Militärgewalt und oft zweifelhaften Repräsentanten übernatürlicher Mächte nahm eine ähnliche Allianz von Wissenschaftlern und Vertretern der mathematischen Spieltheorie mit höheren Regierungsbehörden von heute vorweg; und sie war ähnlichen Korruptionen, Fehlkalkulationen und Halluzinationen unterworfen. Immer wieder beeinträchtigte die Abhängigkeit von nicht zu verifizierenden Himmelsbotschaften die Fähigkeit, in der Schlacht rationale Entscheidungen zu treffen, etwa auf der Grundlage handfester, greifbarer Tatsachen. Oft genug zählten die verworrenen Ratschläge des Wahrsagers mehr als das professionelle Wissen der Soldaten.«

In jenen Tagen wurden bereits viele, noch heute bestimmende Koordinaten der gesellschaftlichen Position des Wissenschaftlers fixiert: Er behauptete sich als Angehöriger der herrschenden und ausbeutenden Klasse, der die »himmlisch« sanktionierte Obrigkeit durch sein in hohem Maße organisiertes Wissen stützte. Er befleißigte sich der rituellen Pedanterie des Priesters, um das Transmissionssystem des kontinuierlichen Befehlstransports in Funktion zu halten. Von den unteren Klassen (Bauern, Soldaten, Handwerker, Arbeiter) wurde er respektvoll mißtrauisch als eine Art Zauberer akzeptiert, dem man weit eher zutraute, daß er ungeheures Unheil anrichten denn verhindern könne – eine Einschätzung, die sich bis heute angesichts wissenschaftlicher »Triumphe« wie der Atombombe oder der Interkontinentalrakete weitgehend erhalten hat.

Der Wissenschaftler baute sich schon damals seinen vielzitierten »elfenbeinernen Turm«, in dem er geheimes Wissen horten und Irrtümer verbergen konnte: Die »Geheimnisse des Tempels« waren als geschriebenes Wort ein hinter dicken Mauern wohlverwahrtes Gelehrtenmonopol. Heutzutage genügt es dagegen bereits, die Informationsbarriere mit hochmathematischen Kunstsprachen, verschlüsselten Computerdialekten und mehr oder weniger komischen Institutjargons aufzubauen: Tempelmauern erübrigen sich jedenfalls in diesem Sicherheitssystem.

Doch nun zurück zu dem Teil der altägyptischen Beamtenschaft, der im

Rahmen unserer Betrachtung am meisten Interesse verdient, zu den »Stundenpriestern«, die als wissenschaftliches Tempelpersonal aus dem Stand der Gestirne die Zeremonienstunden festzulegen hatten. Natürlich war der beherrschende Himmelskörper auch für diese ägyptischen Priesterastronomen die *Sonne:* Sie wurde – ganz konkret und keineswegs symbolhaft – als Gottheit verehrt. Der Sonnengott *Rê* (anfänglich: *Ra*) bestieg am Morgen seine Tagesbarke und segelte damit sichtbar übers erhellte Firmament, während er am Abend in die Nachtbarke umstieg, um, von Menschen unbeobachtbar, die Unterwelt zu durchfahren.

Der Tageslauf der Sonne wurde von den ägyptischen Astronomen pedantisch genau verfolgt und registriert. Das geistige Zentrum der Sonnenverehrung und -beobachtung soll Heliopolis gewesen sein, im Nordosten des heutigen Kairo gelegen. Griechische Astronomen bescheinigten später ihren heliopolitanischen Kollegen, daß sie »in den Dingen, die den Himmel betreffen, sehr erfahren« gewesen seien.

Diese Erfahrung beschränkte sich keineswegs nur auf die Sonne: Eine bemerkenswerte Aufmerksamkeit schenkten die Tempelastronomen am Nil auch dem »Hundsstern« *Sirius,* dem hellsten Stern am Nachthimmel. Sie nannten ihn »Sothis« und studierten über Jahrzehnte hinweg sorgfältig seine Frühaufgänge, die zusammen mit dem Sonnenaufgang erfolgten.

Dazu sind einige Erläuterungen angebracht: Nacht für Nacht gehen die Sterne, die nicht zu jeder Stunde am Firmament stehen, wenn der Fixsternhimmel um den Himmelspol rotiert, also nicht »zirkumpolar« sind, wie die Astronomen sagen, praktisch an der gleichen Stelle am östlichen Himmelsrand auf. Von Heliopolis aus, dessen geographische Breitenlage rund 30 Grad beträgt, gilt das für alle Sterne, die um mehr als diesen Betrag vom Himmelspol abstehen, und damit auch für den Hundsstern.

Neben diesen zumindest über einige Jahrzehnte hinweg einigermaßen gleichbleibenden Aufgangspositionen der nicht-zirkumpolaren Sterne – wegen der »Präzessionsbewegung« der Erdachse kann es über längere Zeitspannen hinweg zu deutlichen Veränderungen dieser Positionen kommen, wie die Abbildungen 4.1 verdeutlichen – ist ein weiteres Faktum bemerkenswert: Tag für Tag verfrüht sich ein solcher Sternaufgang um runde vier Minuten, während sich sein Untergang um den gleichen Betrag verzögert.

So ergibt es sich, daß man jedes Jahr nur ein einziges Mal, an einem ganz bestimmten Jahrestag also, einen gewissen nicht-zirkumpolaren Stern wie den Hundsstern in Heliopolis genau in der Morgendämmerung zu Gesicht bekommt: Das ist dann der Frühaufgang von Sirius beziehungsweise Sothis, der auch »heliakischer Aufgang« genannt wird, weil er zusammen mit dem Sonnenaufgang erfolgt. Nach unserem Kalender passiert das jeweils um den 19. Juli.

In altägyptischer Zeit, wo man diese Datierung natürlich nicht kannte, trat der heliakische Aufgang von Sothis stets kurz vor dem Einsetzen eines markanten Naturereignisses ein, vor der ersehnten Nilflut, die das ausgedörrte Land mit fruchtbarem Flußschlamm überschwemmte. Der römische Philosoph Seneca (3–65 n. Chr.), Lehrer des Nero, hat dieses

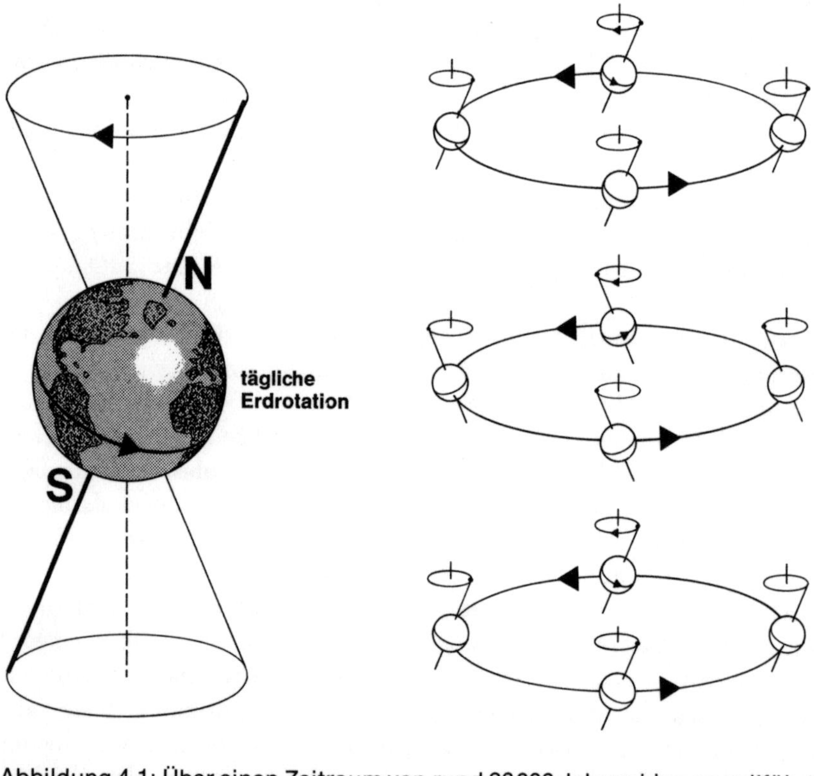

Abbildung 4.1: Über einen Zeitraum von rund 26000 Jahren hinweg vollführt der Erdkreisel eine Bewegung mit seiner Drehachse, die »Präzession« genannt wird (oben links). Die drei Phasenbilder rechts zeigen also den Jahreslauf der Erde um die Sonne vor 26000 Jahren (oben), vor 13000 Jahren (Mitte) und heute (unten).

für die ägyptische Landwirtschaft lebenswichtige Ereignis so beschrieben: »Der Nil bietet ein großartiges Schauspiel zu der Zeit, da er über die Felder hereinflutet. Der Boden der Ebene verschwindet, die Hügel tauchen im Wasser unter, und die Dörfer ragen nur noch wie kleine Inselchen heraus.« Der Frühaufgang von Sothis-Sirius in der Morgendämmerung kündigte also Jahr für Jahr diese Nilüberschwemmung recht zuverlässig an und war damit ein recht brauchbarer jahreszeitlicher Orientierungspunkt.

Doch die Ägypter des dritten vorchristlichen Jahrtausends lösten das Kalenderproblem nicht nach dem Hundsstern, sondern nach der göttlichen Sonne: Sie erfanden den ersten Solar-Kalender. Wir wissen bereits, daß dieses eindrucksvollste Gestirn am Firmament von einer Sonnenwende zur anderen 365,2422 Tage benötigt, ein Zeitraum, der »tropisches Sonnenjahr« genannt wird. Ein vernünftiger Kalender muß aber in ganzen Tagen rechnen: Daher zählten die ägyptischen Wissenschaftler das Jahr zu 365 Tagen mit den drei Jahreszeiten »Überschwemmung«, »Aussaat« (Winter) und »Ernte« (Sommer) zu jeweils vier Monaten mit genau 30 Tagen. Die fünf verbleibenden Extratage (griechisch: *Epagomenen*) wurden am Ende angehängt.

Mit diesem 365-Tage-Rhythmus verschoben sich nun aber die Sonnenwenden – und damit natürlich auch die Jahreszeiten – alle vier Jahre um rund einen Tag, alle 120 Jahre um rund einen Monat. Die Jahreszeit »Überschwemmung« wanderte also langsam über das natürliche Jahr hinweg und fiel bisweilen in die Zeit der Aussaat oder der Ernte. Erst nach Ablauf einer Periode von 1460 Jahren stimmte die Rechnung wieder: Dann nämlich fiel der Tag des heliakischen Aufgangs der Sothis, der die Nilflut ankündigte, erneut mit dem Neujahrstag des ägyptischen Kalenders zusammen. Doch das geschah lediglich alle 1460 Jahre (»Sothisperiode«).

Im Jahr 139 unserer Zeitrechnung, 139. n. Chr. also, wurde dieses bemerkenswerte Ereignis in Ägypten gebührend gefeiert: Damit lassen sich viele altägyptische Datierungen mit einem Spielraum von vier Jahren astronomisch bestimmen. Der ägyptische Kalender kannte nämlich nur eine relative Chronologie: Für jede Regierungszeit gab es eine eigene Zählung, die mit jedem Thronwechsel neu begann. Man datierte beispielsweise das »Jahr 4 des König Ramses, im 2. Monat der Überschwemmung, am 12. Tag«. Dabei wurden die elf Pharaonen mit Namen »Ramses« auch nicht nach unserer Gepflogenheit durchnumeriert, sondern lediglich nach den verschiedenen Beinamen unterschieden. Da aber in zahlreichen Dokumenten präzise vermerkt wurde, in welchem Jahr eines bestimmten Königs an welchem Kalendertag die Sothis ihren heliakischen Aufgang hatte, ließ sich vom Jahr 139 aus bequem über zwei Sothisperioden bis ins Jahr 2781 v. Chr. zurückrechnen, dem mutmaßlichen Zeitpunkt für die Einführung des Sonnenkalenders im »Alten Reich«. Jedenfalls waren es die späten siebziger oder frühen achtziger Jahre des 28. Jahrhunderts v. Chr., die Zeit von Pharao Djoser und seinem berühmten Minister Imhotep, in der diese naturwissenschaftliche Meisterleistung vollbracht wurde.

Die Bekanntgabe des Kalenders als Symbol einer rationalen Ordnung blieb über Jahrtausende hinweg in der Geschichte der Menschheit ein Monopol der Könige und Priester: Julius Caesar hat 45 v. Chr. den ägyptischen Kalender durch den Einschub eines Schalttages verbessert, der alle vier Jahre dem Februar als Ende des römischen Jahres angehängt wurde. Die Epagomenen (Extratage) verteilte er auf das ganze Jahr durch Bildung verschieden langer Monate. Eine weitere Verbesserung dieses Kalenders, den wir heute noch in Gebrauch haben, nahm dann Papst Gregor XIII. im Jahr 1582 vor: Er ordnete den Wegfall von drei Schalttagen im Zeitraum von 400 Jahren so an, daß von den Hunderter-Jahren (1600, 1700, 1800, 1900 . . .) nur diejenigen Schaltjahre sind, deren erste Ziffern durch vier teilbar sind. Dadurch wird der natürliche Rhythmus des »tropischen« Sonnenjahres von 365,2422 Tagen nur ungefähr alle 3300 Jahre um einen Tag verfehlt: Erst im fünften Jahrtausend unserer Zeitrechnung wird also wieder eine Kalenderreform aktuell.

Aber das Kalender-Monopol war nicht nur Symbol einer relativ abstrakten rationalen Ordnung. Daß damit stets höchst konkrete Machtbefugnisse verbunden waren, zeigt folgender Brief des berühmten Hammurabi von Babylon (1729–1686 v. Chr.) an einen seiner Minister: »Das Jahr ist aus den Fugen geraten! Laß den nächsten Monat unter der Bezeichnung ›Ululu II‹ eintragen! Damit müssen die Steuern nicht bis zum 25. Tasritu, sondern bis zum 25. Ululu II entrichtet werden . . .«

Daß die babylonische Steuermaschinerie bisweilen aus dem Takt kam, hatte folgenden Grund: Im Gegensatz zum ägyptischen Kalender war der babylonische ein *Mond*-Kalender, dessen jeweilige Monatsanfänge zunächst durch regelmäßige Beobachtung der heliakischen Aufgänge des Mondes festgelegt wurden. Anders gesagt: Das tatsächliche Auftauchen der Mondsichel, die erste Sichtbarkeit des Erdtrabanten nach Neumond bestimmte den Monatsanfang.

Das Problem, diesen heliakischen Mondaufgang genau vorauszuberechnen, um den Monatsbeginn unabhängig von Beobachtungen festzulegen, war jedoch ungleich schwieriger als die entsprechende Vorausbestimmung für einen Fixstern wie die Sothis. Erst Anfang des ersten vorchristlichen Jahrtausends gab es in Mesopotamien daher tabellarische Tafelwerke zur genauen Berechnung der ersten Sichtbarkeit nach Neumond. Um einen Ausgleich zum natürlichen »tropischen« Sonnenjahr zu schaffen, wurde zudem in unregelmäßigen Abständen kraft königlicher Verordnung ein Schaltmonat eingeschoben: Die Mondmonate des babylonischen Kalenders hatten ja nur 29 oder 30 Tage; denn von Neumond zu Neumond verstreichen im Durchschnitt 29,53 Tage. Erst im fünften Jahrhundert v. Chr. gelang es, den Mondkalender mit dem Sonnenjahr dadurch in Einklang zu bringen, daß man alle 19 Jahre (»Metonischer Zyklus«, vergleiche Seite 37) die regulären zwölf Mondmonate durch sieben Schaltmonate ergänzte und so eine durchschnittliche Monatslänge von 29,6 Tagen erreichte: Von nun an lief die Steuermaschinerie mit der Gleichmäßigkeit der Gestirnbewegungen.

Die eigentlichen Grundlagen unserer quantitativen Naturwissenschaften, deren exponierteste Vertreterin noch immer die Physik ist, wurden also von zählenden, messenden, rechnenden und protokollierenden Staatsdienern erarbeitet, die wahrlich mehr Buchhalter als Forscher waren: »Die umfangreichen Amtsverrichtungen und die großen Materialmengen und Dienstleistungen, mit denen es der Tempel in der Stadt zu tun hatte, führten jene qualitative Veränderung herbei, die den Beginn der bewußt betriebenen Wissenschaft kennzeichnet«, schrieb der Physiker John Desmond Bernal über die »Physik-Buchhalter« vom Nil und Euphrat.

Daher entwickelte sich sogar die *Schrift,* jene »größte der menschlichen manuell-intellektuellen Erfindungen« (Bernal) erst nach und nach aus der von den meisten »Geistesarbeitern« so sehr verachteten Buchführung: »Die Schrift war keine vorsätzliche Erfindung, sondern zufälliges Nebenprodukt eines stark entwickelten Sinnes für Privateigentum«, meint recht trocken Ephraim A. Speiser in seinem Aufsatz *The Beginnings of Civilisation in Mesopotamia.*

All das geschah im Zeichen des Sieges der Himmelsgötter: »Die Himmelserscheinungen, mit zunehmender Sorgfalt und Exaktheit gemessen, bürgten für eine geordnete Welt, die zumindest teilweise über dem ursprünglichen Chaos oder der menschlichen Willkür stand. Als Hauptrepräsentant dieser himmlischen Mächte konnte der König überall in seinem Herrschaftsbereich die Ordnung aufrechterhalten. War die Ordnung einst vornehmlich auf das Stammesritual und die artikulierte Sprache beschränkt, so wurde sie nun universal«, heißt es im *Mythos der Maschine* von Mumford.

So wenig erfreulich diese innigen Wechselwirkungen zwischen der Astronomie als angewandter Physik einerseits und den machtpolitischen Gegebenheiten des Gottkönigtums andererseits durch die Vermittlung buchhalterisch gesonnener Staatsdiener in der alten Zivilisationsgeschichte auch immer sein mögen, eines zeigen sie doch mit gewisser Deutlichkeit: Weder ist die Naturforschung im allgemeinen aus irgendwelchen merkwürdigen okkulten »Wissenschaften« hervorgegangen noch die Astronomie im speziellen aus der Astrologie. Erst Jahrtausende später, in griechisch-römischer Zeit, wurde das ägyptische Alexandria zur Hochburg nahezu aller auf übersinnliche Erkenntnis ausgerichteten Geistesströmungen einschließlich der absurdesten Spekulationen, Hexenkünste und Ketzereien: Daraus lassen sich jedoch keinerlei Rückschlüsse auf altägyptische Verhältnisse ziehen.

Die *Astrologie,* wie wir sie heute kennen, ist eine babylonische Erfindung der zweiten Hälfte des ersten vorchristlichen Jahrtausends – verglichen mit der Astronomie also ein relativ junges Betätigungsfeld. Der Glaube an einen direkten Einfluß der sich regelmäßig bewegenden Gestirne auf das scheinbar regellose Geschehen des alltäglichen Lebens begann als eine Art von »Entsprechungsastrologie« der himmlischen und irdischen Vorgänge, auf deren Basis man nicht nur bemerkenswerte Naturereignisse wie Mißernten oder Flutkatastrophen, sondern auch Feindangriffe und Angebote zu Friedensverhandlungen vorhersagen wollte.

Erst auf dieser Grundlage gedieh dann die »Horoskop-Astronomie«, die noch in unseren Tagen gepflegt wird: Die Stellung der Planeten zur Zeit der Geburtsstunde sollte es erlauben, den gesamten Lebensweg eines einzelnen Menschen vorherzusagen. Zunächst begnügten sich die babylonischen Astrologen allerdings mit Prognosen, deren Erwartungswert aufgrund ungewöhnlicher Bedingungen nicht allzu hoch veranschlagt zu werden brauchte. Die entsprechenden Konditionalsätze sahen so aus:

»Wenn im Monat Ab der Donnergott seinen Mund aufmacht (das heißt, wenn es donnert) und der Tag dunkel ist und es vom Himmel regnet und die Blitze zucken, dann wird Wasser in die offenen Gräber strömen. Wenn der Donnergott an einem wolkenlosen Tag ruft, dann wird Unheil übers Land kommen. Wenn es im Monat Ab in Strömen regnet, dann werden viele Menschen hingeschlachtet werden. Wenn es zweimal donnert, dann wird das Land, das eine feindliche Botschaft geschickt hat, eine Friedensbotschaft senden.«

Zu welchen Exzessen dieser merkwürdige Schicksalsglaube führen konnte, zeigen gewisse Ereignisse, die sich unter Assarhaddon zugetragen haben, der von 681 bis 669 v. Chr. regierte: Im Jahr 671 gab es am 2. Juli und am 27. Dezember zwei totale Mondfinsternisse, die – astrologisch besehen – als unheilkündende Vorzeichen für den Herrscher gewertet werden mußten. Um Assarhaddon zu schützen, ersetzten ihn die Priester kurzerhand durch einen Strohmann auf dem Königsthron, damit sich die drohenden Himmelszeichen an diesem Scheinkönig erfüllen konnten. Natürlich half man entsprechend nach, so daß der Ersatzmann auch wirklich vom Unheil bedroht wurde. Mit anderen Worten: Er überlebte seine »Regentschaft« nicht.

Von dieser grausamen Form eines Menschenopfers wissen die Historiker übrigens fast nur aus Briefen der Beamten und Priester an Assarhaddon, in denen er als »mein Herr Bauer« tituliert wurde: Zur »Tarnung« hatte man ihn zum einfachen Landmann auf Zeit gemacht. Doch dieses Ablenkungsmanöver konnte die bösen Vorzeichen nur scheinbar bannen: Der schwerkranke König starb keine zwei Jahre später auf einem Feldzug in Palästina.

Zugunsten der Astrologie muß allerdings auch noch gesagt werden, daß sie der exakten Wissenschaft Astronomie entscheidende Impulse verleihen konnte, beispielsweise dadurch, daß sie ein permanentes und gründliches Beobachtungsbedürfnis bezüglich aller Himmelserscheinungen aufrechterhielt: Längst ging das Sammeln von Beobachtungsdaten über die Fixstern- und vor allem die Planetenbewegungen weit über die praktischen Bedürfnisse hinaus, die das Kalendermachen erforderte. Ohne die »Begründung« dieser aufwendigen Tätigkeit durch den astrologischen Aberglauben wäre das »Horten« umfangreichen Beobachtungsmaterials den Mächtigen jener Zeit gewiß nutzlos oder gar abwegig erschienen. Mit diesem Material ermöglichten die babylonischen Astronomen aber erst das, was wir heute das »griechische Wunder« in der exakten Naturwissenschaft nennen – ein weiteres Kapitel unserer *Weltgeschichte der Physik.*

Doch ziehen wir zuvor eine knappe Bilanz zur altorientalischen Naturforschung der »Physik-Buchhalter« vom Nil und Euphrat, die als Beauftragte des göttlichen Herrschers agierten: In der umfassenden Reglementierungsmaschinerie des »zivilisierten« Lebens jener Zeit bildete ihre staatliche Forschungsbürokratie eine synchron arbeitende maschinelle Einheit, die mehr mit Bereichen zu tun hatte, die wir heute Wissenschafts- oder Forschungs*verwaltung* nennen, als mit kreativer Forschungstätigkeit im Sinne des naturwissenschaftlichen Experimentierens und Entdeckens. Das kaufmännisch-administrative Geschäft war der harte Kern wissenschaftlicher Tätigkeit – durchaus vergleichbar mit den Gepflogenheiten an modernen Großforschungseinrichtungen wie der amerikanischen NASA oder dem europäischen CERN.

Die ägyptische oder babylonische Forschungsbürokratie steckte, ähnlich wie im Militärwesen oder in der Arbeitswelt, eine Art Exerzierplatz ab, auf dem Wissenschaft gleichsam »verrichtet« wurde. »Nicht das unwichtigste Merkmal einer klassischen Bürokratie ist es ja, daß sie nichts erzeugt«, schrieb sarkastisch Mumford im *Mythos der Maschine*: »Ihre Aufgabe ist es, die Befehle, die von oben kommen, unverändert und ohne Abweichung weiterzugeben. Keine lokale Information und keine menschliche Rücksicht darf diesen unabänderlichen Transmissionsprozeß beeinflussen. Eine solche administrative Methode fordert im Idealzustand die völlige Unterdrückung aller autonomen Funktionen der Persönlichkeit und die Bereitschaft, die tägliche Aufgabe mit ritueller Exaktheit auszuführen.«

Erst die Zerstörung des Mythos vom Gottkönigtum konnte daher auch im Bereich der Wissenschaft eine neue geistige Haltung schaffen: Dies geschah bekanntlich in den Stadtkulturen des klassischen Griechenland, in Gemeinden, die, wie wir aus den Epen des Homer wissen, mehr Ackerbaustädte als militärische Festungen waren.

5
Das »griechische Wunder« bleibt bewundernswert

»Die Naturwissenschaft läßt sich zutreffend kennzeichnen als das Nachdenken über die Welt nach der Art der Griechen«, heißt es kurz und bündig in John Burnetts Buch über die Anfänge des altgriechischen Philosophierens *(Early Greek Philosophy)*: Stimmen denn Behauptungen dieser Art, die sich immer wieder in der wissenschaftsgeschichtlichen Literatur finden?

Sie sind insofern wohl richtig, als es uns Europäern bei den Griechen, die unsere Kultur und unser Denken auf die nachhaltigste Weise geformt haben, am besten gelingt, die Geschehnisse und Phänomene ihrer Welt zu begreifen, das heißt gedanklich nachzuvollziehen. Anders gesagt: Was die »alten« Griechen gewollt haben, wie sie gehandelt haben, das leuchtet uns recht gut ein – weil wir immer noch Ähnliches wollen und ähnlich handeln wie sie. Der Oxforder Philosoph und Archäologe Robin G. Collingwood (1889–1943) hat versucht, diesen Akt unserer Verständnisgewinnung in folgendem »Lehrsatz« festzuhalten: »Historische Erkenntnis ist der Nachvollzug eines in der Vergangenheit gedachten Gedankens, der in den Zusammenhang gegenwärtiger Gedanken eingekapselt ist, die ihn, da er im Widerspruch zu ihnen steht, in einen ganz anderen Bereich verweisen.«

Daß wir griechische Gedankengänge so viel leichter nachvollziehen können als babylonische und ägyptische, liegt aber nicht allein an jener *rationalen Tradition* unserer Wissenschaft, die zweifellos von den Griechen begründet wurde, sondern vor allem an der gleichen Struktur all unserer indoeuropäischen Sprachen, zu denen auch das Griechische gehört: »Wir gliedern die Natur an Linien auf, die uns durch unsere Muttersprache vorgegeben sind«, schrieb der amerikanische Sprachforscher Benjamin Lee Whorf in seinem bemerkenswerten Buch *Sprache, Denken, Wirklichkeit.* Und unsere europäischen Muttersprachen unterscheiden sich nun einmal nicht wesentlich von der Sprache der Hellenen, zumindest nicht, was die Grammatik betrifft.

Unser Denken, das gerade in der exakten Naturwissenschaft von der Grammatik indoeuropäischer Sprachen wie Griechisch oder Italienisch, Deutsch oder Russisch, Französisch oder Englisch geprägt wurde, die sich in ihrer Struktur kaum unterscheiden, steht dagegen in einem weit deutlicheren Gegensatz zu den Gedankengängen, die sich in hamitosemitischen Sprachen wie dem Altägyptischen, dem Akkadischen oder dem Sumerischen als Gelehrtensprache der mesopotamischen Keilschrifttexte geformt haben, deren Strukturen zum Beispiel heute noch im arabischen Sprachraum lebendig sind. Was das für die moderne Naturforschung bedeutet, hat Benjamin Lee Whorf unter anderem durch folgende Überlegung klar gemacht:

»Es muß betont werden, daß ›alle modernen indoeuropäisch sprechenden Beobachter‹ nicht das gleiche ist wie ›alle Beobachter‹. Wenn moderne chinesische oder türkische Naturwissenschaftler die Welt in den gleichen Ausdrücken beschreiben wie ihre ›westlichen‹ Kollegen, dann bedeutet das lediglich, daß sie das ›westliche‹ System der Rationalisierung in vollem Maße übernommen haben, niemals jedoch, daß sie dieses System von ihrem eigenen muttersprachlichen Gesichtspunkt aus mit aufgebaut haben!«

Wenn also John Burnett und mit ihm viele andere Wissenschaftshistoriker unsere Naturwissenschaft als »Nachdenken über die Welt nach der Art der Griechen« ansieht, wenn wir die natürlichen Geschehnisse noch immer gleichsam mit »griechischen Augen« betrachten, so hat das in hohem Maße sprachliche, das heißt grammatische Gründe: Der auch uns beherrschende, angeblich »abstrakte Geist« der Griechen, ihr »Streben nach reiner Erkenntnis« und ihr »Beweisbedürfnis« sind damit keineswegs als ein metaphysisches Geschick anzusehen, das über die »griechische Seele« einst hereingebrochen ist, sondern als natürlich sprachlicher und damit auch gesellschaftspolitischer Prozeß; denn eine natürliche Sprache wandelt sich mit den gesellschaftlichen Veränderungen des Volkes, das sie gebraucht.

In diesem Sinne hat auch der Marxismus-Leninismus sein »griechisches

Fundament«, und selbst Mao Tse-tung philosophiert letztlich ganz im Geist der Griechen, wenn er meint: »Woher kommen denn die richtigen Ideen der Menschen? Fallen sie vom Himmel? Nein. Sind sie dem eigenen Gehirn angeboren? Nein. Die richtigen Ideen der Menschen können nur aus der gesellschaftlichen Praxis herrühren.«

Sehen wir uns diesen interessanten Sachverhalt etwas genauer an: Die griechische Philosophie begann Ende des sechsten vorchristlichen Jahrhunderts auf dem Höhepunkt der hellenischen Kultur als »ionische« *Naturphilosophie* mit Überlegungen, die wir durchaus »physikalisch« im heutigen Sinne nennen können. Der Kernpunkt aller Gedankengänge war eine rigorose »Entgötterung« der Welt und ihrer Geschehnisse: Die griechischen Götter, in den Werken der Dichter Homer und Hesiod bereits wieder vermenschlicht wie die alten Stammesgeister, die sich wie Dorfälteste auf ihren Versammlungen herumstritten, verloren ihre Glaubwürdigkeit als machtvolle Himmelswesen, die einst schrecklich und unüberwindlich waren und für Blitz, Donner und Sturmwind sorgten. Himmelsgötter als Inkarnationen kosmischer Macht brauchten eben doch ein anderes »Image«, vergleichbar dem, das sie in den altorientalischen Gefilden Ägyptens oder Mesopotamiens besessen hatten.

Hand in Hand mit diesem göttlichen Autoritätsverfall schwand auch das Ansehen des Königtums bei den Hellenen: Schon in der Homerschen Dichtung gleichen die Griechenkönige ja weit eher biederen Provinzhäuptlingen, die mit ihren tüchtigen Kriegern »auf du und du« standen, als den hermetisch vom Volk abgeschirmten Gottkönigen der alten Zivilisationen, die wie heilige Wesen mit göttlichen Vorrechten ausgestattet waren – gestützt von einer bürokratischen Elite, die im wesentlichen damit beschäftigt war, Tätigkeiten auszuführen, die der gesamten Gemeinschaft immer höhere Steuern oder Tributleistungen abverlangten. In Griechenland dagegen wurde das Königtum als Institution systematisch in Frage gestellt und sehr bald abgeschafft: Die alten feudalen Strukturen wurden zunächst von Tyrannen und Gesetzgebern zerstört, um schließlich im fünften vorchristlichen Jahrhundert der demokratischen Polis zu weichen.

So löste sich in griechischen Gefilden die enge Verquickung von göttlicher und weltlicher Macht, ohne die jenes altorientalische Gottkönigtum gar nicht hätte existieren können, das wir im vorigen Kapitel kennengelernt haben. Es ist eigentlich naheliegend, daß damit auch der mythische Geist aller vorgriechischen Wissenschaft verblassen mußte: Es wäre ja doch ziemlich unsinnig gewesen, hätten ernsthafte Männer

griechischer Zunge nun weiterhin versucht, natürliche Ereignisse zu erklären, indem sie sich in die Erzählung von furchterregenden Göttergeschichten flüchteten.
Solches galt jetzt als banale Märchenstunde: Die griechische Aufklärung der ionischen Naturphilosophie trat mit dem Slogan »Homer lügt!« an und verspottete all die mythischen Plauderstündchen, deren Erzählkünste sich an den verwegenen Taten überirdischer Geschöpfe berauschten. Von nun an entflammte sich in Ionien, jener kleinasiatischen Küstenlandschaft im Südwesten der heutigen Türkei, in der auch die Epen des Homer entstanden, die Phantasie vor allem an der eigenen Nachdenklichkeit, die in vernünftiger Rede vorgetragen wurde und damit kontrollierbar war, die in der Regel sogar den Widerspruch provozieren sollte und zur Gegenrede einlud. Dabei ergab es sich, daß intuitive Überlegungen und logische Argumentationen allmählich die größte Überzeugungskraft gewannen. Was waren die Voraussetzungen für diesen faszinierenden Vorgang, den wir noch immer zu Recht als »griechisches Wunder« bestaunen?
Wie schon gesagt: Einen nicht unbeträchtlichen Anteil an unserem Verständnis der griechischen Kultur und Philosophie müssen wir der Sprache der Hellenen zuschreiben, die sich rund tausend Jahre vor unserer Zeitrechnung zu einer »Nation« zusammenfanden, in der die Stämme der Ionier und Äolier, der Arkader und Dorier ein und dasselbe Griechisch in lediglich verschiedenen Dialekten sprachen. Damit formierten die Griechen zwar kein politisch einheitliches Gebilde wie das spätere römische Imperium, aber doch eine weit über das mediterrane Gebiet verbreitete Sprachgemeinschaft, die praktisch keine Verständigungsprobleme kannte: Ein Grieche aus Zypern konnte jederzeit mit seinem Landsmann aus Athen oder Marseille (Massilia) diskutieren. Auf diese Weise kam es zu einer Ausbreitung von verschiedenartigstem Wissen in einem bis dahin unvorstellbaren Ausmaß. Das betraf mehr und mehr auch popularisiertes naturkundliches Wissen der ersten griechischen »Physiker«, auf das wir noch zu sprechen kommen.
In diesem Zusammenhang gewinnen übrigens die berühmten Epen des Homer auch für die Wissenschaftsgeschichte ihre überragende Bedeutung: Der Wandel des Griechischen von einer uns immer noch überwältigenden vorwissenschaftlichen *Dichtersprache* im neunten Jahrhundert v. Chr. zur »nüchternen«, also klaren und konkreten *Wissenschaftssprache* der ionisch-philosophischen Aufklärung im sechsten und fünften Jahrhundert v. Chr. und zur klassischen *Sprache der Philosophie* eines

Sokrates und Platon im vierten Jahrhundert v. Chr. zeigt sich auf dem Hintergrund Homerscher Verse in höchst eindrucksvoller Weise.

Doch die das Denken prägende Sprache ist, wie bereits angedeutet, auch stets ein Instrument der gesellschaftlichen Praxis. Mit Lancelot Hogben wollen wir daher einen kurzen Blick auf die gesellschaftspolitischen Hintergründe jener »Geburtsstunde der Vernunft« werfen, die am Ende des sechsten Jahrhunderts vor unserer Zeitrechnung schlug:

»Wohlhabende Kaufleute und Schiffskapitäne aus weit verstreuten Siedlungen mit gemeinsamer Sprache brachten von ihren Reisen wertvolle Kenntnisse und Erfahrungen mit, erweiterten ihren Gesichtskreis auf ganz neue Art und versuchten natürlich eifrig, Nutzen daraus zu ziehen. Dabei stand ihnen keine mächtige Priesterkaste hemmend im Wege. So pflegten sie auch ihre Rechtsstreitigkeiten in offener Aussprache beizulegen, wobei nach und nach bestimmte Regeln über die richtige Form der Verhandlung befolgt wurden.«

Aus dieser Kunst der Verhandlungsführung, die nicht nur bei rechtlichen Auseinandersetzungen, sondern auch bei Handelsabschlüssen praktiziert wurde, entwickelten die Griechen schließlich eine Wissenschaft, die sie *Dialektik* nannten: Argumente und Gegenargumente mußten in disziplinierter Rede und Gegenrede formuliert werden, wobei sich im Glücksfall eine durchaus »logische« Bewegung der Gedanken ergab, weil es zu einer fortlaufenden Aufhebung von begrifflichen Widersprüchen kam. Auf diese Weise entwickelte sich ein Anspruch, der an ernsthafte Behauptungen gestellt wurde, den wir »Beweisbedürfnis« nennen können: Nicht die isolierte Aussage allein wurde bewertet, sondern auch die Beweisführung, die sie untermauerte.

Natürlich konnte diese dialektische Methode der Wahrheitsfindung bisweilen auch schiefgehen: Beim übertriebenen Ausspielen seiner Wortgewandtheit konnte einer der Kontrahenten in diesem taktischen Sprachspiel den Erkenntnisprozeß mehr oder weniger deutlich an der zu untersuchenden Sache vorbeiführen. Aus der klärenden dialektischen Unterredung wurde dann eine verfälschende spitzfindige Überredung. »Über jede Sache gibt es zwei entgegengesetzte Meinungen«, erläuterte schließlich Protagoras aus Abdera (484 oder 483 bis 444 oder 443) und empfahl: »Es gilt, die schwächere Meinung zur stärkeren zu machen.«

Diese Einstellung zur geistig-gedanklichen Auseinandersetzung erinnert zweifellos an die Form des berühmten Wettkampfes (griechisch: *agon*), der schon seit 776 v. Chr. bei den Spielen von Olympia in vierjährigem Turnus gepflegt wurde. Der herausfordernde, »agonale« Geist der Griechen sorgte also auch dafür, daß in der geistigen Arena Wettkampfstimmung herrschte. Das griechische Denken suchte bei jeder gedanklichen Position sogleich die Gegenposition, um die entsprechende Behauptung in Frage zu stellen, zu widerlegen. Dieses dialektische Prinzip schärfte natürlich die Denkfähigkeit in hohem Maße; denn jede These, die man gedanklich formulierte, forderte sogleich die Bildung einer Antithese, in der das glatte Gegenteil behauptet wurde. Aus dem Abwägen von These und Antithese in vernünftiger Argumentation versuchte man dann, Erkenntnisse zu gewinnen.

In dem Roman *Der Mann ohne Eigenschaften* des 1942 verstorbenen Robert Musil ist hinsichtlich einer solchen Flexibilität des kontrollierten Denkens übrigens von einem »Möglichkeitssinn« die Rede, den Musil als die Fähigkeit definierte, »alles, was ebensogut sein könnte, zu denken, und das, was ist, nicht wichtiger zu nehmen als das, was nicht ist«. So heißt es in Musils Werk über den Möglichkeitssinn recht einleuchtend:

»Wer ihn besitzt, sagt beispielsweise nicht: Hier ist dies oder das geschehen, wird geschehen, muß geschehen; sondern er erfindet: Hier könnte, sollte oder müßte geschehen; und wenn man von irgend etwas erklärt, daß es so sei, wie es sei, dann denkt er: Nun, es könnte wahrscheinlich auch anders sein.«

Diesem Möglichkeitssinn der agonalen Menschen Griechenlands, der sich in der gesellschaftlichen Praxis ausbildete und schärfte, verdanken wir ohne Zweifel die Entstehung der *exakten Wissenschaft* im modernen Sinne: Den legendären Thales aus Milet (624 oder 623 bis 547 oder 546 v. Chr.) können wir daher mit einigem Recht als den vermutlich ersten »theoretischen Physiker« der Wissenschaftsgeschichte bezeichnen. Wie sah sein physikalisches Weltbild aus?

Aus erster Hand wissen wir das leider nicht: Da von Thales selbst überhaupt nichts Schriftliches überliefert ist, sind wir auf kommentierende Berichte über seine wissenschaftliche Tätigkeit angewiesen. Der Gedanke, daß im Anfang als *Urstoff* aller Dinge das *Wasser* gewesen sein soll, woraus alles Seiende entstand und wohin es wieder vergehen werde, ist vom berühmten Aristoteles (384–322 v. Chr.) als Grundmotiv der Thalesschen Philosophie herausgestellt worden. Doch meldete Hermann Diels in seinem Büchlein *Die Fragmente der Vorsokratiker* diesbezüglich seine Bedenken an:

»Seine Stellung am Anfang der griechischen Philosophie verdankt Thales dieser ihm zugeschriebenen Annahme. In welchem Sinne sie Thales gemeint haben könnte, darüber läßt sich nichts Genaues wissen: Wir wissen ja nicht einmal, welche Form er eigentlich seiner Behauptung gab, wenn er jemals so etwas behauptet hat. Denn Aristoteles fährt an der zitierten Stelle fort: ›Weswegen (nämlich weil er sagt, der Ursprung sei Wasser) er auch darlegt, daß die Erde auf dem Wasser sei.‹ Es spricht manches dafür, daß Aristoteles sich den Satz vom Ursprung erst durch einen *Rückschluß* so zurechtgelegt hat. Die Annahme, daß die Erde wie Holz auf dem Wasser schwimme, bezeugt Aristoteles auch an anderer Stelle als Lehre des Thales.«

Nach diesem Kommentar hatte also Thales eine physikalische Behauptung aufgestellt, die klar erkennbar unrichtig, das heißt falsch ist: Das irdische Festland schwimmt eben nicht wie ein Stück Holz auf dem Wasser. »Das erinnert einerseits an den alten Mythos von der Insel Delos, die ziellos herumirrte, bis Leto auf ihr die Zwillinge Apollo und Artemis gebar, aber es ist auch erstaunlich verwandt der modernen Theorie der Isostasie, nach der die Kontinente in einer Flüssigkeit schwimmen, nicht gerade im Ozean, aber in einer schweren Schmelze darunter«, interpretierte freundlich der Begründer der mikrokosmischen Wellenmechanik, der österreichische Physiker Erwin Schrödinger (1887–1961). Soviel zur vermutlich unbestreitbaren Grundlage der Thalesschen »Geophysik«.

Darüber hinaus herrscht Unklarheit: Zweifellos hat schon manchen Schüler oder Studenten eine verständliche Wut gepackt, wenn er die keineswegs gesicherte »wässrige Urstofftheorie« des griechischen Denkers in seinen Lehrbüchern als die gefeierte »Geburtsstunde unserer Wissenschaft« dargestellt gefunden hat. Tatsächlich sollte man sich die Sache auch hier nicht ganz so leicht machen: Die Frage muß schon erlaubt sein, ob es denn wirklich angebracht ist, von einer derart naiven Vorstellung solches Aufheben zu machen – denn natürlich ist auch die Thalessche Spekulation falsch, daß sich alle Stoffe aus Wasser gebildet haben und wieder zu Wasser werden.

Was also macht Thales aus Milet in unseren Augen so viel »wissenschaftlicher« als die naturkundigen Priester der alten Zivilisationen? Hören wir dazu eine der typischen Argumentationen: Thales und seine »Philosophenschule« hätten dadurch ihre Bedeutung erlangt, so heißt es in William C. Dampiers *Geschichte der Naturwissenschaft* (Original: *A History of Science*), daß sie »zum ersten Mal das gesamte Universum als zum Naturreich gehörend annimmt und es für prinzipiell erklärbar hält, erklärbar aufgrund gewöhnlichen Wissens und vernunftgemäßer Forschung. Das Übernatürliche, das Reich der Mythologie verschwindet einfach. An seine Stelle tritt die Konzeption eines Kreislaufs von der

Luft, der Erde und dem Wasser durch die Körper der Tiere und Pflanzen wieder zurück zur Luft, der Erde und dem Wasser. Thales beobachtete, daß die Nahrung der Pflanzen und Tiere feucht ist, und erweckte die alte Lehre, daß das Wasser oder das Feuchte das Wesen aller Dinge sei, wieder zu neuem Leben.«

Die von Dampier angesprochene »alte Lehre« bezieht sich natürlich auf überlieferte Mythologien, vor allem wohl auf die Erzählung von Okeanos, dem Urvater der Götter und Titanen, der als gewaltiger Weltstrom die Meere und die »Weltscheibe« umspült – ein beseelter Urstrom, der bei der Thalesschen »Entgötterung« zum Urstoff im »natürlichen« Sinne geworden war, wenn auch keineswegs zu dem, was wir heute »H_2O« nennen, sondern das Flüssige oder Feuchte im allgemeinen als den Urquell alles Seienden meinte. Und das war in der Tat ein neuer Blickwinkel: Die Welt und ihre Geschehnisse wurden nach der nüchternen Ansicht des Thales und seiner geistigen Mitstreiter und Nachfahren nicht mehr von Geistern und Göttern gelenkt, sondern sie bildete in sich selbst einen ziemlich komplexen Mechanismus, der nach ewigen, unveränderlichen Gesetzen abläuft, den sogenannten »Naturgesetzen«.

Abgesehen von dem etwas angestaubten Ewigkeitscharakter ist das noch immer der Grundgedanke eines Naturgesetzes, wie es sich die Physiker von heute vorstellen: Auch sie versuchen nach wie vor, diesen natürlichen Mechanismus des Universums zu enträtseln, indem sie verschiedenartige Kreisläufe oder Kreisprozesse beschreiben, die Grundbausteine der Materie aufspüren und Gesetze wie den Erhaltungssatz der Energie formulieren, der bei allen raum-zeitlichen Geschehnissen Gültigkeit besitzen soll.

Damit waren es weniger die Inhalte der Thalesschen Behauptungen, die sie für uns soviel »wissenschaftlicher« erscheinen lassen als die Aussagen der ägyptischen oder babylonischen Wissenschaft: Viel entscheidender war die *Form,* in der Thales und die anderen Vertreter der ionischen Naturphilosophie ihre Erkenntnisse ausdrückten. Da war eben nicht mehr in altorientalischer Fabulierkunst von übernatürlichen Wesen wie Geistern, Dämonen oder Göttern die Rede, um einfache natürliche Vorgänge zu erklären: Statt der überlieferten, unkontrollierbaren Erzählungen und Beschwörungen suchte man nach möglichst einfachen und konkreten Antworten, die in Ausdrücken des täglichen Lebens formuliert waren und jedermann einleuchten sollten, dessen Verstand im skizzierten Sinne »dialektisch« trainiert war.

Das »Ergebnis eines langwierigen Gerichtsverfahrens« nannte zum Beispiel der berühmte Euklid aus Alexandria (um 300 v. Chr.) in späterer Zeit sein geometrisches Lehrbuch *Elemente* (griechisch: *Stoicheia*), das bis ins 19. Jahrhundert (!) zu den mathematischen Standardwerken zählte: Dieses Werk bildete keine Sammlung von in der Praxis erprobten Verfahren, sondern legte höchsten Wert auf einleuchtende Beweisführungen für seine »Lehrsätze«. In einer medizinischen Schrift aus der Schule des Hippokrates von Kos (460–370 v. Chr.), die wir zu den faszinierendsten Leistungen der ionischen Naturwissenschaft zählen müssen, heißt es über die »heilige Krankheit« Epilepsie recht nüchtern: »Diese Krankheit scheint mir überhaupt um nichts göttlicher zu sein als all die anderen Krankheiten. Vielmehr hat sie die gleiche Natur wie diese und den gleichen Ursprung, aus dem jedes Ding geschieht: Die Natur selbst ist die ›Gottheit‹, von der auch alles andere seinen Ursprung hat.«

Dagegen fanden sich noch Generationen später, bis ins erste nachchristliche Jahrhundert, in babylonischen Arbeiten der Mathematik und Astronomie geradezu »abergläubische« Beschwörungen wie die folgende Schlußformel: »Der Forscher schrieb diesen Text für das Leben seiner Seele, für die Länge seiner Tage, für das Wohlergehen seiner Nachkommenschaft und für die Sicherheit seines Hauses, damit ihn kein Unheil befalle.«

Im Gegensatz zu den »Weisen aus dem Morgenland« sahen die griechischen Weisen (»Sophisten«) jedenfalls keine Veranlassung mehr, mit ihren Gedanken über das Wie und Warum der natürlichen Geschehnisse böse Geister zu bannen oder zürnende Götter versöhnlich zu stimmen: Sie suchten geradezu versessen nach natürlichen, einleuchtenden Erklärungen, die sich in den dialektischen Auseinandersetzungen gegen irgendwelche Antithesen gut verteidigen, das heißt »beweisen« ließen.

Als typisches Beispiel für die unterschiedliche Deutung der Phänomene kann die im vorigen Kapitel erläuterte Nilflut dienen: Noch zur Zeit des Thales sahen die Ägypter ihren Nil als einen Gott an, dem sie den Namen *Hapi* gaben. Im Gegensatz zum durchaus konkreten und überhaupt nicht symbolbeladenen Sonnengott *Ré* war Nilgott Hapi eine abstrakte Personifizierung aller vitalen Kräfte, die dem Strom innewohnten. Und die jährliche Überschwemmung des Stromes wurde in erster Linie als ein Erscheinen des Hapi verstanden, obwohl die natürlichen Zusammenhänge zwischen den Regenfällen im Sudan und der Nilflut in Ägypten seit Jahrhunderten bekannt waren. Doch diesen »mechanischen« Bezug als Erklärung der Überschwemmung zu akzeptieren, das wäre den ägyptischen Naturforschern wohl nie in den Sinn gekommen: »Du bist der Einzige«, hieß es in einer Lobpreisung des Hapi, »du bist der, der sich aus sich selbst erschafft, ohne daß man sein Wesen kennt. An dem Tag, an dem du deine Höhle verläßt, wird jeder in Freude versetzt. Du bist der Herr der Fische, du bist reich an Getreide.«

Dagegen bezeugte der griechische Historiker Herodot (495–424 v. Chr.) die folgende Thalessche Erklärung für das Auftreten der Nilschwelle: »Die Etesien (Nordostwinde im ägäischen Meer) sind die Ursache der Anschwellung des Nilstromes, indem sie ihn hindern, ins Meer zu fließen.«

Für uns klingt das heute so vernünftig und einleuchtend, so vertraut, als wäre es eine Erklärung unserer Zeit und keine, die schon rund zweieinhalb Jahrtausende alt ist. Jedenfalls nehmen wir sie weit eher ernst als religiöse Aussagen über einen Stromgott, der seine Höhle verlassen hat, um die Menschen am Nil in Freude zu versetzen.

Aber die griechischen »Physiker« aus Ionien an der kleinasiatischen Küste hätten sich ohne das altorientalische Fachwissen der ägyptischen und babylonischen Weisen niemals dieses Ansehen verschaffen können, das sie zweifellos besessen haben müssen. Dies bestätigt nicht nur ihr hoher Bekanntheitsgrad noch zu Zeiten des Platon und Aristoteles, sondern auch die verblüffende Legendenbildung, die bezüglich ihres Wirkens eingesetzt hatte: Von Thales etwa wurde erzählt, er sei während eines abendlichen Spaziergangs so sehr in den Anblick des Sternenhimmels vertieft gewesen, daß er in einen Brunnen fiel. Eine alte Frau, die dem Wissenschaftler in dieser mißlichen Lage zu Hilfe gekommen sei, habe ihn daher gerügt, er solle doch erst einmal den Dingen zu seinen Füßen die gebührende Aufmerksamkeit schenken, bevor er den Sterngucker spiele.

Was im klassischen Griechenland die Leute an »ihrem« Thales allerdings am meisten beeindruckte, hing dennoch mit einem himmlischen Phänomen zusammen: Es gelang ihm, eine Sonnenfinsternis für das Jahr 585 v. Chr. vorauszusagen, die dann tatsächlich am 28. Mai in Kleinasien beobachtet werden konnte. Beim bereits erwähnten Historiker Herodot kann man hierzu lesen:

»Während Lyder und Meder mit gleichem Erfolg gegeneinander Krieg führten, ereignete sich während einer Schlacht zwischen ihnen im sechsten Jahr des Krieges, daß der Tag plötzlich zur Nacht wurde. Diesen Wandel des Tages hatte Thales von Milet den Ioniern vorausgesagt, indem er als Grenze dafür dies Jahr setzte, in dem dann auch wirklich der Wandel erfolgte.«

Ohne die gründliche Auswertung babylonischer Beobachtungen hätte Thales diese riskante Prognose gewiß nicht geschafft: Eine totale Sonnenfinsternis, die ja auf der Erde nur an Orten beobachtet werden kann, die vom Kernschatten des Mondes getroffen werden, ließ sich zu jener Zeit wesentlich schwerer vorhersagen als die schon mehrfach erläuterten Mondfinsternisse. Da dieser volle Mondschatten stets nur in einer schmalen Spur über die Erdkugel streift, wäre es eigentlich angebracht, eine solche Sonnenfinsternis eine »partielle Erdfinsternis« zu nennen (Abbildung 5.1). Angesichts dieses Sachverhalts muß gesagt werden, daß schon eine ziemlich große Portion Zufall im Spiel war, als der schmale Mondschatten an jenem 28. Mai 585 vor unserer Zeitrechnung ausgerechnet auf Ionien fiel – ein ausgesprochenes Glück für den erfolgreichen »Prognostiker« Thales.

Aber nicht nur das astronomische Wissen Mesopotamiens nutzte dieser Thales geschickt, um sein Ansehen als Gelehrter zu stärken: Als er zu unbestimmter Zeit eine Reise nach Ägypten unternahm, eignete er sich die dortigen Kenntnisse der rein praxisorientierten Landvermesser (Geometer) an, um sie auf eine so erstaunliche Weise zu »modernisieren«

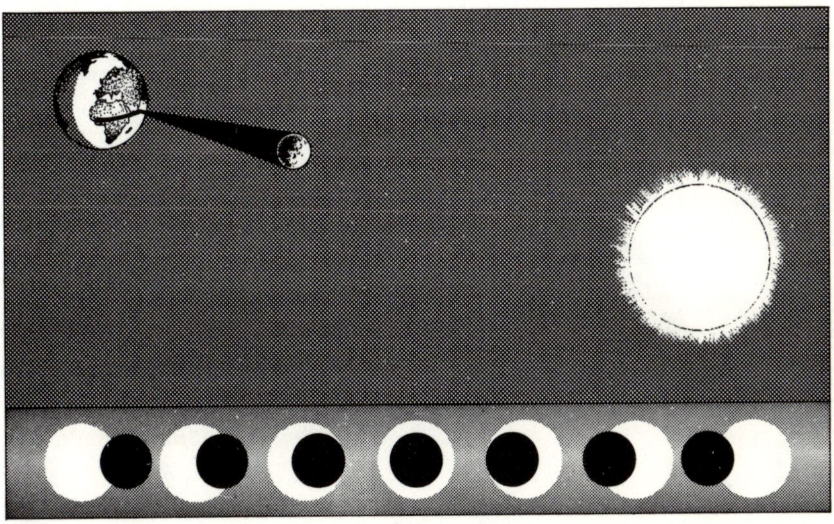

Abbildung 5.1: Schematische Darstellung einer totalen Sonnenfinsternis, die man eigentlich »partielle Erdfinsternis« nennen sollte.

und zu vervollkommnen, daß sie bereits als Anfänge einer theoretischen Wissenschaft aufbereitet waren – als *Geometrie* in einem System von Aussagen, die durch logische Schlüsse verkettet werden.

Diese für die Geschichte der Wissenschaft höchst bedeutsame Tat beeindruckte die alten Griechen allerdings weitaus weniger als gewisse Fertigkeiten seiner geometrischen Praxis, die wiederum zur Legendenbildung Anlaß gaben. So schrieb der Mathematiker und Philosoph Paul Lorenzen in seinem Büchlein *Die Entstehung der exakten Wissenschaften:*

»Wenn von Thales berichtet wird, daß er, während eines Aufenthaltes in Ägypten, die Höhe von Pyramiden durch Messung des Schattens bei einer Sonnenstellung von 45° bestimmte, so ist dabei zu beachten, was in der Überlieferung immer vergessen ist, daß eine Pyramide kein Baum ist: Die Länge des Schattens einer Pyramide kann man nicht direkt messen. Wir würden heute den Abstand der Schattenspitze von der Grundseite und einer Mittelsenkrechten messen und den ›Diagonalensatz‹ anwenden – wie es Thales, wenn überhaupt, gemacht hat, wissen wir nicht.«

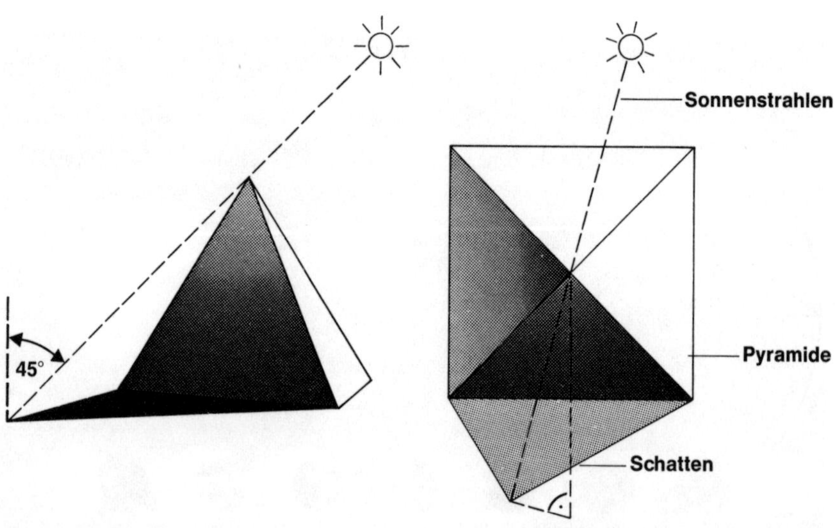

Abbildung 5.2: Nach diesem nur scheinbar einfachen Meßverfahren soll, der Überlieferung gemäß, der berühmte Thales aus Milet die Höhe einer Pyramide bestimmt haben.

In Abbildung 5.2 ist die Problematik dieses nicht gerade simplen Meßverfahrens angedeutet, mit dessen Hilfe Thales angeblich die Pyramidenhöhe gemessen haben soll. Entscheidend einleuchtender ist es da schon, daß der griechische Gelehrte den nach ihm benannten *Thales-Satz* »erkannt« haben soll, den man in ungefähr der folgenden Form in der Schule gelernt hat: Der geometrische Ort der Scheitel aller rechten Winkel (90°-Winkel), deren Schenkel durch zwei feste Punkte A und B gehen, ist der Kreis mit der Verbindungsstrecke $\overline{AB}$ als Durchmesser (Abbildung 5.3). Dieser Satz ist die Grundlage von zahlreichen Konstruktionsaufgaben im Geometrieunterricht geblieben – auch wenn inzwischen nicht mehr vom »geometrischen Ort«, sondern von »Punktmengen« die Rede sein kann, falls in der Sprache der Mengenlehre parliert wird. (Beispiel: In dieser Redeweise heißt die Strecke $\overline{AB}$ »eine Menge von Punkten, die aus den Punkten A und B und aus all den Punkten besteht, die zwischen A und B liegen«.) Paul Lorenzen hat versucht, die »logischen« Gedankengänge des griechischen Gelehrten ungefähr nachzuvollziehen, indem er eine Figur der Art ins Auge faßte, wie sie sich rechts auf unserer Abbildung 5.3 findet, und deren nachdenkliche Betrachtung zu dem nach Thales benannten Satz führt:
»Thales weiß natürlich, daß die Diagonalen im Rechteck gleichlang

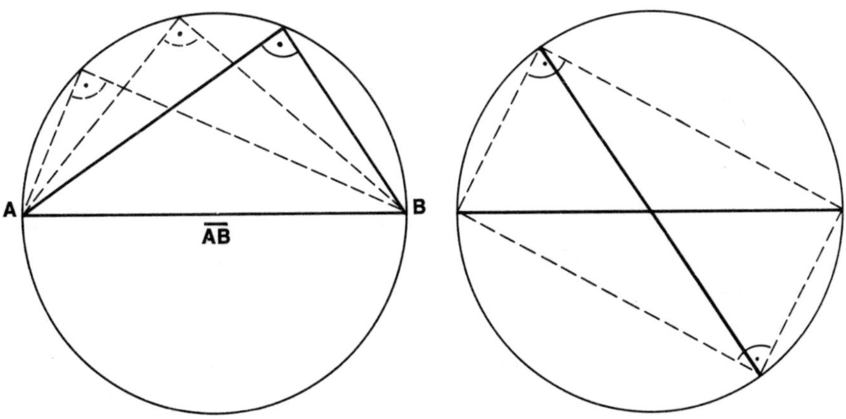

Abbildung 5.3: Anhand von Überlegungen zu den Eigenschaften von Diagonalen im Rechteck »erkannte« Thales aus Milet den nach ihm benannten Lehrsatz der ebenen Geometrie.

sind und sich halbieren. Das wird durch die Symmetrie der Figur erzwungen. Also – so würden wir sagen – sind alle Spitzen rechtwinkliger Dreiecke über dem Durchmesser Punkte des Halbkreises. Und ›folgt‹ hieraus nicht, daß alle Punkte des Halbkreises Spitzen rechtwinkliger Dreiecke sind? Strenggenommen zwar nicht – aber man sieht, wie hier logische Zusammenhänge deutlich werden – und ihnen nachgegangen zu sein, sie ›entdeckt‹ zu haben, ist das unsterbliche Verdienst der griechischen Philosophie von Thales bis Aristoteles.«

Solche »Thalesschen« Überlegungen entsprechen noch immer unserem Wissenschaftsideal: Das Wort *Wissenschaft* ist im anspruchsvolleren Sinn stets mit einem ausgeprägten *Beweisbedürfnis* verknüpft, das über ein bloßes Sammeln und Katalogisieren von Beobachtungstatsachen und Rechenverfahren hinausgeht, deren »Richtigkeit« sich allenfalls in der fortwährenden praktischen Erprobung zeigt. Nein: Ein Wissenschaftler will schon – ganz in griechischer Manier – einen soliden »Beweis« für diese Richtigkeit oder Wahrheit, der aus einer Kette von logischen Schlüssen besteht, die alle wissenschaftlich akzeptierten Sätze eines Wissensgebietes zu einem System verknüpfen, das »Theorie« genannt wird.

Derartige Gedankengänge bedeuten gegenüber den Gepflogenheiten der ägyptischen oder babylonischen Wissenschaft natürlich schon etwas bemerkenswert Neues: Den Wissenschaftsbürokraten vom Nil und Euphrat wäre es kaum in den Sinn gekommen, ihre Erkenntnisse in Form und Inhalt des erläuterten »Thales-Satzes« zu fixieren. In ihren Texten finden sich in der Praxis erprobte Rechenverfahren und Zahlenwerke, die insbesondere der Flächeninhaltsberechnung von Feldern und Rauminhaltsberechnungen von Getreidespeichern dienten, außerdem meßtechnische Approximationen etwa für die Vorausberechnungen von heliakischen Mondaufgängen oder Mondfinsternissen.

All das waren zwar recht bemerkenswerte Fertigkeiten und Kenntnisse in praktischer Mathematik, die sich aber auch bei den Konstruktionen der europäischen Großsteinmonumente in durchaus vergleichbarem Maße nachweisen lassen: Doch weder den bäuerlichen Menschen der Steinzeit noch den »Städtern« der altorientalischen Hochkulturen sollten wir deshalb unterstellen, daß sie sich bereits um jenes »griechische« Verständnis der mathematischen Theoreme bemüht hätten, die wir heute noch mit Ausdrücken wie »Satz des Thales« oder »Satz des Pythagoras« kennzeichnen. Daß sie diese Lehrsätze gekannt und benutzt haben, steht inzwischen allerdings außer Zweifel. Doch selbst wenn hier und dort in Ansätzen sogar ein »theoretisches« Interesse in Form einer Art von Beweisführung erkennbar wird, so sind der eigentliche Durchbruch und die erste Festigung der uns immer noch beherrschenden »beweisbedürftigen« Wissenschaftsauffassung eindeutig ein Werk der griechischen Gelehrten, geprägt von den Gepflogenheiten einer gesellschaftlichen Praxis, in der die hartnäckige dialektische Auseinandersetzung eine gewichtige Rolle einnahm: Das »griechische Wunder« bleibt daher bemerkenswert und läßt sich wohl nicht mehr wegdiskutieren.

Betonen wir jedoch noch einmal mit Nachdruck, daß es die gemeinsame Sprache und die gesellschaftliche Praxis der griechischen Stämme waren, die dieses »Wunder« ermöglicht haben, indem sie einen überaus nützlichen Prozeß der »Abstrahierung« gesteuert haben: Schließlich konnten Behauptungen im Stile des Thales-Satzes ähnlich nützlich sein wie – wenn nicht gar nützlicher sein als – ein bloßes »mechanisches« Rechenverfahren vom »Rezeptblock« der mathematischen Praxis. Die logische Verknüpfung der exaktwissenschaftlichen Erkenntnisse durch Beweise, ihre einleuchtende Begründung in einem durch eine dialektische Auseinandersetzung abgesicherten Beweisverfahren verminderten ja nicht zuletzt auch das Risiko der praktischen Anwendung und erhöhten die Zuverlässigkeit der Behauptungen.

Daß ein Mann wie Thales aus Milet keinesfalls ein Missionar des edlen Strebens nach reiner Erkenntnis war, der zur Abendstunde so durchgeistigt durch ionische Gefilde wandelte, daß ihn alte Frauen aus dem Brunnen fischen mußten, wenn er über den Geschehnissen am Sternenhimmel den Boden der Realität unter den Füßen verlor, zeigen ein paar recht interessante Fakten: Den ionischen Handelsstädten soll er erfolgreich als politischer Ratgeber zur Verfügung gestanden haben. Herodot berichtete von seinem guten Verhältnis zu Krösus (Kroises), dem letzten Lyderkönig, der die ersten Münzen als Zahlungsmittel prägen ließ. Thales soll ihn auf seinem Feldzug gegen den mächtigen Perserkönig Kyros begleitet haben, ein Unternehmen, das allerdings mit dem Untergang des lydischen Reiches endete. (Sicher kennen Sie hierzu noch aus dem Geschichtsunterricht die doppelzüngige Prophezeiung des Orakels von Delphi: »Wenn du den Halys überschreitest, wirst du ein großes Reich zerstören!«) Außerdem wird Thales nachgesagt, er habe ein beträchtliches Vermögen während einer besonders reichen Olivenernte gemacht, indem er alle verfügbaren Ölpressen aufkaufte: Der spekulative Philosoph erwies sich also auch als ein äußerst geschickter Spekulant.

Von den weiteren Exponenten der ionischen Naturphilosophie werden gewöhnlich noch Anaximander (etwa 610–545 v. Chr.) und Anaximenes (etwa 585–525 v. Chr.) genannt, beide wie Thales Söhne der reichen Handelsmetropole Milet. Für unsere Betrachtung ist Anaximander vor allem von Interesse, weil er als Ursprung (griechisch: *arché*) alles Seienden das Unbegrenzte, Unerschöpfliche (*apeiron*) ansah – vermutlich der Versuch einer rationalen Interpretation mystischer Chaos-Vorstellungen: Unter Bezeichnungen wie »Weltäther« oder kurz »Äther« hat dieser hypothetische Urstoff die wissenschaftliche Diskussion der gesamten klassischen Physik bis in unser Jahrhundert auf merkwürdige Weise belebt. Davon soll später noch ausführlich die Rede sein.

Ein vergleichsweise konkreter und nüchterner Beobachter und Erläuterer der natürlichen Phänomene dürfte dagegen Anaximenes gewesen sein, ein Schüler des Anaximander. Er versuchte, das Entstehen aller Dinge dieser Welt durch bloße Verdichtung und Verdünnung der Luft zu erklären: »Das sich Zusammenziehende und Verdichtende der Materie ist das Kalte, das Dünne und Schlaffe dagegen das Warme«, meditierte Anaximenes bereits so »physikalisch« im modernen Sinne, daß man in seinen Spekulationen durchaus die ersten Ansätze einer quantitativen Erklärung qualitativer Unterschiede erkennen kann. Ein an der Geschichte seiner Wissenschaft so interessierter Mann wie der Physiker Erwin Schrödinger wurde durch diesen faszinierenden Gedanken seines altgriechischen Kollegen zu einer schwärmerischen Laudatio auf Anaximenes angeregt, die sich in seinem Büchlein *Die Natur und die Griechen – Kosmos und Physik* findet:

»Anaximenes erkannte als die augenfälligsten Umwandlungen der Materie die ›Verdünnung‹ und die ›Verdichtung‹. Er vertrat ausdrücklich die Ansicht, daß jeder Stoff durch geeignete Behandlung in den festen, flüssigen oder gasförmigen Zustand überführt werden könne. Als Grundsubstanz betrachtete er die Luft und betrat so wieder festeren Boden als sein Meister Anaximander. In der Tat, hätte er statt Luft gesagt: dissoziiertes Wasserstoffgas (was man wirklich nicht von ihm erwarten konnte), so wäre er nicht weit von unserer gegenwärtigen Ansicht entfernt gewesen.«

Danach besteht das gesamte Universum aus rund 90 Prozent Wasserstoff, neun Prozent Helium und einem Prozent der komplizierteren Atome, wobei im Inneren der Sterne fortlaufend Wasserstoff-Kerne zu Helium-Kernen verschmolzen werden – so auch in unserer Sonne – und das Helium in speziellen »Sternfabriken« (Rote Riesen, Supernovae) zu den schwereren Atomkernen zusammengeschweißt wird: »Im Anfang war der Wasserstoff«, können wir heute jedenfalls mit einem Buchtitel

Hoimar von Ditfurths sagen. Doch lesen wir weiter, was Erwin Schrödinger über Anaximenes' Spekulationen zu sagen hatte:
»Wie dem auch sei, Anaximenes lehrte, daß aus der Luft noch leichtere Körper (nämlich Feuer und das leichtere, reinere Element in der oberen Atmosphäre) durch fortschreitende Verdünnung entstehen, dagegen Nebel, Wolken, Wasser und die feste Erde durch fortschreitende Verdichtung. Diese Meinung ist so sachgemäß und zutreffend, wie sie bei den beschränkten Kenntnissen und Begriffen der damaligen Zeit nur formuliert sein konnte. Man beachte, daß es sich dabei nicht um nur kleine Volumenänderungen handelt: Beim Übergang vom gewöhnlichen gasförmigen Zustand in den festen oder flüssigen wächst die Dichte auf das Ein- bis Zweitausendfache. Zum Beispiel: Ein Kubikzentimeter Wasserdampf unter Atmosphärendruck zieht sich bei Verflüssigung zu einem Tröpfchen von kaum mehr als einem Millimeter Durchmesser zusammen. Wenn Anaximenes flüssiges Wasser und sogar den festen, harten Stein durch Verdichtung einer gasförmigen Grundsubstanz entstanden sein läßt, so scheint das zwar auf dasselbe hinauszulaufen wie das Umgekehrte bei Thales, aber es ist nicht nur kühner, sondern auch unserem eigenen Denken näher verwandt. Denn auch wir gehen wirklich vom Gas als dem einfachsten, noch nicht ›aggregierten‹ Zustand aus und führen den komplizierter gebauten flüssigen und festen Zustand auf ein Kräftespiel zurück, welches beim Gas nur eine untergeordnete Rolle spielt. Daß sich Anaximenes nicht in bloßem Gedankenspiel erging, sondern eifrig bemüht war, seine Theorie auf konkrete Tatsachen anzuwenden, erhellt aus der erstaunlich richtigen Einsicht, die er in manchen Fällen erlangte: So sagt er uns über den Unterschied von Hagel und Schnee (die beide aus Wasser im festen Zustand, das heißt aus Eis bestehen), Hagel gebe es, wenn aus den Wolken tropfendes Wasser (das heißt Regen) gefriert, Schnee dagegen, wenn feuchte Wolken selbst in festen Zustand übergehen. Ein modernes Lehrbuch der Meteorologie sagt uns ziemlich dasselbe.«
Tatsächlich reden viele moderne naturwissenschaftliche Lehr- oder Schulbücher, zumindest dort, wo sie sich noch allgemeinverständlich ausdrücken, weitgehend in Formulierungen, die von den altgriechischen Physikern »vorprogrammiert« worden sind. Ja man könnte sogar sagen, daß die griechische Art, über natürliche Geschehnisse zu sprechen, oft einleuchtender, zumindest aber plastischer war, als wir es von den heutigen Wissenschaftsautoren überwiegend gewöhnt sind. Empedokles aus Agrigent (etwa 482–424 v. Chr.) schrieb etwa über die Entstehung

der nächtlichen Tageszeit: »Die Nacht aber schafft die Erde, indem sie sich den Sonnenstrahlen von unten entgegenstellt.« Über eine Sonnenfinsternis, die, wie schon erläutert, besser »partielle Erdfinsternis« heißen sollte, berichtete Empedokles: »Der Mond deckte der Sonne die Strahlen ab, während sie darüber hinging, und verdunkelte von der Erde soviel, wie die Breite des glanzäugigen Mondes betrug.«

Darüber hinaus wurden aufgrund der Verbindlichkeit des Urstoff-Gedankens alle natürlichen Prozesse auf einheitliche Weise betrachtet, ob es sich nun um meteorologische, geophysikalische oder astronomische beziehungsweise astrophysikalische Geschehnisse handelte: All diese Ereignisse wurden als permanente Umwandlungen des Urstoffes verstanden. Auch die Entstehung des irdischen Lebens, aller Lebewesen einschließlich der Menschen, konnte aufgrund dieser Betrachtungsweise bereits in die natürlichen Kreisläufe miteinbezogen werden: Nach den Vorstellungen des Anaximander etwa entwickelte sich das Leben im Meer in fischähnlicher Gestalt. Auch dem Menschen wurde diese Fischgestalt zugeschrieben, bevor er sich das Festland eroberte. Ursprünglich, so spekulierte der ionische Physiker, sei das Land völlig mit Wasser bedeckt gewesen, das heißt, die »seienden Dinge« Erde und Meer waren noch nicht entmischt. Erst die Sonne habe allmählich einen Teil der Erde herausgetrocknet.

Trotz aller Unzulänglichkeiten im Detail verblüfft uns immer wieder die »Modernität« solcher Gedanken, wobei es jedoch zu bedenken gilt, daß – wie schon skizziert – unser eigenes Denken noch heute in altgriechischer Abhängigkeit steht und wir letztlich noch immer »griechisch« denken und argumentieren. Die rigorose Entgötterung der Naturprozesse und die damit verbundene geradezu versessene »Erklärungssucht« der ionischen Physik steht am Anfang noch heute praktizierter naturwissenschaftlicher Disziplinen wie der Geo- oder Astrophysik. Noch immer lauten die naheliegenden Kategorien einer geophysikalischen Betrachtung nach griechischem Muster »Erdkörper – Wasserhülle – Lufthülle« mit den dominierenden Aggregatzuständen »fest – flüssig – gasförmig«, während die Astrophysik mit dem von Ioniern »Feuer« bezeichneten Zustand beschäftigt ist, den wir heute »Plasma« nennen: Zwischen Festkörper- und Plasmaphysik spielt sich ein bedeutender Bereich moderner Naturforschung ab.

Dennoch bedurfte es, um beispielsweise die Astronomie als exakte, das heißt durch und durch mathematisierte Wissenschaft voranzubringen, eines gewissen »Rückfalls« in vorionische Denkweisen, wo man sich

– abgesehen von der magisch-mythischen Deutung der Naturprozesse – einer bloßen, wenn auch akribischen Beschreibung der Himmelskörperwanderung widmete, genauer gesagt: einer rein kinematischen Theorie der Sternbewegung. Der griechische Gelehrte, der diesen bemerkenswerten Rückschritt inszenierte, war der berühmte Pythagoras.

6
Vom Saitenspiel zur Sphärenharmonie

Die grandiosen Baudenkmäler der alten Zivilisationen, die Pyramiden am Nil und die Paläste eines Sargon oder Sanherib am Euphrat, wurden – physikalisch gesehen – lediglich mit Hilfe zweier simpler Maschinen der klassischen Mechanik erbaut, mit der *schiefen Ebene* und dem *Hebel*. Die gewaltigste »Maschine«, die damals zum Einsatz kam, war das perfekt durchorganisierte menschliche Kollektiv sklavisch gedrillter Fließbandarbeiter, etwas also, das wir wohl nicht als physikalisches Phänomen betrachten sollten.

Auf vergleichbare Weise sind ja auch die gewaltigen Anlagen der europäischen Megalithkulturen entstanden, wenn auch bescheidener in der Dimension dieser menschlichen »Maschine«: Um einen der stattlichen Trilithen des Stonehenge-III-Bauabschnitts zu setzen, benötigte man einige Hundertschaften von Arbeitern, während beim Pyramidenbau in Ägypten meist zwischen 25 000 und 100 000 Arbeitskräfte zum Einsatz kamen. Hier wie dort wurden jedoch auf Schlitten dreißig bis fünfzig Tonnen schwere Steinblöcke kilometerweit vom Steinbruch zur Baustelle geschleppt. Auf einigen ägyptischen und babylonischen Darstellungen sind diese perfid eindrucksvollen Leistungen präzise geschildert worden (Bildtafel 3, Seite 59 unten).

Für unsere Betrachtung gilt jedoch zu bedenken, daß damals noch alle *theoretischen* Kenntnisse der physikalischen Disziplin Mechanik gefehlt haben: Erst als sich bei den Griechen die *Geometrie* zu einer theoretischen Wissenschaft entwickelte, indem die Vermessungs- und Meß-

künste vom Zustand der angewandten Arithmetik befreit wurden und nach und nach ein System logisch zusammenhängender Sätze bildeten, konnte man diesen Begriffsapparat schließlich auf die Mechanik anwenden und die Geschehnisse am Firmament mit seiner Hilfe beschreiben.
Es sollte daher niemanden mehr erstaunen, daß es gerade jener vielzitierte »abstrakte Geist« der Griechen war, der nicht nur die theoretische Geometrie formte, sondern – weil er eben der geschilderten gesellschaftlichen Praxis entstammte – ein überaus günstiges Klima für praktische Erfindungen schuf: Anstrengende körperliche Arbeit wurde in Griechenland als etwas Sklavisches, eines freien Menschen höchst Unwürdiges angesehen. Die angebliche Technikfeindlichkeit der Griechen richtete sich zunächst allenfalls gegen die Stupidität der »menschlichen Maschinen« in den altorientalischen Zivilisationen, gegen jene perfekt getrimmten Kollektive aus Tausenden von qualifizierten Handwerkern, angelernten

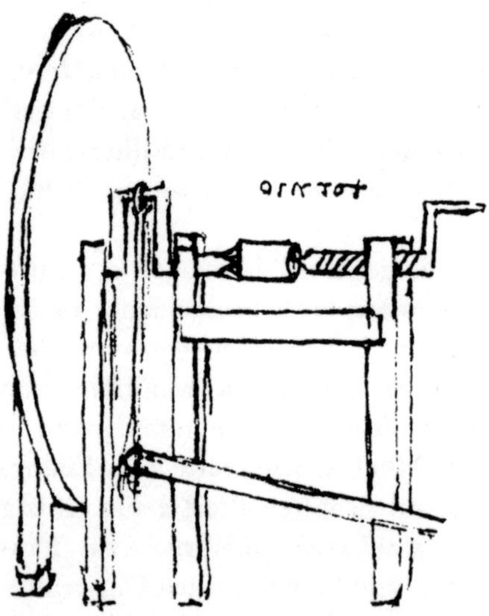

Abbildung 6.1: Die wohl wichtigste Erfindung unter den nichtmenschlichen Maschinen war die Drehbank, die über Jahrhunderte hinweg eine bedeutende Rolle in der maschinellen Fertigung gespielt hat: Diese Skizze von Leonardo da Vinci zeigt eine Drehbank mit Fußantrieb aus dem frühen sechzehnten Jahrhundert.

Arbeitern und auf mechanische Ausführung gedrillten Hilfskräften, die man aus der Landwirtschaft requirierte. Mit Hilfe geometrischer Überlegungen ließen sich an deren Stelle »echte« Maschinen ersinnen, die von Einzelmenschen ohne großen Kraftaufwand bedient werden konnten.

Die wichtigste dieser nichtmenschlichen Maschinen war wohl die *Drehbank,* im Prinzip eine gut ausgetüftelte Weiterentwicklung des alten Bogenbohrers (siehe Seite 54). Mit solchen Drehbänken konnten Zylinderstücke geformt, Kugeln und Kegel gedreht und gebohrt, Spindeln gedrechselt, das heißt Maschinenelemente für Fahrzeuge mit Rädern, für Flaschenzüge und Winden, für Ladebäume und Bewässerungsmaschinen hergestellt werden.

Diese Geometrisierung der Mechanik hatte von Anfang an Rückwirkungen auf die griechische Astrophysik und Astronomie: Schon Anaximander, der so abstrakt spekulierende Ionier, der das unbegrenzte, unerschöpfliche *Apeiron* als qualitätslosen Urstoff erdachte, konstruierte einen soliden Himmelsglobus als Modell des Universums. Für ihn bildete das Firmament eine vollkommene, geschlossene Kugelschale – ein recht bemerkenswerter Gedanke übrigens, wenn man bedenkt, daß sich einem irdischen Beobachter das Himmelsgewölbe ja stets nur als eine Halbkugel zeigt. Welche Form hatte nun aber die Erde selbst in diesem Weltmodell?

Anaximander setzte sie als eine zylinderförmige Säulentrommel oder Walze mit einer Ost-West-Achse in die Mitte der himmlischen Kugelschale: Er gab »seiner« Erde also bereits eine recht deutliche Oberflächenkrümmung, wenn auch nur in einer Richtung. Damit verarbeitete der ionische Physiker eine navigationstechnische Erfahrung seiner seefahrenden Landsleute, die den Kurs ihrer Schiffe anhand genauer Beobachtung der sichtbaren Sterne bestimmten. Das nächtliche Himmelsbild veränderte sich recht deutlich, wenn man die Küsten Europas entlang nach Norden oder die afrikanische Küste »hinunter« nach Süden segelte: Im ersten Fall rückten die Sterne immer höher am Firmament, im zweiten Fall rutschten sie zum Horizont. Lancelot Hogben gab eine recht plastische Schilderung dieses seemännischen Erfahrungsbereiches der Griechen in seinem Buch *Mathematics in the Making:*

»Richtete der Kapitän seinen Kurs nach Norden zu den Zinn-Inseln, so konnte er feststellen, daß die Hochsommertage immer länger, die Wintertage dagegen immer kürzer wurden. Von einer Fahrt zur andern verbesserte er seine Fähigkeit, die Lage eines Zielhafens aus der Durchgangshöhe eines bestimmten Sternes oder aus der Schattenlänge an einem bestimmten Tag zu orten. Canopus, ein Stern, der nur wenig schwächer als der Sirius leuchtet, verschwand zum Beispiel völlig vom Himmel, wenn die Fahrt etwas nördlich über die Säulen des Herkules hinausführte. Erreichte das Schiff dagegen den Äquator, so berührte selbst ein polnaher Stern gerade den Horizont oder tauchte überhaupt nicht mehr auf. Bei der Tagundnachtgleiche sah man die Sonne senkrecht über sich ... Die vielleicht aufregendste Veränderung erwartete den Seemann jedoch, wenn er den Äquator südwärts überquerte: Zwischen den Wendekreisen wechselte der Sonnenschatten die Richtung und fiel bisweilen nach Süden, dann aber wieder nach Norden wie in der Heimat.«

Wie schon gesagt: Anaximander verwertete solche Erkenntnisse, indem er der Erde in seinem Modell die Gestalt einer Walze gab, eines zylindrischen Körpers, dessen Achse in der Ost-West-Richtung verlief. Als Höhe dieses Erdzylinders postulierte er ein Drittel seines Durchmessers. Aber wie »hielt« denn nun die irdische Walze mitten in der Himmelskugel?

Diese in bezug auf ein Weltmodell der vorliegenden Art immer noch wissenschaftlich akzeptable Frage ist eindeutig eine Frage im griechischen Stil: Sie charakterisiert das naturwissenschaftliche »Nachdenken über die Welt nach der Art der Griechen«, wie John Burnett sagte. Vor den Tagen der ionischen Naturphilosophie wäre es überhaupt niemand in den Sinn gekommen, eine Frage in diesem Stil zu stellen. Selbst wenn sie irgendein altorientalischer »Spinner« ausgeheckt hätte – aus welchen magischen Gründen auch immer –, so wäre niemand aus den priesterlichen Expertenkreisen willens gewesen, eine solche Frage ernsthaft zu beantworten: Eine beseelte oder von Göttern gesteuerte Welt konnte man schließlich nicht als »Objekt« in unserem – wieder von den Griechen geprägten – Sinne ansehen und interpretieren. Die getreuliche, aufmerksame Beobachtung der natürlichen Geschehnisse dagegen, in buchhalterisch akkuraten Tabellen als geordnete »Datenbank« steigender und fallender Zahlenfolgen mit gleichmäßigen Differenzen notiert, welche kunstvolle und möglichst präzise Vorausberechnungen von Ereignissen erlaubten, die für das religiöse Ritual von Bedeutung waren, brauchte die Götter dagegen nicht zu verärgern: Schließlich mußte es diese überirdischen Wesen erfreuen, wenn nicht nur die Abfolge der religiösen Feiertage im Jahresrhythmus präzise stimmte, sondern auch der Beginn der ihnen gewidmeten Zeremonien auf die Stunde genau festgelegt werden konnte.

Während die vorgriechischen Beobachtungsprotokolle und Rechenkünste der Aufrechterhaltung also einer natürlichen, bisweilen gottköniglich gewollten Ordnung dienten, wollten die griechischen Physiker die natürlichen Mechanismen auf die gleiche Weise »enträtseln« wie die meisten Naturforscher von heute – falls sie nicht, wie noch zu zeigen ist, einer extrem positivistischen Erkenntnistheorie huldigen und damit wieder in eine erstaunliche Nähe der altorientalischen Astronomen rücken. Doch davon später: Noch stehen wir bei der Frage, wie der Erdzylinder in Anaximanders Weltmodell festgehalten wurde.

Der ionische Physiker argumentierte hier vor allem mit Symmetrieüberlegungen: Da keine Richtung in seinem kugelsymmetrischen Kosmos ausgezeichnet oder bevorzugt war, schwebte die Erdentrommel bewegungslos in der Mitte seiner himmlischen Hohlkugel im Luftmeer der Atmosphäre, die sich – von der Erdoberfläche her gesehen – nach oben hin zu Wolken verdichtete und sich schließlich zu wiederum rotationssymmetrischen Schläuchen aus komprimierter Luft zusammenballte, in deren Inneren das Feuer eingeschlossen war. Diese in Luftschläuche abgefüllten Feuersbrünste stellten für Anaximander die Gestirne dar: Sie umzogen in weiten Abständen den Erdzylinder wie die Saturnringe und waren an zahlreichen Stellen mehr oder weniger stark durchlöchert, so daß man das Feuer von der Erde aus sehen konnte – als Sterne am nächtlichen Firmament.

Auch die Sonne und der Mond bildeten im Anaximanderschen Weltmodell jeweils einen solchen feuergefüllten Luftschlauch. Sie rotierten schneller um die irdische Trommel, weil sie ihr näher lagen als die »Gestirnschläuche«. In einem der überlieferten Berichte wird der Mondabstand mit dem doppelten Erdradius, der Sonnenabstand mit dem dreifachen Erdradius angegeben, während die Gestirne in neunfacher Entfernung dieser Maßeinheit ihre gemächlicheren Runden zogen.

Außerdem gab es in den beiden näher gelegenen Schläuchen nur jeweils ein großes Loch, das sich von Zeit zu Zeit verengte oder gar verstopfte: Auf diese Weise entstanden die partiellen oder totalen Mond- und Sonnenfinsternisse. Die jahreszeitlichen Höhenänderungen des Sonnen- oder Mondlaufs, die, wie schon bei der Stonehenge-Betrachtung erläutert, der Schiefe der Ekliptik zuzuschreiben sind, erläuterte Anaximander in seinem Weltmodell durch regelmäßige Schwankungen des atmosphärischen Luftdrucks. Zur Zeit der Sonnenwende wurde die Luft dabei besonders stark zusammengepreßt und kippte den Feuerschlauch somit in eine andere Lage.

Es wird den meisten Lesern schwerfallen, aufgrund ihrer heutigen naturkundlichen oder physikalischen Kenntnisse die durchlöcherten Feuerschläuche als vernünftige »Sterndeutung« ernst zu nehmen: Natürlich wissen wir inzwischen ganz gut, daß ein normaler Stern, wie ihn auch unsere Sonne repräsentiert, kein Sichtfenster in einem unseren Blicken ansonsten verborgenen Feuerschlauch darstellt. Doch seit einiger Zeit beschäftigen sich die Astronomen auch recht ernsthaft mit höchst merkwürdigen Himmelskörpern, die sie *schwarze Löcher* (englisch: *black holes*) nennen: Bei diesen stellaren Gebilden fällt vermutlich die Materie eines kollabierenden, nicht zu stabilisierenden Sterns unaufhörlich in sich zusammen, implodiert also auf ein eigenes Zentrum hin, wodurch – in den Worten der allgemeinen Relativitätstheorie – sich der betroffene Raumbereich vom umgebenden Weltraum gleichsam »abschnürt« und damit in der Tat eine neue Art von Anaximanderschem »Fenster« bilden könnte.

Belächeln wir also nicht in voreiliger Überheblichkeit die für seine Zeit bemerkenswerten Grübeleien des ionischen Physikers: Jedenfalls war das, was Anaximander erklärend dachte, den Überlegungen der Astrophysik von heute um Meilen näher als etwa die babylonische Deutung der Sterne als Widerschein der Götter oder gar die altägyptische Vorstellung, der Mond sei ein ausgeschlagenes Auge des Himmelsgottes Horus.

Manches, was uns heute am Anaximanderschen Weltmodell verstaubt erscheinen mag, ist zudem von den »jüngeren« Naturphilosophen Griechenlands korrigiert worden – einiges von dem bereits erwähnten Empedokles aus Agrigent, anderes von Anaxagoras aus Klazomenai (etwa 500–428 v. Chr.). Anaxagoras sah zum Beispiel die Sonne bereits als glühenden Felsbrocken an und den Mond als erdähnlichen, nicht selbst leuchtenden Himmelskörper, der von der Sonne beschienen wird: »Die Sonne verleiht dem Mond seinen Glanz«, heißt es in den Fragmenten dieses griechischen Physikers.

So war es vor allem die schon höchst »physikalische« Gedankenführung ihrer Überlegungen, die uns heute noch an den griechischen Naturphilosophen bewundernswert erscheinen muß, ihre geradezu mit Besessenheit betriebene Erklärungssucht, die sie deutlich von ihren altorientalischen Kollegen unterschied, für die ihre hochentwickelten Meß- und Prognostikkünste einen geheimnisvollen »Götterdienst« darstellten. Und doch bedurfte es einer Synthese dieser beiden Grundhaltungen in der Naturforschung, wenn nicht gar eines gewissen »Rückschritts«, verglichen mit den Ambitionen der ionischen Physiker vom Schlage eines Thales, Anaximander odere Anaxagoras, um die exakte Naturforschung in Richtung

auf heutige Zustände voranzubringen. Hören wir dazu wieder einmal den Physiker John Desmond Bernal:
»Die großartige Leistung der alten ionischen Schule bestand darin, daß sie ein Bild vom Entstehen und vom Lauf des Universums entworfen hatte, das ohne das Eingreifen von Göttern oder das Walten einer Vorsehung auskam. Ihre fundamentale Schwäche lag in der Unbestimmtheit und dem rein beschreibenden und qualitativen Charakter. Aus sich heraus konnte dieses Bild keine Ergebnisse zeitigen; etwas Konkretes war damit nicht zu beginnen. Dazu war die Einführung von *Zahl* und *Quantität* in die Philosophie erforderlich.«
Diese Aufgabe übernahm der berühmte Pythagoras aus Samos (etwa 582–497 v. Chr.), eine zumindest ebenso legendäre und sagenumwobene Gestalt der Wissenschaftsgeschichte wie Thales, der erste Physiker: Bei Pythagoras und seinen Schülern – oder besser gesagt: Glaubensbrüdern –, den sogenannten *Pythagoreern,* wurde das Naturgeschehen als ein von Götterhand verwirklichtes Zahlenkunststück interpretiert. In der Arithmetik als der Lehre von den ganzen Zahlen sah man hier den Schlüssel zum wahren Verständnis des Universums: Alle Dinge und Geschehnisse der Welt waren nach Ansicht der Pythagoreer in klaren Zahlenverhältnissen geordnet. Das Wesen aller Dinge stellte damit die ganze Zahl dar: »Die Zahl ist das herrschende und unerschaffene Band des ewigen Beharrens der innerweltlichen Dinge«, meinte Philolaos aus Kroton (geboren um 440 v. Chr.), Astronom und hervorragender Vertreter des pythagoreischen Glaubensbundes. Mathematische und mystische Gedanken verknüpften sich nach diesem Dogma zu einer wahren Zahlen- und Formelmystik, die bis in unser Jahrhundert nichts von ihrer Faszination für viele Naturforscher eingebüßt hat.
So verfaßte der Physiker Arnold Sommerfeld (1868–1951), dessen »Feinstrukturkonstante« als Beziehung zwischen drei der wichtigsten Naturkonstanten (Lichtgeschwindigkeit, Elementarladung, Plancksches Wirkungsquantum) noch vor einigen Jahren die theoretische Diskussion in der Elementarteilchenphysik ungemein belebte, in seinem Werk *Atombau und Spektrallinien* eine durch und durch pythagoreische Hymne auf die Struktur des subatomaren Mikrokosmos, die in den Sätzen gipfelte: »Was wir heutzutage aus der Sprache der Spektren heraushören, ist eine wirkliche Sphärenmusik des Atoms, ein Zusammenklingen ganzzahliger Verhältnisse, eine bei aller Mannigfaltigkeit zunehmende Ordnung und Harmonie... Alle ganzzahligen Gesetze der Spektrallinien und der Atomistik fließen letzten Endes aus der Quantentheorie: Sie ist das

geheimnisvolle Organon, auf dem die Natur die Spektralmusik spielt und nach dessen Rhythmus sie den Bau der Atome und der Atomkerne regelt.«

Auffallend an diesem relativ modernen Text der Physik – er stammt aus dem Jahr 1919 – ist zweifellos die musikalische Beschreibung der mikrokosmischen Landschaft des Atoms: Dies entspricht genau dem pythagoreischen Verständnis vom Denken und Forschen, das die Musik beziehungsweise die Harmonik gleichwertig neben Arithmetik, Geometrie und Astronomie stellte und diese vier Disziplinen als die eigentlich zahlbezogenen, das heißt mathematischen Wissenschaften betrachtete. Im allegorischen »Wagen der Weisheit«, der die sieben freien Künste symbolisierte, bildeten diese vier Wissenschaften das sogenannte *Quandrivium*, während die Dialektik, die Grammatik und Rhetorik zum *Trivium* zusammengeschlossen waren (Abbildung 6.2).

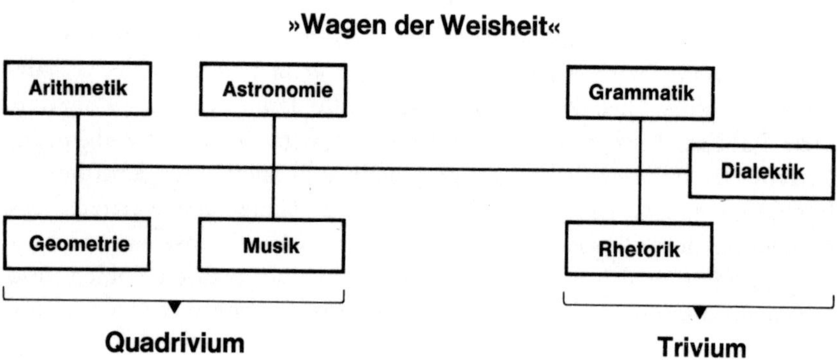

Abbildung 6.2: Die sieben freien Künste der antiken Wissenschaft wurden im allegorischen »Wagen der Weisheit« symbolisiert.

Die Harmonik als exakte Musikwissenschaft dürfte einen entscheidenden Anstoß – wenn nicht den ausschlaggebenden – für die pythagoreische Lehre gegeben haben, das Göttliche erschließe sich dem Forscher allein durch Zahlenverhältnisse, auf rein mathematischem Wege also: Mit ihrer Musik, so spekulierten nämlich die Pythagoreer, ahmten die Menschen himmlische Sphärenklänge nach, Musik von göttlichem Ursprung also.

Da aber, wie sie an Saiteninstrumenten demonstrieren konnten, in dieser Musik – des Himmels und der Menschen – »alles nach Zahlen geordnet« war, mußte der Kosmos ein harmonisches Gebilde von erkennbarer arithmetischer Struktur darstellen. Aristoteles kommentierte diese Spekulation in seiner *Metaphysik* auf folgende Weise:

»Da die Pythagoreer erkannten, daß die Verhältnisse und Gesetze der musikalischen Harmonie auf Zahlen beruhen und da auch alle anderen Dinge ihrer Natur nach den Zahlen zu gleichen schienen, meinten sie, die Elemente der Zahlen seien die Elemente aller Dinge und die ganze Welt sei Harmonie und Zahl.«

Damit schien nach Ansicht des Aristoteles die ganze Zahl gleichsam den abstrakten Urstoff (*arché*), den Ursprung und das Wesen aller Dinge für die Pythagoreer zu bedeuten: Selbst die Seele des Menschen soll von ihnen als Harmonie des menschlichen Körpers betrachtet worden sein, zu ihm gehörig wie die Klänge zum Musikinstrument, das sie erzeugt – als Gleichnis besehen zweifellos ein schöner Gedanke.

Doch die Nüchternheit einer physikalischen Betrachtung gebietet nun einmal, auch über die Pythagoreer vor allem in sachlichen Gegebenheiten zu berichten: Schon Pythagoras selbst, von dem keine einzige Zeile überliefert ist, weil er seine Lehren nur seinen Glaubensbrüdern in mündlicher Rede vorgetragen hat, soll mit Hilfe eines Monochords, eines Instruments mit einer einzigen Saite, die musikalische Harmonie demonstriert haben, indem er die schwingende Saite im Verhältnis der kleinen ganzen Zahlen 1, 2, 3 und 4 verkürzt habe.

Dabei ergaben die Teilungsverhältnisse 1 zu 2, 2 zu 3 und 3 zu 4 besonders eindrucksvolle, wohlklingende Tonverwandtschaften: Die erste Tonverwandtschaft der Proportion 1 : 2 entspricht nämlich der *Oktave*, die zweite (2 : 3) der *Quinte* und die letztgenannte (3 : 4) der *Quarte*. In der Ausdrucksweise der modernen Physik, wo die Tonhöhe mit der Anzahl der Schwingungen pro Sekunde, »Schwingungsfrequenz« oder kurz »Frequenz« genannt, in Verbindung gebracht wird, drehen sich diese Zahlenverhältnisse einfach um, weil die Frequenz umgekehrt proportional der Saitenlänge ist: Die Schwingungsfrequenzen der Töne, die man mit einer in den Verhältnissen 1 : 2, 2 : 3 und 3 : 4 unterteilten Saite erzeugt, verhalten sich also zur Frequenz des Grundtones, bei dem die Saite in ihrer vollen Länge schwingt, wie 2 : 1 bei der Oktave, 3 : 2 bei der Quinte und 4 : 3 bei der Quarte. Als relative Frequenzwerte ergeben sich damit 2, 3/2 und 4/3, wenn die Grundtonfrequenz mit dem Wert 1 gekennzeichnet wird. Die Oktave als das Zweifache dieses Wertes nimmt also eine recht deutliche Sonderstellung ein: Wie macht sich das bemerkbar?

Im Zusammenklang verschmelzen solche Oktaven, Quinten und Quarten, wie die Pythagoreer festgestellt haben, zu einem überaus »schönen« harmonischen Gesamteindruck: Zwei Klänge, die auf diese Weise in sinnlich wohltuender Wahrnehmung zusammenpaßten, nannten sie daher *symphone* Klänge. Anders gesagt: Diese Klänge bilden ein »symphones Intervall«. Ergab sich dagegen ein Mißklang, so sprachen die Pythagoreer von »ekmelischen« Klängen. »Von den symphonen Intervallen ist die Oktave die schönste«, heißt es in einem phythagoreischen Text, »und von den Verhältnissen das Zweifache das beste, die Oktave dadurch, daß sie der Spannungsgleichheit am nächsten steht, das Zweifache dadurch, daß nur bei diesem Verhältnis der Überschuß der ursprünglichen Zahl gleich ist«: Das Verhältnis 2 : 1 läßt sich ja auch (1 + 1) : 1 notieren.

In der modernen Musiktheorie argumentiert man hinsichtlich dieser »symphonen« Klänge der Pythagoreer ungefähr so: Der um eine Oktave höher als der Grundton, zum Beispiel c, liegende Ton (c') – er ergibt sich bei halber Saitenlänge mit doppelter Schwingungsfrequenz – unterscheidet sich vom Grundton selbst so wenig, daß beide Töne, c und c', als von der gleichen Tonqualität empfunden werden. Ihre Tonhöhe ist zwar verschieden, aber ihre »Tonigkeit« (Tonqualität, Toncharakter) in der sinnlichen Wahrnehmung gleichsam »identisch«. Der Identitätsbegriff wird in diesem Fall natürlich nicht im strengen mathematischen Sinne gebraucht. Die Oktav-Verwandtschaft zwischen Tönen bedeutet daher lediglich eine Wiederkehr der gleichen Tonqualität. Dagegen führt eine Quint- oder Quart-Verwandtschaft zu einer beim Musikhören höchst beeindruckenden »symphonen Spannung« zwischen zwei Tönen, um wieder zum pythagoreischen Sprachgebrauch zurückzukehren. Wählt man beispielsweise das c zum Grundton, so bilden die Töne c und g das »symphone Intervall« einer Quinte, c und f das symphone Intervall einer Quarte.

Daß gerade einfachste Zahlenverhältnis wie 2 : 3 beziehungsweise 3 : 2 und 3 : 4 beziehungsweise 4 : 3 solchen symphonen Klängen zugeordnet werden konnten, sollte uns als die wohl einleuchtendste Basis für die pythagoreische Mystifizierung der Zahl verständlich erscheinen, als der eigentliche Schlüssel zur Einsicht in ihre Vorstellung von der »ganzen Welt als Harmonie und Zahl«, wie Aristoteles es ausgedrückt hat.

Natürlich wird jeder nach den Spielregeln der modernen Naturforschung ausgebildete Leser dieses Verfahren als höchst unkritische Verallgemei-

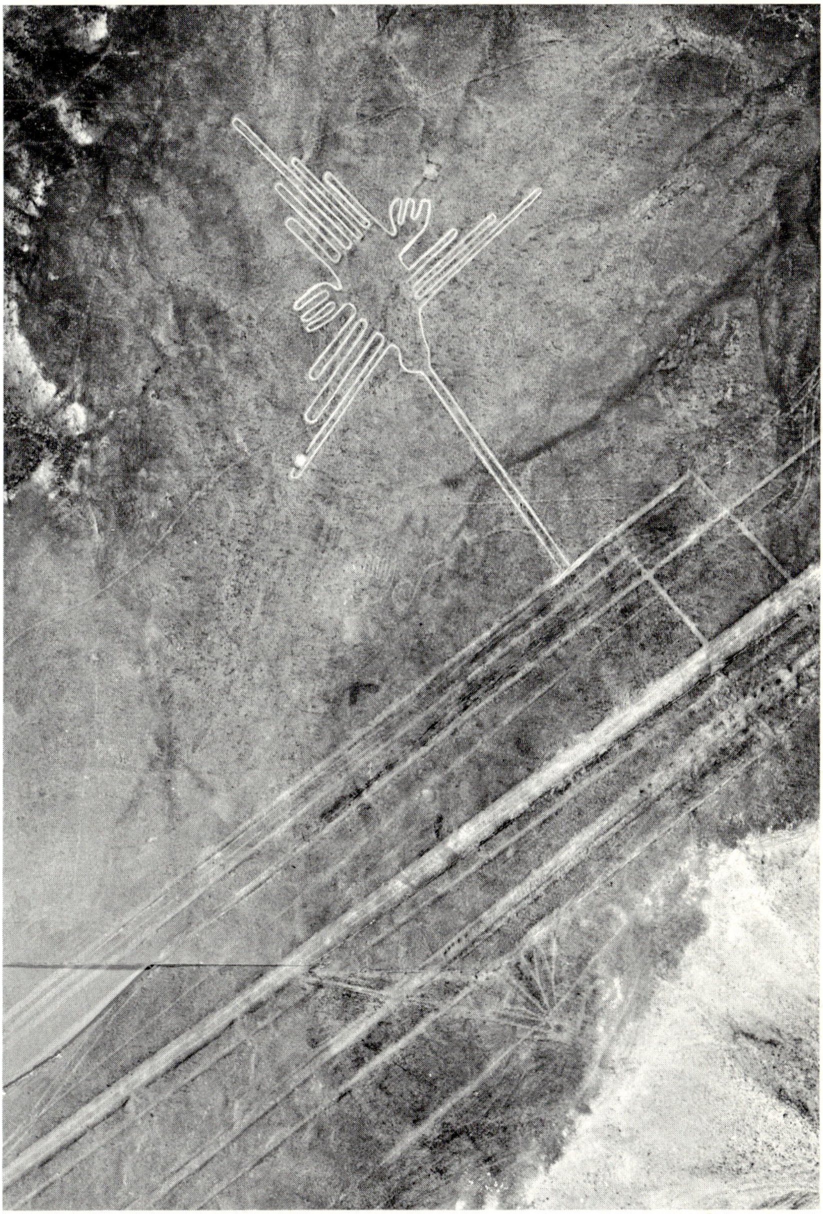

Peruanisches Wüstenscharrbild eines gigantischen Vogels, der seinen Riesenschnabel von rund 50 Meter Länge in Richtung Sonnenaufgangspunkt am Tag der Sommersonnenwende reckt.

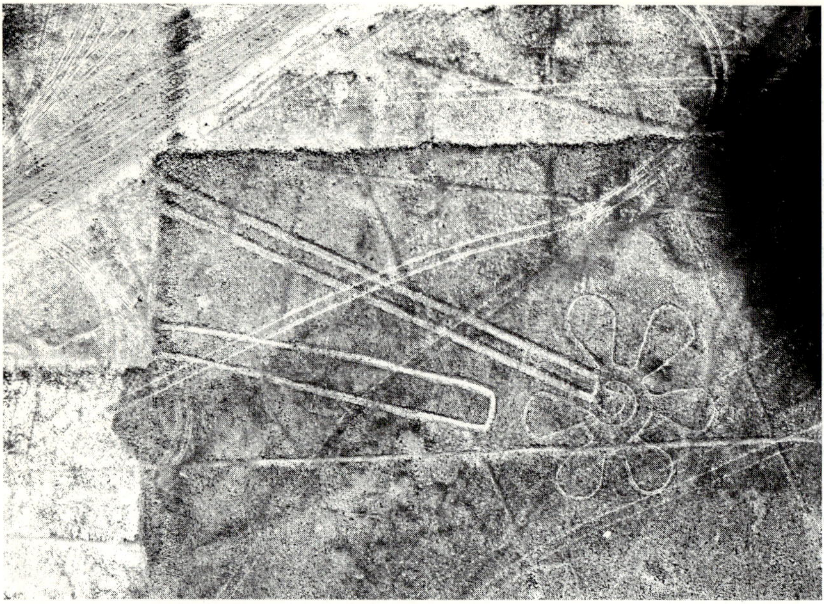

Als »größtes Astronomiebuch der Welt« hat der amerikanische Historiker Paul Kosok die faszinierenden Scharrbilder einer Kultur der Vor-Inka-Zeit im peruanischen Wüstengebiet gekennzeichnet.

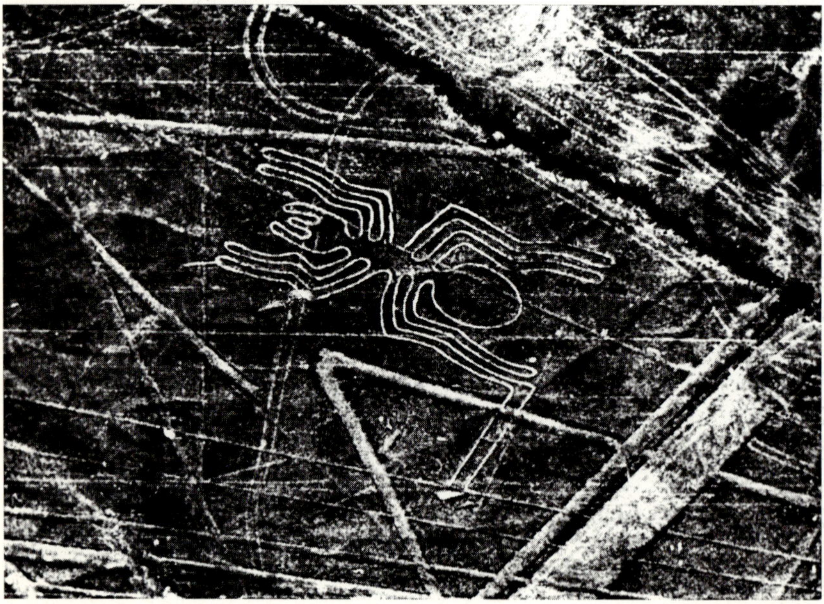

nerung bemäkeln: Die Pythagoreer waren in der Tat weitaus weniger »Physiker« im heutigen Sinne als die ionischen Naturphilosophen. Sie standen, nicht zuletzt was ihre Geheimniskrämerei betraf, der mystischen Grundhaltung ihrer Priesterkollegen vom Nil und Euphrat näher als den eigenen Landsleuten – eine Entgötterung des Universums wäre ihnen höchst verwerflich erschienen. Andererseits waren sie jedoch weder Bürokraten noch Rechenmeister mit praktischen Ambitionen, sondern sogar noch weitaus bewußtere *Theoretiker* als die Ionier: »Die Arithmetik scheint Pythagoras vor allem wertgehalten und hauptsächlich dadurch gefördert zu haben, daß er sie aus dem kaufmännischen Geschäftsbedürfnis hervorzog und alle Dinge unter der Form der Zahl betrachtete«, berichtete etwa Aristoxenos, Musiktheoretiker und Aristoteles-Schüler, über das Haupt dieser ethisch-religiösen Bruderschaft, wo man sich so intensiv mit Harmonik und Artithmetik, mit Geometrie und Astronomie beschäftigt hat. Was hat es also mit dem Vorwurf der unkritischen Verallgemeinerung auf sich, den man den Pythagoreern aus heutiger Sicht bisweilen macht?

Wir werden nicht umhinkönnen, uns mit folgender Überlegung anzufreunden: Daß damals irgend jemand auf der Basis eines so dürftigen Erfahrungsmaterials, das der bloßen sinnlich wahrgenommenen Harmonie von Klängen einfachste Zahlenverhältnisse zuordnet, den kühnen Gedanken gewagt hat, die Zahl zum Wesen aller Dinge zu deklarieren, ist eine in der Wissenschaftsgeschichte einmalige Tat von ungeheurer Signalwirkung. Sie hat sich auf die Gedanken eines Johannes Kepler genauso ausgewirkt wie auf die Theorien eines Isaac Newton oder James C. Maxwell, Albert Einstein oder Niels Bohr. Irgendeiner dieser bei den griechischen Komödienschreibern zu sonderlichen Käuzen abgestempelten Ordensbrüder des Pythagoras – seinen Namen kennen wir nicht – hat auf der Basis dieser mageren Fakten, ja eigentlich sogar losgelöst von diesen Fakten, ein *theoretisches System* der Harmonik entwickelt, das von den beiden Grundsätzen ausgeht:

1. Töne von gleicher Tonhöhe lassen sich gleichen Zahlen zuordnen, Töne verschiedener Tonhöhe ungleichen Zahlen.
2. Töne von »symphoner Spannung« entsprechen Zahlenverhältnissen, die – mathematisch gesehen – »vielfache« oder »überteilige« Verhältnisse sind.

Zur Erläuterung der vielfachen und überteiligen Verhältnisse: Ist eine beliebige (ganze) Zahl a das Vielfache einer Zahl b, so gilt $a = x \cdot b$, wobei x wiederum eine ganze Zahl andeutet. 12 ist zum Beispiel ein Vielfaches von 4, weil $12 = 3 \cdot 4$ ist. Damit gilt stets $a : b = x : 1$, auf das Beispiel angewandt $12 : 4 = 3 : 1$. Darüber hinaus ist das Verhältnis $a : b$ dieser Zahlen a und b überteilig, wenn $a = b + b/x$ und damit $a : b = (x + 1) : x$.

Beispiele: $a = 3$ und $b = 2$ bilden das überteilige Verhältnis $3 : 2$ mit $x = 2$, $a = 4$ und $b = 3$ das überteilige Verhältnis mit $4 : 3$ mit $x = 3$ und so weiter.

Damit zählen gemäß dem zweiten Grundsatz sowohl die Quinte (3 : 2) als auch die Quarte (4 : 3) zu den Tönen, die mit dem Grundton in einer symphonen Spannung stehen, weil sie mit ihm symphone Intervalle bilden. Aber auch zueinander stehen Quinte und Quarte in dieser bemerkenswerten Beziehung des überteiligen Verhältnisses: Die Rechnung ergibt nämlich $(3 : 2) : (4 : 3) = 9 : 8$.

Dieses Verhältnis zwischen Quinte und Quarte mit dem Wert 9 : 8 entspricht dem symphonen Intervall einer sogenannten »Sekunde« oder eines großen Ganztones, beispielsweise von c nach d. Schwingt eine Saite in voller Länge also im Grundton c, so muß man, um das einen Ganzton höher liegende d zu zupfen, die Saite im Verhältnis 8 : 9 geteilt zum Schwingen bringen, was dann den Frequenzwert 9/8 bringt.

Der einen weiteren großen Ganzton über d liegende Ton e, der das »Tetrachord« c, d, e, f vervollständigte, besaß dann allerdings die weitaus weniger schöne Frequenz 81/64: Schließlich war dieses Verhältnis 81/64 nicht überteilig, wie es der zweite Grundsatz der pythagoreischen Harmonik für ein »symphones Intervall« forderte! Die mit dem Wert anklingende »große Terz«, das Intervall c–e, war aber keineswegs als ein Mißklang zu werten, konnte daher auch nicht zu den »ekmelischen« Klängen gezählt werden.

Diese Terz mußte also, vermutlich schweren Herzens, von den Pythagoreern einer Klangklasse zugeteilt werden, in der zwar gute Zusammenklänge vorlagen, aber doch nicht so überaus schöne wie bei den symphonen Klängen: Sie wurden daher »emmelische« Klänge genannt. Diese »emmelische« Situation ergab sich innerhalb des Tetrachords auch noch beim Intervall e–f, das als »diatonischer Halbton« zum Verhältnis 256 : 243 führte: $(4 : 3) : (81 : 64) = 256 : 243$.

In der Abbildung 6.3 sind die klassischen Werte des pythagoreischen Tetrachords zusammenfassend dargestellt: Seine geviertelte Aufteilung war keineswegs so naheliegend und harmonisch wie die Quarte selbst. Einer der späteren Pythagoreer, Archytas aus Tarent, der in der ersten Hälfte des vierten vorchristlichen Jahrhunderts lebte, korrigierte diese

Intervallfolge daher durch eine Aufteilung der *Quinte* in sogenannte *reine* Intervalle. Er nahm dabei eine arithmetisch-harmonische Teilung vor, der das Zahlenverhältnis (3 : 2) : (5 : 4) = (6 : 5) : 1 zugrunde lag. Gemäß den beiden Ausdrücken, die links und rechts vom Gleichheitszeichen auftreten, erhielt damit die *reine* große Terz das überteilige Verhältnis 5 : 4 und die *reine* kleine Terz das Verhältnis 6 : 5 mit der gleichen Eigenschaft: Beide »reine« Intervalle entsprachen damit den Anforderungen eines symphonen Klanges nach dem zweiten Grundsatz.
Die arithmetisch-harmonische Teilung der Quinte durch Archytas erwies sich darüber hinaus als höchst erfreulich im pythagoreischen Sinne: Die *reine* große Sekunde, das heißt, der *reine* große Ganzton, entsprach genau der »alten« Sekunde mit ihrem überteiligen Verhältnis 9 : 8. Eine zudem erforderliche *reine* kleine Sekunde paßte mit ihrem Verhältnis 10 : 9 genau ins pythagoreische Konzept. Und schließlich sorgte auch noch der neue *reine* Halbton für die erwünschte symphone Spannung: Er ergab sich als Verhältnis von der Quarte zur reinen großen Terz nach der Rechnung (4 : 3) : (5 : 4) = 16 : 15.
Selbst das Verhältnis, in dem die beiden Ganztöne (reine große und reine kleine Sekunde) zueinander standen, war überteilig und erfüllte damit den zweiten Grundsatz der pythagoreischen Harmonik: (9 : 8) : (10 : 9) = 81 : 80.
Weitere Rechnereien dieser Art wollen wir uns im Rahmen dieser Betrachtung ersparen, weil die unangenehm großen Zahlen, die dabei auftreten würden, dem pythagoreischen Anspruch nach Einfachheit und Schönheit der Harmonie nicht mehr gerecht werden. Nur soviel sei noch

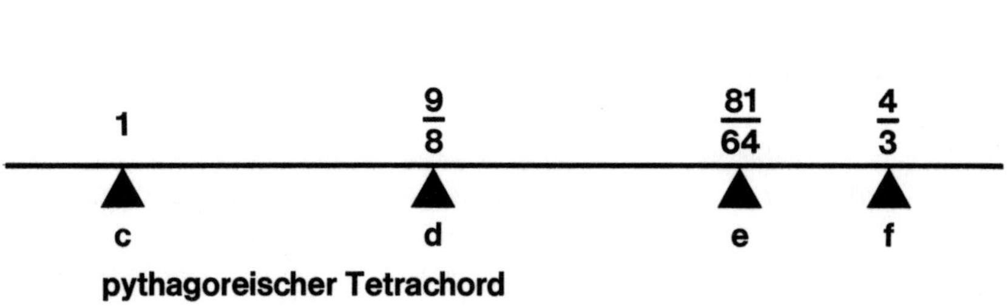

Abbildung 6.3: In der Musiktheorie der Pythagoreer entsprachen Töne von »symphoner Spannung« einfachen Zahlenverhältnissen, die vielfach oder überteilig waren: Bereits im Tetrachord trat jedoch mit der »großen Terz«, dem Intervall c–e, ein nicht überteiliges Zahlenverhältnis auf, das diese »Symphonie« störte.

gesagt: Der bereits erwähnte Aristoteles-Schüler Aristoxenos erarbeitete schon die theoretischen Grundlagen der heute verwendeten »temperierten« Tonleitern, denen die Idee des *Quintenzirkels* zugrunde liegt. Zwölf aneinandergesetzte Quinten ergeben nämlich ungefähr sieben Oktaven, wobei eine zwölftonige »Temperatur« entsteht, deren minimaler Überschuß – von as auf gis – durch das Verhältnis 524 288 zu 531 441 (ungefähr: 73 : 74) gekennzeichnet ist, das »pythagoreisches Komma« heißt. Dagegen nennt man das schon errechnete Verhältnis 81 : 80 der beiden Ganztöne im System des Archytas »syntonisches Komma«: Es gibt an, um wieviel die klassisch-pythagoreische große und kleine Terz und der diatonische Halbton von den entsprechenden »reinen« Intervallen der Archytasschen Teilung abweichen.

Soweit die pythagoreische Musiktheorie, die mit Hilfe der beiden Grundsätze, die den Tönen Zahlen zuordneten und die symphonen Intervalle als überteilige oder vielfache Zahlenverhältnisse erklärten, und einem weiteren Grundsatz, der die Oktave zum schönsten Intervall erklärte, deren Zahlenverhältnis 2 : 1 das beste sei, eine vollendete Harmonielehre als logisches Gedankengebäude entstehen ließ, das seine Wurzeln in Begriffen wie »Schönheit«, »Einfachheit« oder »Vortrefflichkeit« hatte.

Ganz ähnlich entwickelte sich das pythagoreische »Denkspiel« der *Astronomie,* die verschiedentlich zur »Schwesterwissenschaft« der Harmonik deklariert wurde – unter anderem übrigens in Platons *Staat.* Dieser wohl geachtetste Philosoph des antiken Griechenlands lebte als Zeitgenosse späterer Phythagoreer von 427 bis 348 vor unserer Zeitrechnung in Athen. Die pythagoreische Astronomie war die klar erkennbare Grundlage des geozentrischen Weltbildes Platons, das er in den Dialogen vom Staat *(Politeia)* und *Timaios* (Name eines Pythagoreers) ausführlich beschrieben hat. Auch die der Musiktheorie »verschwisterte« Astronomie des Pythagoras und seiner Glaubensbrüder gründete vor allem auf Begriffe wie »Göttlichkeit«, »Ewigkeit« oder »Regelmäßigkeit« und fand ihre eigentliche Rechtfertigung in religiöser und ästhetischer Gedankenführung.

So wurde angenommen, daß die »göttlichen und ewigen Himmelskörper« die reine Kugelgestalt besitzen und ausschließlich vollendet gleichmäßige Kreisbewegungen ausführen. Dabei galt als ökonomisches Prinzip, daß es möglichst wenige Kreisbewegungen sein sollten, die das Räderwerk der Gestirnläufe festlegten: Bei der sorgfältigen Beobachtung der Planeten Merkur und Venus, Mars, Jupiter und Saturn hatte sich herausgestellt, daß diese Wandelsterne eine charakteristische Eigenbewegung gegenüber den Fixsternen besitzen. Diese »Sterne, die keine Ruhe kennen«, wie es die Ägypter formulierten, zogen mit unterschiedlicher Geschwindigkeit übers Firmament und kehrten bisweilen ihre Bewegungsrichtung sogar um, das heißt, sie wurden rückläufig gegenüber der Fixsternbewegung (Abbildung 6.4).

Solche Unregelmäßigkeiten vertrugen sich nach Ansicht der Pythagoreer keinesfalls mit der göttlichen Natur dieser Himmelskörper: Daher erfanden die griechischen Astronomen nach und nach ein höchst ausgeklügeltes Bewegungssystem aus konzentrischen und exzentrischen Großkreisen mit aufgesetzten mitrotierenden Kleinkreisen, den sogenannten »Epizykeln«. Um das Jahr 70 v. Chr. erläuterte der in Rom lebende griechische Mathematiker und Wissenschaftshistoriker Geminos, der der gesamten Astronomie der Antike ihre Grundlage gab, diese Ausgangssituation der pythagoreischen Astronomie:

»Es liegt nämlich der gesamten Astronomie die Annahme zugrunde, daß die Sonne, der Mond und die fünf Planeten sich erstens mit gleichförmiger Geschwindigkeit, zweitens in kreisförmigen Bahnen und drittens in einer der Bewegung des Weltalls entgegengesetzten Richtung bewegen. Die Pythagoreer waren die ersten, welche an derartige Untersuchungen herantraten und für die Sonne, den Mond und die fünf Planeten kreisförmige Bahnen und gleichförmige Bewegungen annahmen. Konn-

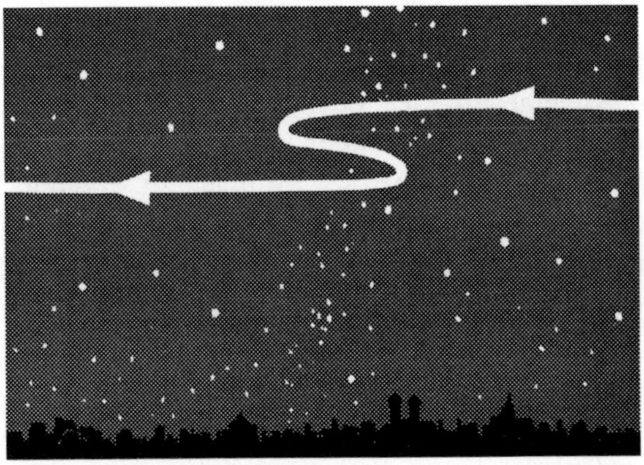

Abbildung 6.4: Wandelsterne oder Planeten zeigen gegenüber der Fixsternbewegung eine charakteristische Eigenbewegung der relativen Rückläufigkeit und höchst unterschiedlichen Geschwindigkeit.

ten sie doch für die göttlichen und ewigen Himmelskörper nicht eine derartige Unregelmäßigkeit annehmen, vermöge welcher sich dieselben bald schneller, bald langsamer bewegen, bald gar stillstehen sollten, wie man bekanntlich bei den fünf Planeten von ›Stationärwerden‹ spricht. Darf man ja selbst bei einem gebildeten und gesetzten Menschen in seinem Gang eine derartige Ungleichmäßigkeit der Bewegung nicht voraussetzen. Freilich werden für die Menschen die Bedürfnisse des Lebens häufig Ursache zu langsamerer oder schnellerer Bewegung; allein bei der unvergänglichen Beschaffenheit der Gestirne ist zu schnellerer oder langsamerer Bewegung keinerlei Ursache denkbar. Aus diesem Grunde stellten sie die Frage in dieser Form, wie sich wohl bei Annahme kreisförmiger Bahnen und gleichförmiger Bewegung die Himmelserscheinungen erklären ließen.«

In diesem Text des Geminos kommt die religiöse und ästhetische Argumentation der pythagoreischen Astronomen recht gut zum Ausdruck, denen letztlich eine theologische Begründung der Himmelserscheinungen am Herzen lag. Uns ist diese merkwürdige Form der Religiosität heute nur deshalb fremd geworden, weil von den großen Offenbarungsreligionen Christentum, Judentum und Islam eine Erkennbarkeit des Göttlichen auf exaktwissenschaftlichem Wege geleugnet wird – der personifizierte Gott der Christen, Juden und Moslems offenbart sich und wird nicht erkannt; er ist reiner Wille und nicht Prinzip der Rationalität, das sich in der musikalischen Harmonie oder in der geometrisierten Bewegungslehre der Himmelskörper entdecken läßt.

Doch abgesehen davon, ob wir nun einen Gott, der sich offenbart hat, gläubig akzeptieren, ob wir ihn als Atheisten leugnen, ob wir alle religiösen Fragen als Scheinprobleme ansehen oder ob wir als heimliche Pythagoreer in Gott immer noch den »obersten Mathematiker« bewundern und ihn durch naturwissenschaftliche Studien zu erkennen suchen – das eine wissenschaftsgeschichtliche Faktum läßt sich wohl kaum leugnen: Erst die auf dem Hintergrund der ionischen Naturphilosophie vergleichsweise rückschrittliche Ansicht der Pythagoreer, die den Himmelskörpern wieder eine göttliche und ewige Natur verliehen hat, erlaubte es den nachfolgenden Generationen der antiken Astronomen, immer kühnere Modelle zur theoretischen Begründung der »wahren« Gestirnbewegungen zu erdenken. Diese Bewußtwerdung der reinen *Theorie* in der pythagoreischen Glaubensgemeinschaft bedeutete einen ersten kühnen Schritt in Richtung auf unser heutiges astronomisches Weltbild, ja auf unser naturwissenschaftliches Weltbild im allgemeinen, da *exakte Naturforschung als Wissenschaft mit einer mathematischen Theorie* ein Werk der Pythagoreer ist.

Aus der pythagoreischen »Werkstatt« stammte zunächst einmal, wie schon angedeutet, das geozentrische Weltbild, das der berühmte Platon in seinen Dialogen *Politeia* und *Timaios* erläutert hat, eine kinematische Theorie der Gestirnbewegungen, wo eine kugelförmige Erde im Mittelpunkt des Systems stand. Ein weiteres, höchst bemerkenswertes System der Pythagoreer hat dann Aristoteles in seiner *Metaphysik* beschrieben: Hier bildete das Zentrum ein gewaltiges »Zentralfeuer«, nicht zu verwechseln mit der Sonne, die zusammen mit dem Mond und den Planeten um dieses Feuer kreist und von ihm ihren Lichtschein verliehen bekam. Eine »Gegenerde«, die zwischen Erdkugel und Zentralfeuer stand und ständig synchron mit der Erde um das Feuer kreiste, erklärte die Unsichtbarkeit dieses Feuers für einen irdischen Beobachter.

Das »Doppelgestirn« Erde – Gegenerde drehte sich wesentlich schneller um das Feuerzentrum als alle anderen Gestirne: Ein Umlauf erfolgte in 24 Stunden, womit die Entstehung von Tag und Nacht erklärt werden konnte. In beträchtlichem Abstand folgte dann der Mond mit seinem 29,5-Tage-Umlaufrhythmus, was der Dauer des synodischen Monats entsprach. Die Sonne umkreiste nach Venus und Merkur als weiteres Gestirn das Zentralfeuer im Laufe eines tropischen Jahres von rund 365 Tagen. Danach folgten in deutlichen Abständen Mars, Jupiter, Saturn und schließlich die Fixsterne. Die in der Beobachtung festgestellten unterschiedlichen Längen der Umlaufzeiten erklärte man also bereits durchaus modellgerecht durch verschieden große Entfernungen vom Zentrum des Systems. Eine Würdigung dieses kinematischen Modells der pythagoreischen Astronomie können wir aus moderner Sicht mit Erwin Schrödinger vornehmen:

»Auf den ersten Blick wirkt dieses Modell so falsch, daß es kaum eines Gedankens wert erscheint. Aber besehen wir es genauer und erinnern wir uns, daß noch nichts über die Abmessungen der Erde und der Bahnen der Himmelskörper bekannt war. Der damals bekannte Teil der Erde, die Gegend um das Mittelmeer, dreht sich wirklich in 24 Stunden in einem Kreis um ein unsichtbares Zentrum, dem er stets dieselbe Seite zukehrt. Gerade dies verursacht die schnelle tägliche Bewegung, an der alle Himmelskörper teilhaben. Zu erkennen, daß es bloß eine scheinbare Bewegung ist, bedeutet an sich schon eine große Leistung. Was an der Bewegung, die man der Erde zuschrieb, falsch war – daß man sie außer der Achsendrehung noch einen Umlauf von derselben Periode ausführen ließ –, war falsch nur hinsichtlich der Periode und des Umlaufzentrums. Diese Fehler, wie grob sie uns auch erscheinen, fallen wenig ins Gewicht gegenüber der außerordentlichen Erkenntnis, daß die Erde die Rolle eines der Planeten erhält, wie Sonne, Mond und die fünf Körper, die wir Planeten nennen. Das ist eine bewundernswürdige Tat der Selbstbefreiung von dem Vorurteil, der Mensch und sein Lebensraum müßten im Mittelpunkt der Welt sein. Es ist der erste Schritt zu dem, was wir heute glauben, nämlich, daß unser Erdball bloß einer von den kleinen Begleitern eines der Sterne ist in einer der zahllosen Milchstraßen des Weltalls.«

Gerade die jüngste Geschichte der modernen Physik in unserem Jahrhundert hat unseren Blick für die bewundernswerten Leistungen der Pythagoreer wieder geschärft: Man konnte die Quantentheorie als eine »Sphärenmusik des Atoms« auffassen und die Relativitätstheorie als »Pythagorismus ungeahnten Ausmaßes«. Im geistigen Klima der griechischen Astronomie, das den spekulativen Modellkonstrukteuren dereinst jede Gedankenfreiheit erlaubte, konnte um 280 v. Chr. selbst die heliozentrische Theorie von Aristarch aus Samos diskutiert werden, der Prototyp unserer heutigen Konzeption vom Sonnensystem, das alle Planeten, einschließlich der Erde, um die Sonne als Zentralgestirn kreisen läßt.

Daß man dieses heliozentrische Weltsystem des Aristarch damals noch nicht so recht akzeptieren wollte, war ein »Verdienst« der Physiker jener Zeit: Da man keine Richtungsänderung (»Parallaxe«) der Fixsterne durch Messung feststellen konnte – dies gelang übrigens erst im Jahr 1837 (!) dem preußischen Astronomen Friedrich Wilhelm Bessel –, mußte Aristarchs Theorie unglaubhaft bleiben. Die auch uns noch immer unvorstellbaren Größenverhältnisse des Universums sprachen eindeutig zugunsten des geozentrischen Systems. Auch relativ simple Fragestellungen physikalischer Art (»Warum bewegen sich die Wolken zusammen mit der Erde?«) konnten damals im geozentrischen Weltmodell weitaus plausibler beantwortet werden. Aristarch, der »Kopernikus der Antike«, scheiterte also vor allem an falschen quantitativen Bewertungen der natürlichen Phänomene.

Doch kehren wir noch einmal zur pythagoreischen Weltschau zurück, zur »Schwesternschaft« von Harmonik und Astronomie: Die Bewegung der göttlichen Gestirne um das Zentralfeuer soll nämlich nach Ansicht des Philolaos aus Kroton, dem man die Zentralfeuer-Theorie in der wesentlichen Konzeption zuschreibt, Töne von symphoner Spannung er-

zeugt haben – die vielzitierte »Harmonie der Sphären«. Im 6. und 7. Buch
des Philolaos aus Kroton, dem man die Zentralfeuer-Theorie in der we-
nützt, die philosophische Ideenlehre aufzubauen. Platon verglich dabei
den Anblick des nächtlichen Firmaments mit dem »bunten Muster an
einer Zimmerdecke«, das man nicht durch das Sehen mit den Augen er-
fassen könne, sondern nur durch ein Schauen mit der Vernunft, durch
das Denken. Er forderte schließlich die *ideale Astronomie,* wobei »die
Dinge am Himmel beiseite gelassen werden«, weil die sichtbaren Him-
melskörper die idealen Bewegungen allenfalls angenähert erreichen kön-
nen: Der »wahre Astronom« werde demnach »den für töricht halten, der
wähnte, das Verhältnis der Nacht zum Tag und von diesem zum Monat
und zum Jahr und alle übrigen Verhältnisse von Umlaufzeiten der Ge-
stirne seien immer gleich und es gäbe gar keine Abweichung, obwohl die
Gestirne doch Körper haben und sichtbar sind«.

In der Astronomie kamen die Pythagoreer mit ihren kinematischen Mo-
dellen dem Idealbild des »wahren Astronomen« von Platon schon sehr
nahe: Aber in der Musiktheorie, wo sie zwischen Tönen und Zusammen-
klängen einerseits und Zahlen und Zahlenverhältnissen andererseits deut-
lich unterschieden, waren sie seines Erachtens weit von einer *idealen
Harmonik* entfernt, die sich nur mit Zahlen und Zahlenverhältnissen
beschäftigen durfte. »Wer die gehörten Zusammenklänge und Töne
aneinander mißt, der müht sich vergeblich ab«, meinte Platon. Als wah-
res Problem der idealen Harmonik sah er beispielsweise die Frage, »wel-
che Zahlen symphon sind und welche nicht und warum«. Die Pytha-
goreer verwandten aber bekanntlich das Prädikat »symphon« nur für
den Klangbereich, niemals jedoch für den Zahlenbereich.

Platons Weiterentwicklung der pythagoreischen Aktivitäten haben sich
als überaus fruchtbar auf dem Gebiet der reinen mathematischen For-
schung erwiesen: In einer anderen Betrachtung (*Weltgeschichte der Ma-
thematik*) werden wir diesen Sachverhalt ausführlich diskutieren. Unsere
vorliegende Würdigung des Pythagoras, der einmal, nach dem Sinn sei-
nes Lebens befragt, geantwortet haben soll, »um den Himmel und die
Natur zu betrachten«, die vor allem eine Würdigung seiner exakt-wis-
senschaftlich forschenden Glaubensgemeinschaft war, wollen wir mit
einem Zitat von Albert Einstein beschließen, des vermutlich »jüngsten
Pythagoreers« der Wissenschaftsgeschichte:

»Insofern sich die Sätze der Mathematik auf die Wirklichkeit beziehen,
sind sie nicht sicher, und insofern sie sicher sind, beziehen sie sich nicht
auf die Wirklichkeit.«

7
Der »kugelgelagerte« Kosmos des Eudoxos aus Knidos

Pythagoras, »des Mnesarchos Sohn«, habe zwar »von allen Menschen am meisten Erkundung getrieben«, meinte Heraklit aus Ephesos (um 500 v. Chr.), ein bedeutender Vertreter der ionischen Aufklärung, aber dann aus diesen Erkenntnissen seine »eigene Weisheit« zurechtgezimmert, nämlich »Vielwisserei und Betrügerei«. Damit wurde das Haupt der pythagoreischen Glaubensgemeinschaft von Heraklit (Herakleitos) zum »Ahnherrn der Schwindler« abgestempelt.
Dieses harte Urteil fällte ein aus heutiger Sicht progressiver Astrophysiker, aufmerksamer Beobachter des Naturgeschehens und überzeugter Empiriker (»Alles, wovon es Gesicht, Gehör, Kunde gibt, das ziehe ich vor«), ein Mann, den man in Philosophiegeschichten so gerne mit seinem Beinamen »der Dunkle« als hintersinnig grübelnden Metaphysiker vorstellt, als einsamen und verbitterten »Trauerphilosophen«. Doch was uns der Wissenschaftshistoriker Diogenes Laertius anfangs des dritten nachchristlichen Jahrhunderts über Heraklits Weltbild zu berichten wußte, klang nach den Maßstäben, die wir heute der ionischen Naturphilosophie anlegen, doch schon recht »physikalisch« in der Erklärung der astronomischen Phänomene:
»Es entständen aber Ausdünstungen von der Erde und dem Meer, die einen hell und rein, die anderen dunkel. Dabei würde das Feuer der Gestirne von den hellen, die Feuchtigkeit von den dunklen Ausdünstungen ernährt. In Nachen, die uns mit der Hohlseite zugekehrt seien, sammelten sich die hellen Ausdünstungen an und entzündeten sich: Diese Na-

chen seien die Gestirne. Am hellsten und am wärmsten sei dabei das Feuer der Sonne. Die anderen Gestirne seien dagegen weiter von der Erde entfernt, wodurch ihre Leucht- und Wärmkraft abnähme. Nur der Mond sei so nahe an der Erde, daß er sich gar nicht durch die reine Region bewege. Die Sonne dagegen bewege sich durch die reine und helle Sphäre in einer angemessenen Entfernung von uns.
Die Verfinsterungen von Sonne und Mond kämen dadurch zustande, daß sich ihre Nachen nach oben hin umkehrten. Und die monatlichen Gestalten des Mondes entständen, indem die Hohlschale des Nachens sich allmählich umdrehe. Tag und Nacht, die Monate, Jahreszeiten und Jahre, Regen und Winde und so weiter entständen aufgrund verschiedener Ausdünstungen: Die helle Ausdünstung bewirke nämlich, wenn sie in Brand geraten sei, in der Sphäre der Sonne den Tag, die dunkle Ausdünstung dagegen, wenn sie die Oberhand gewänne, die Nacht. Und die Wärme bewirke, wenn sie infolge der Helligkeit gesteigert werde, den Sommer, die Feuchtigkeit dagegen, wenn sie infolge der Dunkelheit zunähme, den Winter. Auf diese Weise erklärt Heraklit auch die Ursachen der übrigen Erscheinungen.«
Soweit Diogenes Laertius über die astrophysikalischen Gedanken des Heraklit aus Ephesos, der also doch erheblich mehr gesagt haben dürfte als sein vielzitiertes *panta rei* – »alles fließt«. Jedenfalls zeigen Heraklits Überlegungen recht deutlich, daß er als ionischer Physiker seinen Teil dazu beigetragen hat, die Gestirne zu entgöttern. Was Wunder also, daß ihm Pythagoras, der Mann, der den Himmelskörpern wieder zur göttlichen Natur verhalf, als »Ahnherr der Schwindler« erscheinen mußte.
Muß den Physikern unserer Zeit, die gedanklich Heraklit oft näherstehen dürften als Pythagoras, dieser angeprangerte Denker in ähnlichem Licht erscheinen? Zweifellos nicht: Wenn auch Pythagoras und seine exaktwissenschaftlich arbeitenden Glaubensbrüder, vergleicht man sie mit den Vertretern der ionischen Empirie, in der gesamten Naturforschung wieder den Boden jener »Realität« verlassen haben, der von Thales und Anaximander, Anaximenes und Heraklit auf so »moderne« Weise aufbereitet worden war, so erwies sich die pythagoreische Zahlenmystik doch als ungemein fruchtbar für die weitere Entwicklung der exakten Wissenschaften. Die scheinbar »reaktionäre« Tat der Pythagoreer, die ein von Geistern und Göttern gereinigtes Universum, dessen natürliche Phänomene allein mit natürlichen Mechanismen erklärt wurden, wieder mit der Göttlichkeit der Gestirne und der Schönheit symphoner Klänge beseelten, bewirkte jedenfalls, daß von nun an mit einer

ähnlichen Besessenheit nach der mathematischen Harmonie im Kosmos gesucht wurde wie zuvor nach natürlichen Erklärungen. Damit wurden wichtige Voraussetzungen für die exakte Naturforschung als eine Wissenschaft geschaffen, die nicht nur Meßwerte in ordentlichen Zahlenkolonnen katalogisierte, sondern kunstvoll mit dem Werkzeug der mathematischen Theorie operierte.

Auch die pythagoreische Versessenheit auf ganzzahlige, möglichst einfache Verhältnisse im Beobachtungs- und Meßbereich hatte ihre unübersehbaren Nachwirkungen: Noch heute jubilieren Physiker oder Chemiker, wenn ihnen die experimentellen Apparaturen Meßdaten von klarer Proportion bescheren, Zahlenverhältnisse, die es dem Theoretiker erlauben, den zugehörigen Formelapparat möglichst einfach, »schön« und damit überzeugend zu gestalten. So kommentierte im vorigen Jahrhundert Ludwig Boltzmann die berühmten Grundgleichungen der Elektrodynamik seines Kollegen James C. Maxwell mit dem Ausruf »War es ein Gott, der diese Zeilen schrieb?«, während Heinrich Hertz Maxwells mathematischen Formeln gar ein »selbständiges Leben und einen eigenen Verstand« zuschrieb, der sie »klüger als ihr Erfinder« machte. War Maxwell damit die »Gnade« zuteil geworden, einen Blick in die göttlichen Konstruktionspläne des Universums zu werfen? Wurde der göttlichen Natur ein Geheimnis entrissen?

All dies hat seinen gedanklichen Ursprung in der Zahlenmystik der Pythagoreer, die schließlich, anders als die ionische Empirie, eine starke Stütze in der Philosophie Platons fand: Der »wahre« Astronom, so hatte Platon rigoros gefordert, müsse gar »die Dinge am Himmel beiseite lassen«, um die »wahren« Bewegungen der Gestirne zu erkennen, die in völliger Regelmäßigkeit, das heißt auf reinen Kreisbahnen zu erfolgen hätten. Nach dieser Ansicht konnten die tatsächlichen Bewegungsabläufe der sichtbaren Himmelskörper allenfalls noch angenähert mit den »wahren« Idealbewegungen geometrischer Körper im Raume übereinstimmen: Deren »wahre« Bewegung muß, ja kann also gar nicht die »wirklichkeitsgetreue« Bewegung sein! In bezug auf die Gestirnbewegungen, die man am Firmament beobachtet, bedeutete dieses platonische »Wahrheitsdiktat« nach den eigenen Worten des Philosophen:

»Das bunte Muster am Himmel, im Sichtbaren gewoben, kann man zwar für das Schönste ansehen und für das Genaueste in diesem Bereich, jedoch muß man wissen, daß es von der Wahrheit weit entfernt ist, nämlich von den Bewegungen, die die seiende Schnelligkeit und die seiende Langsamkeit in der wahren Zahl und in allen wahren Figuren gegenseitig bewegen und alles darin Enthaltene tragen. Diese Sachen kann man nur durch die Vernunft und das Denken erfassen, nicht durch Sehen.«

Wenn ein theoretischer Physiker noch in der Mitte unseres Jahrhunderts verkündet hat, daß »die Schönheit der Gleichungen wichtiger ist als die Übereinstimmung mit der Natur«, so ist er also in gleicher Weise als »Neupythagoreer« anzusehen wie dereinst Platon. Und wenn im Einstein-Zitat von Seite 119 das Wörtchen »sicher« durch »wahr« ersetzt wird, dann ergibt sich eine Aussage von solidem pythagoreischen Geist, die geradezu einem Platonschen Dialog entnommen sein könnte: »Insofern sich die Sätze der Mathematik auf die Wirklichkeit beziehen, sind sie nicht *wahr*, und insofern sie *wahr* sind, beziehen sie sich nicht auf die Wirklichkeit.«

Natürlich besitzt die ursprüngliche Aussage Einsteins nicht ganz diese Rigorosität – der Schöpfer der Relativitätstheorie war schließlich als moderner Physiker der ionischen Empirie in ähnlicher Weise verpflichtet wie der pythagoreischen Theorie: Doch die gezielte Verschärfung seiner Aussage zeigt immerhin recht deutlich ihre gedankliche Wurzel. Um diese methodische »Manipulation« wieder zurechtzurücken, sei unsere Überlegung daher mit einer Einsteinschen Bemerkung »relativiert«, aus der ein Pythagorismus zwar weniger deutlich ins Auge fällt, aber immer noch kräftig durchschimmert:

»Die Entwicklung (in der Naturforschung) vollzieht sich in der Richtung *wachsender Einfachheit des logischen Fundamentes*. Um diesem Ziele näher zu kommen, müssen wir uns damit abfinden, daß die logische Grundlage immer erlebnisferner und der gedankliche Weg von den Grundlagen bis zu jenen Folgesätzen, welche ihr Korrelat in Sinneserlebnissen finden, immer beschwerlicher und länger wird.«

Damit wird klar, daß Albert Einstein im Gegensatz zu den »alten« Pythagoreern die Erfahrungen und Experimente keineswegs rigoros beiseite geschoben hat, um sein Weltbild in der reinen Theorie zu begründen. Er ging nicht den extremen Weg Platons, der herunterstieg »bis zur letzten Schlußfolgerung, ohne von irgendwelchen Sinneswahrnehmungen Gebrauch zu machen, ausgehend von reinen Ideen durch Ideen hindurch, endigend mit Ideen«, wie es im Dialog vom *Staat* heißt. Aber »höchste Aufgabe des Physikers ist das Aufsuchen jener allgemeinen elementaren Gesetze, aus denen *durch reine Deduktion* das Weltbild zu gewinnen ist«, erläuterte immerhin auch Einstein. »Denn, wenn der Anfang etwas ist, das man nicht kennt, und wenn die Schlußfolgerung und alles, was dazwischen kommt, wiederum aus dem zusammengeflochten ist, was man nicht kennt, wie kann dann aus dem, worauf man sich geeinigt hat, jemals wahres Wissen werden?« Diese einleuchtende Frage, die das Einsteinsche Bekenntnis über die höchste Aufgabe des Physikers perfekt zu ergänzen scheint, stammt nun allerdings wieder aus der Feder des Philosophen Platon.

Kehren wir also wieder in die »reine« Gedankenwelt der antiken Wissenschaft zurück: Platonschüler Eudoxos aus Knidos (etwa 410–356 v. Chr.), der vermutlich bedeutendste Mathematiker jener Epoche überhaupt, konzipierte als erster eine Theorie der Gestirnbewegung, die dem Ideal der platonischen Astronomie als rein theoretische Kinematik nahezu perfekt entsprach. Dieser geniale Wissenschaftler setzte in seinem Modell die Erde in den Mittelpunkt eines raffiniert durchdachten Systems von konzentrischen Kugelschalen, die sich jeweils um eine eigene Achse drehten, während sich alle Achsen jedoch im Systemmittelpunkt, der Erdkugel, kreuzten: Auf diese Weise entstand ein überaus komplexer, aber nach dem Prinzip der »kardanischen Aufhängung« durchaus auch technisch realisierbarer Mechanismus von 26 rotierenden Kugeln, die sich miteinander, gegeneinander, kreuz und quer zueinander und in verschiedenen Geschwindigkeiten um den Mittelpunkt der Erde drehten.

Die mechanische Konzeption dieses himmlichen Uhrwerks eines präzisen, »kugelgelagerten« Kosmos aus rotierenden Schalen sollte noch heute von höchster Faszination für jeden Feinmechaniker oder Maschinenbauer sein; denn weitaus deutlicher als beim »Gestirnschlauch«-Modell des Anaximander spürt man beim kosmischen Kugelschalen-Modell des Eudoxos die erläuterte Rückwirkung griechischer Geometrisierung der Mechanik auf die astronomische Theorie. Dieser höchst bemerkenswerte Prozeß in der angeblich so technikfeindlichen Wissenschaft der Griechen hatte bekanntlich mit der Erfindung der Drehbank eingesetzt, jener nichtmenschlichen Maschine, die es bereits erlaubte, Maschinenelemente für ziemlich verwickelte Bewegungsabläufe herzustellen (vergleiche Seite 101). In John D. Bernals Werk *Science in History* findet sich hierzu eine aufschlußreiche Fußnote:

»Die Entwicklung der multisphärischen Astronomie als Erweiterung der einfachen Umdrehung des Himmels war eine Errungenschaft, die der Antike ebenso vertraut war, wie sie den Modernen unbekannt ist, so daß es schwerfällt, zu ermessen, welch bedeutender und entscheidender Fortschritt sie tatsächlich war. Während den exakten babylonischen Astronomen die Bewegung der Gestirne eine Frage rein mathematischer

Regelmäßigkeit war, eine Erscheinung, die auf Zahlen und Formeln zurückführbar war und nicht begründet zu werden brauchte, war die Auffassung der Griechen rein visuell und fast körperhaft. Sie versuchten, ein räumliches Modell der Himmelsmaschinerie nachzubilden. Sie hätten wohl kaum daran denken können, wenn sie nicht durch die Existenz von wirklichen Maschinen dazu angeregt worden wären. Wir wissen heute, daß den Griechen das Uhrwerk bekannt war.«

Sehen wir uns also das himmlische Uhrwerk des Eudoxos aus Knidos einmal näher an: Am einfachsten konnte in diesem Modell das Problem der rotierenden *Fixstern*-Sphäre gelöst werden, wo die äußerste Kugelschale alle jene Gestirne trug, die sich für einen irdischen Beobachter gleichmäßig übers Firmament bewegten und ihre gegenseitige Position praktisch nicht veränderten. Diese Fixstern-Sphäre drehte sich damit im Eudoxos-Modell einmal täglich um die Welt- oder Himmelsachse.

Um den *Sonnen*lauf um die zentrale Erde zu erklären, brauchte der griechische Wissenschaftler dagegen bereits eine Kombination von drei Kugelschalen: Die größte dieser konzentrischen Sphären rotierte im Gleichlauf (*synchron*) mit der Fixstern-Sphäre um die Himmelsachse – ein Umlauf erfolgte pro Tag. Die mittlere Schale dagegen drehte sich mit einer zur Himmelsachse gekippten Achse, die senkrecht auf der Ekliptik-Ebene stand. Die kleine Schale dieses »Sonnensystems« schließlich besaß eine Rotationsachse, die eine leicht gegen die Ekliptik geneigte Ebene auszeichnete. Diese beiden inneren Sonnensphären bewegten sich dabei gegen den Drehsinn der Außensphäre, waren also relativ »rückläufig«.

Der Sinn dieses dreischaligen Sonnenmechanismus ergab sich durch folgende Überlegung: Mit der äußeren Kugel wurde die tägliche Bewegung der Sonne um die Erdkugel simuliert, die mit der Firmamentbewegung in ostwestlicher Richtung erfolgte. Mit der mittleren Kugelschale wurde dagegen der Jahreslauf dieses Gestirns auf der Ekliptik durch die zwölf Sternbilder des Tierkreises modelliert: Ihre gegen die Außensphäre rückläufige Bewegung erfolgte also wesentlich langsamer. Die kleine Innenkugel des »Sonnensystems« sollte dann noch der Tatsache Rechnung tragen, daß sich die Sonnendeklination in den Sonnenwenden, die sogenannten »Solstitien«, geringfügig verändern konnte, das heißt die Auf- und Untergangspunkte der Sonne am irdischen Horizont zur Zeit der Sommer- und Wintersonnenwende sich bisweilen verschoben. Eudoxos interpretierte diesen Sachverhalt als eine »Nutation« der Sonne, als ein leichtes Torkeln ihrer Drehachse. (Heute versteht man unter der »Nuta-

Einen »mathematischen Edelstein« hat man überschwenglich das typische Instrumentarium der Astronomie Arabiens genannt: Die muslimischen Gelehrten haben dieses »Astrolab« vor allem dazu verwandt, die Richtung auf Mekka zu bestimmen, in der ein Bekenner des Islam sein rituelles Gebet, die sogenannte *salat*, verrichten muß.

Der polnische Astronom Nikolaus Kopernikus gilt als der Schöpfer des heliozentrischen Weltbildes. Die dominierende Position des solaren Zentralgestirns im Planetensystem hat er geradezu hymnisch besungen: »Wer wollte diese Leuchte in diesem wunderschönen Tempel an einen anderen oder besseren Ort setzen als dorthin, von wo aus sie das Ganze zugleich beleuchten kann?« Der ägyptische Sonnengott feierte damit eine glanzvolle Auferstehung in der exakten Wissenschaft.

tion« periodisch auftretende Schwankungen der Erdachse, die durch Sonnen- und Mondanziehung auf den an beiden Polen leicht abgeplatteten Erdkörper entstehen.)
Auch die *Mond*bahn wurde im geozentrischen Eudoxos-Modell mit einer Dreiergruppe von Kugelschalen abgebildet: Wieder lief die äußerste Mondsphäre synchron mit der Fixstern-Kugelschale um die Welt- oder Himmelsachse. Die mittlere Mondschale dagegen hatte aufgrund einer entsprechenden Tempoverzögerung den bereits erläuterten »Knoten-Rücklauf« im Tierkreis zu simulieren (vergleiche Seite 33). Die Drehachse dieser Sphäre stand dabei wieder senkrecht auf der Ekliptik-Ebene. Und die Achse der inneren Kugelschale im lunaren System war schließlich noch so gegen die Drehachse der mittleren Schale geneigt, daß der Mond seine bekannten Fünf-Grad-Maximalabweichungen beiderseits der Ekliptik ausführen konnte.
Der berühmte Aristoteles beschrieb übrigens die Modellierung der Sonnen- und Mondbahn bei Eudoxos auf folgende Weise: »Er nahm an, daß die Sonne wie auch der Mond sich in jeweils drei Sphären bewegen; die erste ist die Sphäre der Fixsterne, die zweite bewegt sich auf einem Kreis, der durch die Mitte der Sternbilder des Tierkreises geht, während die dritte Sphäre sich auf einem Kreis bewegt, der zum Tierkreis eine latitudinale Inklination aufweist; die Bahnneigung des Mondes besitzt dabei eine größere Inklination als die Sonne.«
Dieser kurze aristotelische Text, der unsere bisherigen Betrachtungen zum Weltmodell des Eudoxos prägnant zusammenfaßt, zeigt uns obendrein, daß sich in der griechischen Naturforschung jener Zeit bereits eine knapp und präzise formulierende Wissenschaftssprache entwickelt hatte, die mit Fachausdrücken von klarer Bedeutung arbeitete. Dadurch gewann diese Sprache zwar an Exaktheit, verlor jedoch deutlich an Allgemeinverständlichkeit – ein Problem, das noch immer im Bereich der öffentlichen Wissenschaft aktuell ist. Doch dies nur nebenbei. Das entscheidende Interpretationsproblem, das mit der multisphärischen Astronomie des Eudoxos gelöst werden sollte, war nicht der Lauf von Sonne und Mond, sondern die offenkundigen »Unregelmäßigkeiten« in den sichtbaren Planetenbewegungen. Aristoteles-Kommentator Simplikios formulierte diese wichtigste Problemstellung der gesamten griechischen Astronomie, die auch schon in dem Zitat des Wissenschaftshistorikers Geminos zum Ausdruck kam (siehe Seite 115). Seine Fragestellung sah so aus:
»Welche gleichmäßigen und geordneten Bewegungen müssen angenom-

men werden, damit die sichtbaren Erscheinungen der Planetenbewegung vollkommen gerettet werden können?«

Diese »Rettung der Phänomene« bei den Planeten, die als »göttliche und ewige Himmelskörper« keinesfalls, wie es der Augenschein zeigte, mehr oder weniger schnell übers Firmament schlingern konnten, war die zentrale Aufgabenstellung des Eudoxos-Modells. Anders gesagt: Eine Kombination völlig regelmäßiger Bewegungen auf den Äquatorpunkten der Sphären mußte schließlich die beobachtete Unregelmäßigkeit der Planetenbewegung ergeben. Eudoxos schaffte diese Aufgabe zumindest in einer guten Annäherung, indem er jeden der fünf bekannten Planeten (Merkur, Venus, Mars, Jupiter, Saturn) mit einer Kombination von vier Sphären ausstattete. Wie sahen die Bewegungen dieser Systeme von jeweils vier Kugelschalen aus?

Wiederum rotierte auch die jeweils erste und damit äußerste Schale eines »Planetensystems« synchron mit der Fixstern-Sphäre um die Himmelsachse, womit auf der Äquatorlinie die tägliche Bewegung des Planeten simuliert war. Auch die zweite Sphäre, die nächstkleinere Kugelschale, bildete in der bekannten Weise den Jahreslauf des Planeten entlang des Tierkreises ab: Sie drehte sich also, die Rotationsachse senkrecht auf der Ekliptik-Ebene stehend, mit einer Geschwindigkeit, die dem beobachteten Umlauf des Planeten entsprach. Als unterschiedliche Umlaufzeiten für die fünf Planeten ergaben sich dabei folgende Werte: für Merkur und Venus jeweils ein Jahr, für den Mars zwei Jahre, für Jupiter zwölf und für Saturn dreißig Jahre.

So weit, so einfach. Doch nun galt es, mit einer dritten und vierten Sphäre die von der Beobachtung her erkannten Schleifen und Schlingen der Planetenbewegung aus regelmäßigen Kugelschalenbewegungen zusammenzusetzen: Eudoxos stellte dafür die Rotationsachse der dritten Schale in deutlicher Schräglage zu den Achsen der beiden ersten Sphären, das heißt, er legte diese Achse *in* die Ekliptik-Ebene, womit die Achsenpole auf der Ekliptik lagen. Damit konnte eine Bewegung quer zur Ekliptik erzeugt werden, je nach Bewegungsrichtung der dritten Schale entweder in nordsüdlicher oder in südnördlicher Richtung. Weil man zur Schlingen-und-Schlaufen-Bewegung entlang des Tierkreises aber beide Bewegungsrichtungen brauchte, wurde eine vierte Kugelschale mit einer ähnlich der dritten Achse geneigten »Querachse« ins Planetensystem eingebaut, die stets in der entgegengesetzten Richtung zur dritten Schale »zurückrollend« rotierte.

Als Umlaufzeiten für die dritten Schalen wählte Eudoxos dabei kürzere,

»synodische« Werte als bei den entsprechenden Zweitschalen, nämlich knapp vier Monate für den Planeten Merkur, 19 Monate für die Venus, knapp neun Monate für Mars und jeweils rund 13 Monate für Jupiter und Saturn. Im entgegengesetzten Drehsinn bewegte sich, wie schon gesagt, dann die vierte Schale. Welche Umlaufgeschwindigkeiten traten hierbei auf?

Leider muß man zur Beantwortung dieser Frage bereits eine gehörige Portion Verständnis für *relative* Geschwindigkeiten voraussetzen: Schale vier drehte sich nämlich im Planetensystem des Eudoxos-Modells rückläufig zu Schale drei mit der gleichen Relativgeschwindigkeit zu ihr, wie sie diese relativ zu Schale zwei besaß. Dadurch, daß die beiden Schalen drei und vier in den Drehachsen leicht gegeneinander geneigt waren, be-

Abbildung 7.1

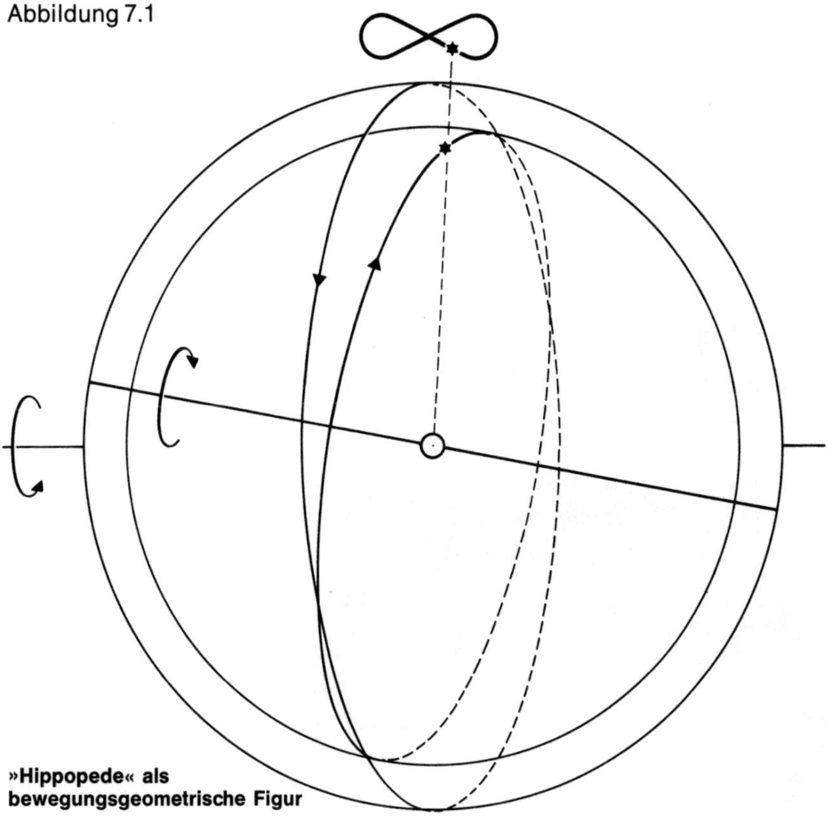

»Hippopede« als bewegungsgeometrische Figur

schrieb auf diese Weise ein Äquatorpunkt auf Schale vier eine kleine Achterschleife relativ zur zweiten Sphäre, die bekanntlich den Jahreslauf am Tierkreis entlang simulierte. Es ist leicht einzusehen, daß überhaupt keine Bewegung quer zur Ekliptik zustande gekommen wäre, wenn die dritte und vierte Kugelschale genau die gleiche Drehachsenrichtung erhalten hätte (Abbildung 7.1).

Während Abbildung 7.1 die Entstehung dieses Achterschleifchens, das die griechischen Wissenschaftler übrigens mit dem recht plastischen Ausdruck »Pferdefessel« (griechisch: *Hippopede*) benannten, als eine bewegungsgeometrische Kurve verdeutlicht, interpretiert Abbildung 7.2 die *Hippopede* als Schnittkurve an einem ringförmigen Drehkörper: Läßt

Abbildung 7.2

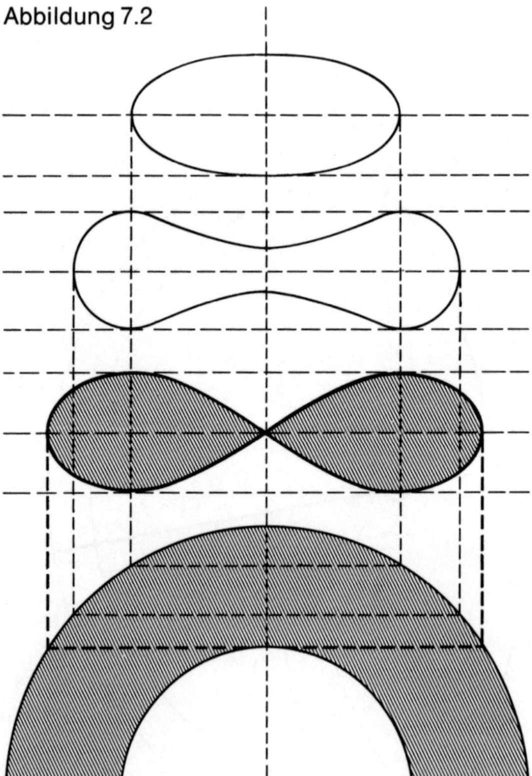

»Hippopede« als Schnittkurve

man einen Kreis um eine leicht exzentrische Achse rotieren, so entsteht ein ringförmiges Gebilde, das man durch Ebenen parallel zur Drehachse schneiden kann, wodurch sich gewisse Schnittkurven ergeben. Der Spezialfall einer solchen Schnittkurve ist die Achterschleife oder »Pferdefessel«.

Wie schon gesagt: Das Eudoxossche Kugelschalenmodell ergab eine gute Annäherung der sichtbaren Planetenbewegung am Firmament. Mit den damals gesammelten Beobachtungsdaten für die Bewegungen von Jupiter und Saturn stimmte die sphärische Bewegungskonstruktion ihrer Bahnen sogar fast nahtlos überein. Die sichtbare Marsbahn ließ sich dagegen nur zum Teil mit der Himmelsmaschinerie der rotierenden Sphären in Einklang bringen, und auch Merkur und Venus zeitigten relativ deutliche Darstellungslücken. Der deutlichste Nachteil der Planetentheorie des Eudoxos war jedoch, daß in diesem geozentrischen System kein Himmelskörper seine Entfernung von der Erde verändern konnte, obgleich doch aufgrund der wechselnden Helligkeit oder Größe die Beobachtungsergebnisse dafür sprechen mußten. Auch die schon den babylonischen Astronomen bekannte Tatsache, daß der Herbst mit seinen 89 Tagen und 19 Stunden und der Winter mit seinen 89 Tagen und 1 Stunde deutlich kürzer waren als der Frühling (92 Tage, 20 Stunden) und der Sommer (93 Tage, 14 Stunden), konnte im »kugelgelagerten« Kosmos des Eudoxos aus Knidos nicht plausibel gemacht werden.

Im folgenden sei daher gezeigt, wie die »Rettung der Phänomene« am Firmament auch noch mit anderen Theorien versucht worden ist, als wir sie mit dem Eudoxosschen Urmodell einer multisphärischen Astronomie kennengelernt haben, einem Modell, das übrigens von Kallippos aus Kyzikos und von Aristoteles noch kräftig weiterentwickelt wurde, um schließlich mit einem System von 55 rollenden Kugelschalen eine immer noch »etwas unreine« Sphärenharmonie zu produzieren.

8 Schnittmusterbogen für Planetenbewegungen

Arithmetik und Geometrie, Harmonik und Astronomie bildeten für die Pythagoreer das »Quadrivium« der zahlenbezogenen Künste, einen Fächerkatalog des mathematisierten Wissens »Mathemata«, dem sie sich in ihren Forschungen mit solcher Leidenschaft widmeten, daß die exakte Naturforschung unserer Zeit bisweilen noch immer pythagoreische Züge trägt. Wissenschaftstheoretisch gesehen ist dieser langwirkende Einfluß der Gefolgsleute des Pythagoras insofern bemerkenswert, als das damit geprägte Wissenschaftsverständnis stark *theologisch* gefärbt war: Die Göttlichkeit der Himmelskörper, die Ewigkeit des Universums und die Schönheit der Zusammenklänge bildeten die Grundlage von Überlegungen, die das Ausgangsmaterial der Hypothesen bestimmte, auf das man sich im Gelehrtenkreis geeinigt hatte.

So waren vor allem theologische Gründe maßgebend, daß die Gestirne nur ebenmäßig schöne Kreisbewegungen vollziehen konnten: Bei Eudoxos aus Knidos, Kallippos aus Kyzikos und Aristoteles ergaben sich diese gleichmäßigen, kreisförmigen und symphonen Bewegungen der göttlichen Gestirne aus der Rotation von Kugelschalen-Systemen, die allesamt mit der Erde ihren Mittelpunkt besaßen. Aber Aristoteles-Kommentator Simplikios gab schließlich doch zu bedenken:

»Die Astronomen um Eudoxos und Kallippos bis hin zu Aristoteles legten hypothetisch zurückrollende homozentrische Sphären zugrunde, um mit deren Hilfe die sichtbaren Erscheinungen der Planetenbewegung zu retten, waren dabei allerdings nicht in der Lage, mittels dieser Hypothe-

sen die Ursachen für Erdferne und Erdnähe und für das scheinbare Voraneilen und Zurückbleiben der Planeten anzugeben.«
Die späteren Astronomen Griechenlands hätten daher, so erläuterte Simplikios, die Hypothese der homozentrischen Sphären verworfen, um sie durch die Hypothesen der exzentrischen Kreise und Epizykel zu ersetzen, durch die Annahme von Großkreisen also, auf denen mitrotierende Kleinkreise wie Rädchen auf Rädern saßen: »Diese Hypothesen der Exzenter und Epizykel sind erstens einfacher als frühere [etwa die Sphären-Hypothese], weil sie nicht so viele Himmelskörper – die Sphären nämlich – künstlich ersinnen müssen, zweitens retten sie tatsächlich die Erscheinungen der Planetenbewegung«, vor allem, wie Simplikios meinte, indem sie die unterschiedlichen Entfernungen der Himmelskörper von der Erde richtig interpretierten.
Wir sagten bereits, daß die multisphärische Astronomie im Stil des Eudoxos zwar die sichtbaren Bewegungserscheinungen der Planeten Jupiter und Saturn recht überzeugend zu erklären vermochte, weitaus weniger zufriedenstellend allerdings die Phänomene der Bewegung von Merkur und Venus. Das waren jene Gestirne mit einer typischen Eigenbewegung gegenüber dem Fixsternhimmel, die wir heute mit Bezug auf das heliozentrische Weltsystem »*innere* Planeten« nennen, weil sie der Sonne stets näher stehen als unsere Erde. Schon die Babylonier erkannten übrigens die typischen Bewegungserscheinungen dieser sogenannten »inneren Planeten«, die sich von den »äußeren« dadurch unterschieden, daß sie niemals der Sonne gegenüber am Firmament standen, nie »in Opposition« (Abbildung 8.1). Ein innerer Planet ist von der Erde aus stets nur »in Konjunktion« zur Sonne sichtbar, wobei er, wie die Abbildung einleuchtend zeigt, in der unteren Konjunktion – verglichen mit der Sonnenbewegung – rückläufig wird, während ein äußerer Planet diese Rückläufigkeit in Opposition zeigt. Es sei noch einmal ausdrücklich darauf hingewiesen, daß die babylonischen Astronomen diese charakteristischen Unterschiede zwischen den inneren und äußeren Planeten natürlich nur aus ihren Zahlentabellen ablesen konnten: Ein kinematisches Modell zur Veranschaulichung der Bewegungsabläufe stand ihnen nicht zur Verfügung. Diese theoretische Meisterleistung schafften erst die Griechen, genauer gesagt: die Pythagoreer. Daß es ihnen auf solch überzeugende Weise gelang, verdankten sie allerdings ihren babylonischen Kollegen, auf deren beachtlich präzise Beobachtungsdaten sie zurückgreifen konnten.
Doch zurück zu den eigentlichen Bauplänen für die »Modell-Astrono-

mie« der Griechen: Neben der multisphärischen Astronomie à la Eudoxos wurden – zunächst ausdrücklich nur für die inneren Planeten Merkur, Venus und Sonne (auch sie war selbstverständlich im geozentrischen Weltsystem ein »Planet«) – die Epizykel-Hypothese und dann zusätzlich die Exzenter-Hypothese entwickelt. So ließ der Philosoph Platon den Pythagoreer Timaios im gleichnamigen Dialog ausführlich, wenn auch leider ziemlich »dunkel« erklären, warum »die Sonne, der Stern des Hermes (Merkur) und der Morgenstern (Venus) sich in regelmäßigem Wechsel überholen und voneinander eingeholt werden«: Merkur und Venus, so erläuterte Timaios, würden sich in einer der Sonne entgegengesetzten Epizykelbewegung um die Erde drehen und damit die – in unserem heliozentrischen System durch die »untere Konjunktion« des Planeten leicht erklärbare – doppelte Wende gegenüber dem Fixsternhimmel vollziehen (siehe Abbildung 8.1 oben).
Aber läßt sich denn – im »Besitz« eines heliozentrischen Weltbildes – überhaupt noch ein »modernes« Verständnis für diese den göttlichen Gestirnen angeblich so angemessene Epizykel-Hypothese der Pythagoreer erreichen? Selbstverständlich: Wir müssen dieses Modell dazu allerdings rein *kinematisch*, das heißt als lediglich mathematisch formulierbare Planetentheorie begreifen. Der Anspruch, als physikalischer Erklärungsmechanismus im Sinne der ionischen Aufklärung zu gelten, wurde in der pythagoreischen »Astronomenschule« ja niemals erhoben: Es ging vor allem um die Einfachheit und Schönheit des mathematischen Formelapparates bei der Beschreibung der Planetenbewegungen.
Das präzise Instrumentarium dafür, den »mathematischen Werkzeugkasten« gleichsam, hatte Apollonius aus Perge (etwa 265–190 v. Chr.) bereitgestellt, der als »Vater der Kegelschnitte« nicht gerade das beste Ansehen bei denen genießt, die sich an den weiterführenden Schulen noch immer mit den entsprechenden Kurvendiskussionen für Ellipsen, Parabeln und Hyperbeln herumplagen müssen. Apollonius benützte aber nicht die Kegelschnitte, die er in einem achtbändigen Werk mit 387 Lehrsätzen in aller Ausführlichkeit abhandelte, zur mathematischen Beschreibung der Planetenbewegungen – das geschah erst 18 Jahrhunderte später durch Kepler und Newton: Der Grieche bediente sich der vergleichsweise komplizierteren Epizykeln.
Außerdem zeichnete Apollonius den Sonnenlauf in einem exzentrischen Kreis um die Erde nach, was der Bewegung auf einer kreisähnlichen Ellipse (Kegelschnitt!) bereits sehr nahe kam. Die scheinbare Bewegung der Sonne relativ zum irdischen Zentralgestirn wurde auf diese Weise

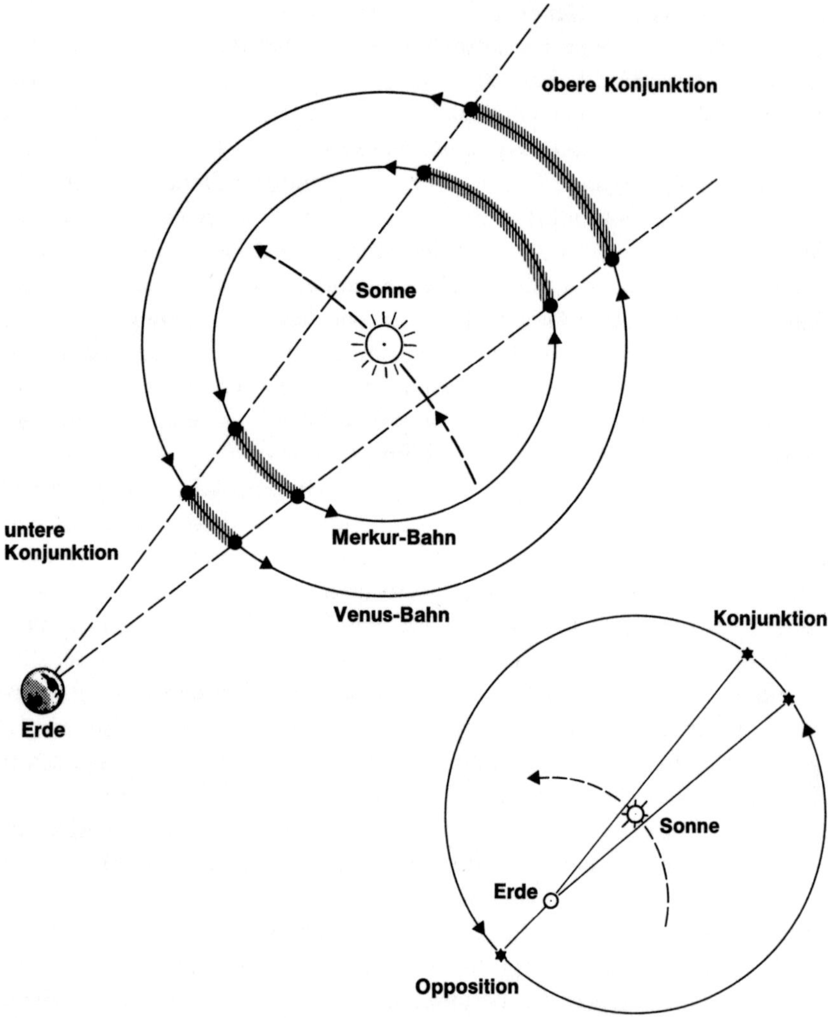

Abbildung 8.1: Merkur und Venus, die beiden »inneren« Planeten, die der Sonne stets näher sind als die Erde, stehen am Firmament niemals der Sonne gegenüber, sondern treten abwechselnd in Positionen, die »obere Konjunktion« und »untere Konjunktion« genannt werden: In der Nähe einer unteren Konjunktion wandert ein innerer Planet gegen die Sonnenbewegung, ist also rückläufig und beschreibt relativ zur Fixsternbewegung eine doppelte Wende (oben). Ein äußerer Planet ist dagegen in der Position der sogenannten »Opposition« rückläufig (rechts).

recht befriedigend erfaßt: Jedenfalls konnte diese Exzentrität der Sonnenbahn im Entwurf eines kinematischen Planetenmodells von Apollonius die unterschiedliche Dauer der vier Jahreszeiten durchaus überzeugend beschreiben.

Der Astronom Hipparch aus Nikäa (etwa 190–125 v. Chr.) knüpfte unmittelbar an den Modellentwurf des Apollonius mit seinen Epizykeln und Exzentern an. Zudem gab Hipparch nicht nur der Sonne, sondern jedem der Planeten eine Exzentrität der Umlaufbahn, wobei er den fiktiven Mittelpunkt des entsprechenden Großkreises für die Epizykeln auch noch um den Erdmittelpunkt kreisen ließ. Dieses System drückte zwar ein für die unmittelbare Anschauung ziemlich komplexes Ineinandergekreisel von Planetenbewegungen aus, war jedoch mathematisch bis hin zur letzten Bewegungsschleife der Gestirne exakt formulierbar.

Allein dieser Aspekt der *vollständigen mathematischen Beschreibbarkeit* zählte für die »Weltanschauung« des Hipparch: Die theologischen Argumente der Pythagoreer mit ihrem Glaubenssatz, die Himmelskörper könnten wegen ihrer göttlichen Natur nur die reine Kreisbahn beschreiben, waren für ihn genausowenig verbindlich wie ihr Ökonomieprinzip, nach dem gefordert wurde, daß es möglichst wenige Kreisbewegungen sein sollten. Ebensowenig brauchte sich Hipparch um die Spekulationen des zum »Religionsverächter« abgestempelten Aristarch zu kümmern, der bekanntlich bereits die Sonne in den Mittelpunkt seines Weltmodells gesetzt hatte (siehe Seite 118): Während Hipparch in seinem System eine für jene Zeit erstaunlich genaue Wiedergabe der vorliegenden Beobachtungsdaten erreichte, mangelte es dem heliozentrischen System des Aristarch offensichtlich doch zu sehr am letzten mathematischen Schliff, um von Hipparch überhaupt in Erwägung gezogen zu werden.

Hipparch entschied sich für das geozentrische Epizykel-und-Exzenter-Modell, weil einfach die mathematische Apparatur »stimmte«. Mythische und mystische Vorstellungen der Pythagoreer waren für ihn genausowenig akzeptable Argumente wie die »unreifen«, das heißt mathematisch nicht genau durchdachten Spekulationen des Aristarch aus Samos, der vom griechischen Historiker Plutarch im ersten nachchristlichen Jahrhundert ein »Religionsverächter« genannt wurde.

»Hänge uns nur keinen Prozeß wegen Unglaubens an den Hals, Teuerster«, kann man bei Plutarch nachlesen, »wie es einst Kleantes wollte, als er ganz Griechenland aufforderte, den Samier Aristarch als Religionsverächter anzuklagen, da er das heilige Weltzentrum verschob, indem er, um die Himmelsphänomene zu retten, den Fixsternhimmel feststehen und die Erde auf einem gegen den Himmelsäquator geneigten Kreis sich bewegen und zugleich um ihre Achse drehen ließ!«

Es sollte uns daher nicht verwundern, daß die griechische Astronomie ihren glanzvollen Höhepunkt schließlich in einem mathematisch überaus genauen, wenn auch mechanisch kaum einleuchtenden Weltmodell fand, im geozentrischen System des Claudius Ptolemaios aus Alexandria (etwa 90–168 n. Chr.): Da auch dieses »Ptolemäische System« der Planetenbewegung lediglich rein kinematisch »maßgeschneidert« war, als durch und durch mathematischer »Schnittmusterbogen« mit exzentrisch zur Erde gelagerten Kreisen und einer riesigen Anzahl von Epizykeln, der nicht nur die gesammelten Beobachtungsdaten in geschmeidig angepaßten Kurvenzügen erfaßte, sondern bereits gute Voraussagen über künftige Positionen der Wandelsterne erlaubte, lag überhaupt keine Veranlassung vor, zum heliozentrischen System des Aristarch zurückzukehren.

Die in dem Hauptwerk des Ptolemaios, der *Syntax Mathematicae,* beschriebene Planetentheorie wurde bekanntlich das verbindliche Weltmodell bis ins Zeitalter der Renaissance: Erst im späten zwölften Jahrhundert wurde die *Syntaxis* aus der arabischen Version ins Lateinische übersetzt, in die Wissenschaftssprache jener Zeit also. Zuvor zitierte man das Werk als *Megali Syntaxis* in der griechischen oder als *Almagest* in der arabischen Ausgabe.

Der letzte bedeutende Astronom, der sich nach Kopernikus (1473–1543) noch dem Ptolemäischen Werk in der Planetentheorie verpflichtet fühlte, war übrigens Keplers Lehrer Tycho Brahe (1546–1601), der schärfste Beobachter des Sternenhimmels mit dem unbewaffneten Auge. (Er erreichte eine Beobachtungsgenauigkeit von zwei Bogenminuten, während das Ptolemaios zur Verfügung stehende Datenmaterial im Genauigkeitsbereich von rund zehn Bogenminuten lag.) Im Weltmodell dieses dänischen Astronomen drehten sich zwar bereits alle Planeten mit Ausnahme der Erde um die Sonne, diese Sonne jedoch – zusammen mit dem Mond und der Fixstern-Sphäre – um die ruhende Erde als dem Zentrum des Universums (Abbildung 8.2).

Doch werfen wir zumindest einen kurzen Blick auf die gedankliche Konstruktion des Ptolemäischen Systems, das immerhin, wie schon gesagt, ziemlich gute Voraussagen über künftige Planetenpositionen erlaubte: Anhand der Abbildung 8.3 wollen wir dazu Paul Lorenzen die Grundgedanken für die Bewegung eines inneren Planeten erläutern lassen. In seinem bereits genannten Büchlein *Die Entstehung der exakten*

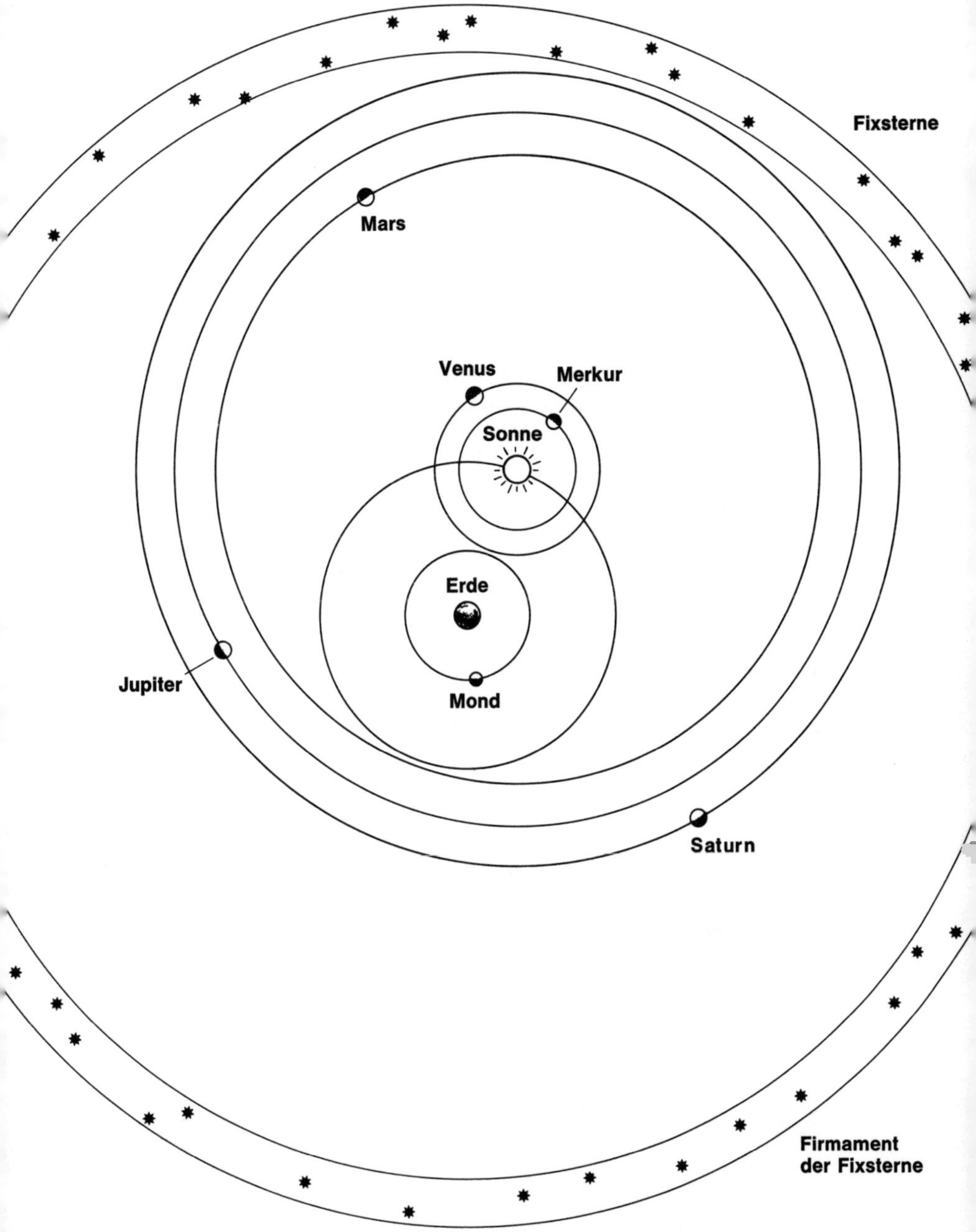

Abbildung 8.2: Im Weltmodell des dänischen Astronomen Tycho Brahe, der sich auch nach Kopernikus noch dem Ptolemäischen System verpflichtet fühlte, drehten sich alle Planeten mit Ausnahme der Erde um die Sonne, aber diese Sonne zusammen mit dem Mond und der Fixstern-Sphäre um die ruhende Erde als Zentrum des Universums.

Wissenschaften heißt es zum Epizykel-und-Exzenter-Weltmodell des Ptolemaios:
»Die Planetenbahnen sind nach Ptolemaios folgendermaßen zu bestimmen: Es wird zunächst ein exzentrischer Kreis, der ›Deferent‹, um die Erde konstruiert. Der Mittelpunkt sei Z. Auf der Peripherie des Kreises bewegt sich ein Punkt M, um den der Planet in einem kleinen Kreis läuft. Wählen wir M als Sonne, so ist das für einen inneren Planeten auch nach unserer Theorie angenähert richtig. Der Abweichung, die dadurch entsteht, daß die Erde, wie auch die Planeten, keine Kreise, sondern nur kreisähnliche Ellipsen durchlaufen, wurde weitgehend durch die Exzentrität Rechnung getragen. Ja, Ptolemaios ging so weit, M nicht gleichförmig kreisen zu lassen, sondern führte einen Punkt P (*punctum aequans*) ein – und zwar so, daß Z die Strecke $\overline{\text{P – Erde}}$ halbierte – und

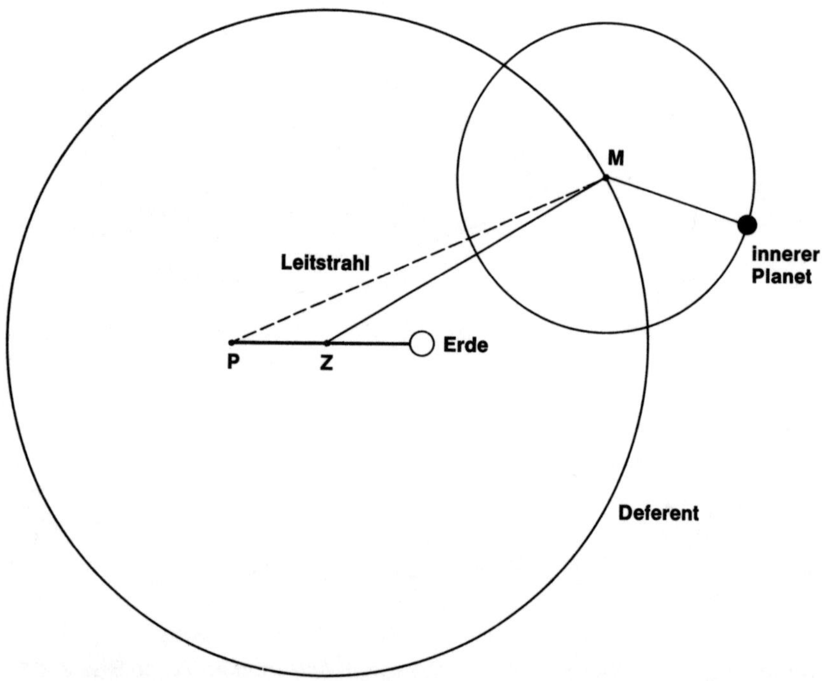

Abbildung 8.3: Im geozentrischen Epizykel-und-Exzenter-Weltmodell des Ptolemaios vollzog sich der Bewegungslauf eines inneren Planeten nach einem ziemlich komplizierten Mechanismus.

ließ M sich ungleichförmig so bewegen, daß der ›Leitstrahl‹ PM gleichförmig rotierte.«

Auf diese Weise hat der Radius des exzentrischen Kreises um die Erde, des sogenannten »Deferenten«, für einen inneren Planeten also stets die Richtung Erde – Sonne, das heißt in Richtung der *Beschleunigung der Erde,* wenn wir dieses kinematische System nicht klassisch-pythagoreisch, sondern physikalisch im »modernen« galileisch-newtonschen Sinne betrachten: Solange man, wie etwa Ptolemaios das tat, den Zustand der ruhenden Erde als etwas Besonderes, als »das Natürliche« ansah, war dieser bemerkenswerte Sachverhalt nicht von Bedeutung. Erst viele Jahrhunderte später, als der wohl größte Physiker der Wissenschaftsgeschichte, Isaac Newton (1642–1727) erkannte, daß der Zustand der Ruhe – physikalisch gesehen – nichts Ausgezeichnetes war, richtete sich das Augenmerk klar auf diese Richtung der Erdbeschleunigung, auf die Richtung Erde – Sonne also, die schon im Bewegungssystem des Ptolemaios eine vielleicht gar nicht so »zufällige« Auszeichnung erfahren hatte. Doch davon später mehr.

Für Ptolemaios war seine Planetentheorie jedenfalls allein dadurch gerechtfertigt, daß sie eine mathematisch korrekte Beschreibung der Planetenbewegungen lieferte und einigermaßen genaue Voraussagen künftiger Planetenpositionen erlaubte. Zu Recht schrieb daher Edmund Hoppe in seinem Buch *Mathematik und Astronomie im klassischen Alterum* (1911):

»Daß ein solches kompliziertes System schwerlich der wirklichen Natur der Himmelskörper entsprechen würde, hat Ptolemaios selbst geahnt, indem er gesteht, daß es kein Mittel gebe, die wahre Lage und Entfernung zu bestimmen. Er verfolge nur den Zweck, die Bewegung begreiflich und berechenbar zu machen. Ebenso unzweideutig lehnt er in seinen Hypothesen der Planetenbewegungen ab, daß er das ›wirklich zugrunde Liegende‹ erforscht habe.«

Halten wir also fest: Gegenüber dem mechanisch zwar einleuchtenderen Kugelschalen-Weltmodell des Eudoxos brachten die Exzenter und Epizykeln neben einer höheren Genauigkeit der Beschreibung zweifellos den praktischen Vorteil, daß man mit ihnen die Planetenbewegungen in der Ebene betrachten und berechnen konnte. Und für eine rein kinematische Planetentheorie, für ein von mechanischem Denken völlig unbelastetes hypothetisches Rechenmodell hatte dies zweifellos seinen Nutzen – wenn auch das alte Ideal der »wahren« Astronomie Platons, wo »die Dinge am Himmel beiseite gelassen« werden sollten, damit deutlich verletzt wurde

(Seite 123). So schrieb denn auch Proklos (410–485), einer der letzten bedeutenden Vertreter des philosophischen Neuplatonismus, ziemlich resignierend:
»Der große Platon, mein Freund, fordert vom wahren Philosophen, die sinnlichen Wahrnehmungen und das gesamte sich unstet wandelnde Sein beiseite zu lassen und jenseits des sichtbaren Himmels Astronomie zu betreiben, dort die wahre Langsamkeit und Schnelligkeit an sich in ihren wahren Zahlenverhältnissen zu betrachten. Von diesem Schauen will man uns, wie mir scheint, wieder herabziehen zu den Umläufen am sichtbaren Himmel und zu den Beobachtungen jener Astronomen und zu den Hypothesen, die von ihnen aus diesen künstlich konstruiert worden sind – Hypothesen, die ein Aristarch, Hipparch und Ptolemaios und andere dieser Leute ständig im Munde führen.«
Doch das war eher die Stimme des hehren Philosophen als des – zumindest bisweilen – auch praktisch denkenden Astronomen jener Zeit. Denn wie John D. Bernal in seiner *Science in History* treffend ausführte, nahm die griechische Astronomie eine überaus fruchtbare Position zwischen theoretischer Erkenntnis und praktischem Handeln ein. Der irische Physiker beschrieb die damit verbundenen Auswirkungen wie folgt:
»Das Studium der Astronomie nahm eine Mittelstellung zwischen Theorie und Praxis ein. Die Astronomie war nach Plato die Untersuchung einer idealen Welt am Himmel, die der Würde der dort lebenden Götter entsprach. Alle Abweichungen, die man am wirklichen Himmel beobachtete, durften nicht beachtet oder mußten wegdiskutiert werden. Andererseits machte es die dem Himmel zugeschriebene Bedeutung erforderlich, die Stellung der Sterne und insbesondere die der Planeten genau zu kennen, und zwar im voraus, wenn überhaupt Hoffnung bestehen sollte, den Voraussagen der Astrologie entrinnen zu können. Als Folge dieser beiden Tendenzen war die hellenistische Astronomie – der einzige Teil der griechischen Wissenschaft, der uns vollständig erhalten geblieben ist – vor allem damit beschäftigt, immer kompliziertere Schemata aufzustellen, die den Beobachtungen Rechnung trugen, ohne jedoch dabei den Postulaten der Einfachheit und Schönheit zu widersprechen. Dieses Streben förderte sowohl die Entwicklung der Mathematik als auch der physikalischen Beobachtungen. Man kann sagen, daß die Astronomie fast bis in unsere Zeit gleichsam den Schleifstein darstellte, an dem alle Werkzeuge der exakten Wissenschaft geschärft wurden.«
In den Zeiten der griechischen Astronomie wurde an diesem »Schleifstein« in der Tat so manches »Messer« gewetzt, das den Vertretern der

exakten Zunft in den folgenden Generationen als wissenschaftliches Schnitzwerkzeug zur Verfügung stand: Da war zum Beispiel von dem alexandrinischen Bibliothekar Eratosthenes (276–194 v. Chr.) eine verblüffend einfache Meßmethode für die Größenbestimmung der Erde entwickelt worden. In zahlreichen Büchern zur Wissenschaftsgeschichte ist dieses Verfahren des Eratosthenes erwähnt, aber leider meist nur sehr oberflächlich erläutert. Es lohnt sich daher, diese bibliothekarische Erdvermessung »vom Schreibtisch aus« einmal etwas ausführlicher zu betrachten: Eratosthenes, der »Bücherwurm« aus der berühmten Bibliothek zu Alexandria, hatte diese bewunderungswürdige Erdvermessung als typisch griechische Kopfarbeit unter Ausnutzung der ihm zur Verfügung stehenden Archivmaterialien entwickelt. Er operierte weder eigenhändig mit komplizierten Meßinstrumenten noch stand ihm eine Schar von wissenschaftlichen Mitarbeitern zur Verfügung, die er als Meßtrupps durchs Niltal gehetzt hätte. Nein: Für seine geographische »Maßarbeit« nutzte er lediglich mit großem Geschick die Dokumente, die ihm bereits in der Bibliothek zur Verfügung standen – als systematisch gesammeltes Beobachtungsmaterial »aus der Regalwand« gleichsam.

Seine »Informationsbank« lieferte ihm dafür zunächst Berichte über ein vielbestauntes Geschehnis, das sich Jahr für Jahr in der oberägyptischen Stadt Syene ereignete – dem heutigen Assuan, wo der gigantische Nilstaudamm steht: Zur Mittagszeit am Tag der Sommersonnenwende spiegelte sich dort die Sonne im tiefsten Brunnen der Stadt. Sie stand also zu diesem Zeitpunkt genau senkrecht über Syene, »im Zenit«, wie die Astronomen sagen, und warf damit nicht den geringsten Schatten. Diese überaus bemerkenswerte »Zenitdistanz Null« der Sonne hing natürlich mit der geographischen Breitenlage Syenes zusammen: Die Stadt lag – zufällig(?) – genau auf dem sogenannten »Wendekreis des Krebses« der Sonne. (Vermutlich wurde diese Stadt genausowenig »per Zufall« an eben dieser Stelle von den sonnenkundigen Baumeistern errichtet wie Stonehenge an der ausgezeichneten Position auf den Hügeln von Wiltshire.)

Zur gleichen Mittsommerzeit zur Mittagsstunde, als sich die Sonne im oberägyptischen Brunnen spiegelte, warf sie im gut 800 Kilometer nördlich von Syene gelegenen Alexandria, an der Arbeitsstätte des Eratosthenes, einen kleinen, meßbaren Schatten: Ihre mittägliche Zenitdistanz betrug am Tag der Sommersonnenwende, wo der tiefe syenische Brunnenschacht schattenlos ausgeleuchtet war, rund 7,2 Grad, etwa ein Fünfzigstel des vollen Kreisumfangs von 360 Grad. Glücklicherweise lag

Syene genau südlich von Alexandria, das heißt auf dem gleichen Längengrad oder »Meridian« – ein Umstand, der natürlich geographisch durch den Verlauf des Nilstroms bedingt war: Für seine Rechenaufgabe mußte der Bibliothekar jedenfalls annehmen, daß beide Städte ungefähr auf dem gleichen Großkreis der »Erdkugel« lagen, um eine mißliche Zeitdifferenz bei diesem Schattenvergleich auszuschließen.

Nun brauchte der eifrige Bibliothekar nur noch einen einigermaßen korrekten Erfahrungswert über die tatsächliche Entfernung der beiden Städte auf diesem Großkreis: Dazu benutzte Eratosthenes vermutlich altägyptisches Kartenmaterial der Priester-Geometer, Aufzeichnungen der ptolemäisch-königlichen Wegmesser seiner Zeit und Heeresberichte über militärische Übungsmärsche durchs Niltal – sein oberster Dienstherr, der mächtige Ptolemaios III. Euergetes, war sein Gönner, so daß es diesbezüglich keine »Informationslücken« gab. Schließlich rechnete Eratos-

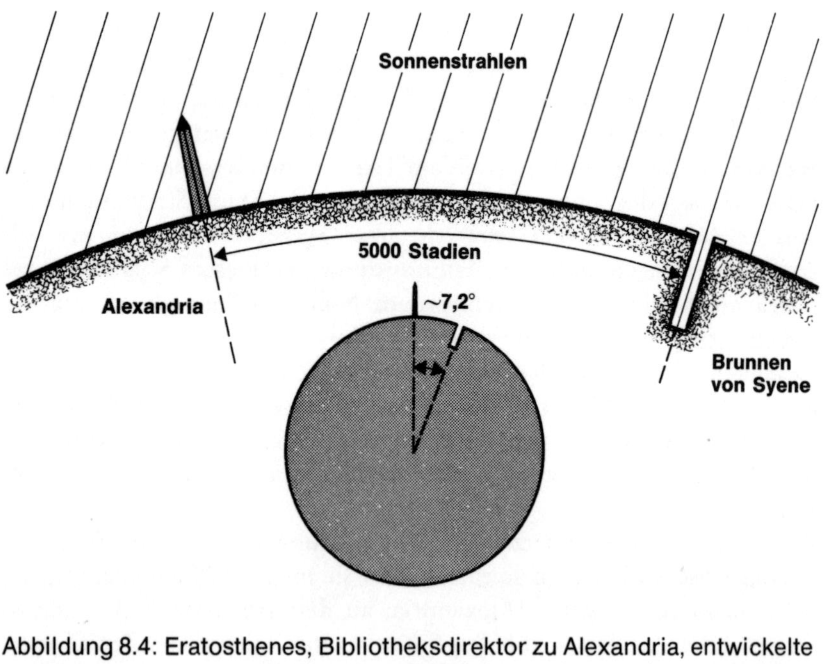

Abbildung 8.4: Eratosthenes, Bibliotheksdirektor zu Alexandria, entwickelte am Schreibtisch eine wirkungsvolle Methode zur Größenbestimmung der Erde. Die dazu erforderlichen Meßdaten lieferte ihm das Archiv seiner Bibliothek.

thenes mit einem glatten Näherungswert von 5 000 Stadien, einem Wert, der vermuten läßt, daß er bestimmt keine eigenen Messungen vornahm oder ausführen ließ.

Nahm Eratosthenes nun noch an, daß das Sonnenlicht aufgrund der beträchtlichen Entfernung dieses Himmelskörpers von der Erde sowohl in Alexandria als auch in Syene in parallelen Strahlenbündeln einfiel, so ließ sich mit Hilfe dieses Zahlenmaterials tatsächlich ganz leicht eine überschlägige Berechnung des Erdumfangs anstellen, die in der Größenordnung ungefähr bei 40 000 Kilometer lag (Abbildung 8.4). Ein exakter Zahlenwert kann allerdings nicht mehr rekonstruiert werden: Daher ist Mißtrauen angebracht, wenn in manchen Büchern behauptet wird, Eratosthenes habe den uns heute bekannten Wert von rund 40 077 Kilometer praktisch fehlerfrei (± 50 Kilometer) ermitteln können. Die Berechnung des alexandrinischen Bibliothekars läßt sich nämlich auf beliebige Weise »frisieren«, um dem uns heute bekannten Wert nahezukommen.

Die einfachste »Milchmädchenrechnung« dieser Art kann zum Beispiel so aussehen: Die Entfernung Alexandria–Syene betrug runde 800 Kilometer, was einem Fünfzigstel des Großkreises entsprach. Also ergab sich für den gesamten Meridian der fünfzigfache Wert von 40 000 Kilometer. Zurückgerechnet würde sich daraus ein Wert von rund 160 Meter pro Stadion-Einheit ergeben, weil Eratosthenes die Entfernung der beiden Städte mit 5 000 Stadien kalkulierte.

Zur Zeit des bibliothekarischen Erdvermessers in Ägypten waren jedoch wenigstens vier verschiedene Stadion-Werte als Längenmaß in Gebrauch – das griechische Stadion mit rund 185,14 Meter, das königlich-ptolemäische Stadion mit 221,6 Meter, das vulgär-ptolemäische Stadion mit 189,94 Meter und das kleine pharaonische Stadion mit 174,5 Meter. Die 50 mal 5 000 gleich 250 000 Stadien für den gesamten Meridian, der durch Alexandria und Syene verlief, ergaben daher für die Berechnung des Erdumfangs auf jeden Fall die folgenden vier Werte, die allesamt deutlich über 40 000 Kilometer lagen:

46 280 Kilometer (griechisch)
55 400 Kilometer (königlich-ptolemäisch)
47 485 Kilometer (vulgär-ptolemäisch)
43 625 Kilometer (klein-pharaonisch)

Welches dieser Maße könnte Eratosthenes benutzt haben? Vermutlich doch das griechische Stadion: Das würde zwar besagen, daß er sich mit seiner Kalkulation um gute 15 Prozent nach oben verrechnet gehabt hätte, aber dennoch in der richtigen Größenordnung lag. Seinen Zeitgenossen und sogar den nachfolgenden Generationen der griechischen Geographen und Astronomen erschien sein Zahlenwert allerdings entschieden zu groß. Selbst der berühmte Claudius Ptolemaios akzeptierte lediglich einen Wert in der Größenordnung von rund 30 000 Kilometer, der vermutlich auf Poseidonios aus Apameia (etwa 135–50 v. Chr.) zurückgeht: Dieser »Allrounder« unter den Naturforschern seiner Zeit hat – außer durch seine falsche Berechnung für den Erdumfang – vor allem durch eine höchst erfolgreiche Popularisierung der Astrologie in den Verlauf der Wissenschaftsgeschichte eingegriffen. Sein verhängnisvoller Einfluß hinsichtlich der Erstellung von dümmlichen Horoskopen ist noch bei Kepler spürbar. (Diese kritische Bemerkung gilt natürlich nur für den wissenschaftlichen Bereich. Sonst wird die Astrologie weitgehend geduldet oder gläubig akzeptiert: Diese Scharlatanerie wird sich behaupten können, solange es Menschen gibt.)

Doch sehen wir uns hier lieber die falsche Erdmessung des Poseidonos an, die sogar dazu beigetragen hat, daß Kolumbus im Jahr 1492 den westlichen Seeweg nach Indien suchen durfte und dabei Cuba und Haiti entdeckte: Hätten seine spanischen Auftraggeber nicht den durch Ptolemaios vermittelten Poseidonios-Wert, sondern den des Eratosthenes gekannt – das Flaggschiff *Santa Maria* wäre wohl nie über den Atlantik gesegelt.

Wie schon erwähnt, orientierten sich die griechischen Seeleute bei ihren Zielhafen-Bestimmungen vor allem an der Durchgangshöhe des hellen Sternes Canopus (siehe Seite 148): Poseidonios benützte daher den Unterschied in der Zenit-Distanz dieses Canopus im Hafen von Alexandria und auf der Insel Rhodos, der ein Achtundvierzigstel des vollen Kreisumfangs betrug, für seine Rechnung. Ähnlich wie Alexandria und Syene lagen Alexandria und Rhodos auf dem gleichen Meridian. Zu jener Nachtstunde, in der Canopus auf Rhodos genau den Horizont erreichte, stand er in Alexandria noch 7,5 Grad (360/48) über dem Himmelsrand.

Zwei Gründe waren es wohl vor allem, die das Ergebnis verfälscht haben: Poseidonios dürfte zunächst bei seiner Kalkulation die Verschiebung des Sternortes in Horizontnähe durch die Brechung des Sternenlichts in der Erdatmosphäre vernachlässigt oder zumindest unterschätzt haben. Außerdem war es in diesem Fall noch schwieriger als bei der Modellrechnung des Eratosthenes, die korrekte Entfernung – über See! – zwischen den beiden Beobachtungsstationen auf dem Meridian zu bestimmen.

Wenn man mit John D. Bernal die griechische Astronomie als »Schleifstein« ansieht, »an dem alle Werkzeuge der exakten Wissenschaft geschärft wurden«, so sollte man keinesfalls den Mann vergessen, den wir bereits als »Vater des heliozentrischen Weltsystems« kennengelernt haben, Aristarch aus Samos (etwa 320–250 v. Chr.); denn er stellte auch die ersten methodisch richtigen Berechnungen an über Größe und Abstand von Sonne und Mond.

Dabei maß, rechnete und schloß er folgendermaßen: Wenn einem irdischen Beobachter der Mond genau halberleuchtet erscheint, dann bilden Erde, Mond und Sonne ungefähr ein rechtwinkliges Dreieck (siehe Abbildung 8.5). Wie Aristarch selbst notierte, steht in diesem Fall der Mond »um den dreißigsten Teil eines Quadranten (90°) weniger als ein Quadrat von der Sonne entfernt«, das heißt, der entsprechende Winkel hat die Größe 87° (90 – 90/30). Daraus folgerte Aristarch, daß der Abstand Erde–Sonne größer sein muß als das Achtzehnfache und kleiner als das Zwanzigfache der Distanz Erde–Mond. Dieses deutlich falsche Ergebnis – die tatsächliche Entfernung der Sonne von der Erde entspricht ungefähr dem vierhundertfachen Abstand Erde–Mond – ist jedoch kein Argument gegen die prinzipielle Richtigkeit des Aristarchschen Verfahrens, die Distanz der Himmelskörper zu messen. Die damalige Meßgenauigkeit war nur viel zu gering, um auch nur ein angenähert korrektes Ergebnis zu erhalten.

Ähnliches gilt für die Durchmesserberechnungen dieser Gestirne, die Aristarch anhand von Verfinsterungen anstellte: Der griechische Astronom errechnete den Sonnendurchmesser mit etwa dem siebenfachen Wert des Erddurchmessers – zwischen 19/3 und 43/6 – und den Monddurchmesser auf ein knappes Drittel dieses Wertes – zwischen 43/108 und 19/60. In Wirklichkeit hat die Sonne einen mehr als hundertmal größeren Durchmesser als die Erde, während Aristarchs lunarer Meßwert (Erddurchmesser: rund 12 756 Kilometer, Monddurchmesser: rund 3 470 Kilometer) den Tatsachen relativ sehr nahe gekommen war.

Immerhin bewog wohl nicht zuletzt der ziemlich große Sonnenwert seiner Messungen Aristarch zu der Annahme, daß sich die Erde um die Sonne drehe – eine Hypothese, die aufgrund unserer Betrachtungen weitaus weniger »revolutionär« erscheinen wird, als sie vielfach angesehen wird. Ein Zeitgenosse des geozentrischen Mathematik-Ideologen Hipparch aus Nikäa jedenfalls, Seleukos aus Seleukia (geboren um 190 v. Chr.), übernahm das heliozentrische System des Aristarch und benutzte es zur physikalisch korrekten Erklärung der Gezeiten: Die Stärken von Ebbe und

Flut, so erläuterte Seleukos, seien nicht nur auf die Einwirkungen des Mondes zurückzuführen, sondern hingen auch von den verschiedenen Stellungen des Mondes zur Sonne ab.

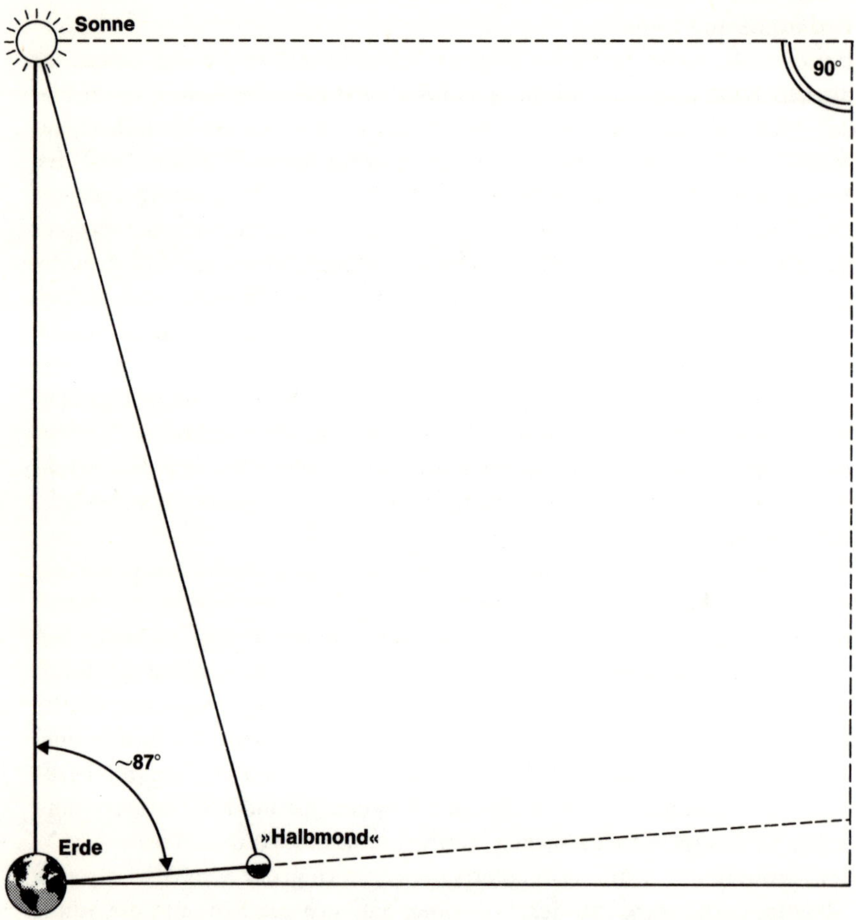

Abbildung 8.5: Aristarch aus Samos, der vor allem als »Vater des heliozentrischen Weltsystems« Berühmtheit erlangt hat, stellte die erste methodisch richtige Berechnung an über Größe und Abstand von Sonne und Mond: Der Ausgangspunkt seiner Überlegung war dabei, daß Erde, Mond und Sonne ungefähr ein rechtwinkliges Dreieck bilden, wenn einem irdischen Beobachter der Erdtrabant als Halbmond erscheint.

So kam es, daß trotz der unbestrittenen Vormachtstellung der rein kinematisch argumentierenden, mathematisch gesonnenen Planetentheoretiker auch immer wieder »physikalisch« im Stil der ionischen Naturphilosophie argumentiert wurde, wenn es darum ging, himmlische und irdische Phänomene gleichermaßen zu erklären: Was in der griechischen Wissenschaft nach den bahnbrechenden Forschungen der Ionier und der Pythagoreer über die nun ausführlich geschilderte Astronomie der Sphären, Exzenter und Epizykeln hinaus an physikalischen Erkenntnissen erarbeitet worden ist, soll der folgende Bericht zeigen.

9
Aristoteles – ein ehrenwerter »Physikos«

Schon in der Altsteinzeit wurde die Pfeil-und-Bogen-»Maschine« erfunden, die nach Ansicht von Lewis Mumford »ein so einzigartiges, spezifisches Produkt des menschlichen Geistes wie die Wurzel aus minus eins« darstellt. Die schwingende Bogensehne dieses Instruments war es dann auch, die Pythagoras benutzte, um ihr – als Saite aufs Monochord gespannt – die symphonen Klänge seiner Harmonielehre zu entlocken: Dazu verkürzte er die Saite um die Hälfte, um zwei Drittel und drei Viertel, was den Zahlenverhältnissen der Oktave, der Quinte und der Quarte entsprach. Am Anfang der pythagoreischen Harmonik stand also das Experiment mit einer einfachen Maschine, wenn auch für die theoretische Begründung dieser Wissenschaft schließlich das gesamte Erfahrungsmaterial beiseite geschoben wurde.
Der diesem Pfeil-und-Bogen-Instrument wiederum eng verwandte Bogenbohrer, der bereits die Erzeugung einer kontinuierlichen Drehbewegung erlaubte, entwickelte sich dann zum Ahnen einer der wichtigsten nichtmenschlichen Maschinen in der antiken Technik – der heute noch unentbehrlichen Drehbank.
Diese Maschine wird bei vielen historischen Betrachtungen in ihrer Bedeutsamkeit gegenüber einer Erfindung unterschätzt, die ins dritte bis vierte Jahrtausend vor unserer Zeitrechnung zurückgeht, als die Sumerer nach Mesopotamien kamen, gegenüber dem Rad, genauer gesagt: gegenüber dem Räderkarren. Erst das wesentlich später entwickelte *Speichenrad* am Streitwagen, das bereits einer mechanisch sorgfältigen Stell-

macherarbeit bedurfte, spielte die vertraut symbolträchtige Rolle zum Beispiel als Sonnenkreuz, Hakenkreuz, Monatszyklus oder Glücksrad. Die Drehbank war jedoch, wie schon erwähnt, von größter praktischer Bedeutung für die Herstellung aller rotierenden Maschinenteile, von Rädern und Scheiben, Walzen und Achsen. Der Bronzeguß durch Wachsabschmelzen und das Metallstanzen, das zunächst nur beim Prägen von Münzen angewendet wurde, stellten weitere praktisch bedeutsame Techniken des antiken Griechenland dar.

Auch hier läßt sich wieder ein Bezug zur Musiktheorie der Pythagoreer herstellen: Im fünften vorchristlichen Jahrhundert soll Hippasos aus Metapont Bronzescheiben von unterschiedlicher Dicke – ein Schlagwerkzeug, das von den Musikern inzwischen »Becken« oder »Cinelli« genannt wird – erklungen lassen haben. Dabei konnte Hippasos die gemessene Stärke der Bronzescheiben, die in symphonen Klängen vibrierten, wiederum mit den Zahlenverhältnissen von Oktave, Quinte und Quarte in Verbindung bringen. Während sich bei Pythagoras diese Zahlenwerte in der unterschiedlichen Länge einer Bogensehne »technisch realisierten«, erfolgte diese Manifestation bei seinem jüngeren »Glaubensbruder« durch die verschieden dicken Metallteller.

Der Gebrauch von einfachen technischen Maschinen oder von auf solchen Maschinen gefertigtem Gerät gab also zumindest den Anstoß für die theoretischen Gedankengebäude eines Anaximander, der die Erde als zylindrische Walze oder Säulentrommel betrachtete, eines Eudoxos, der die Sphären des Himmels als Kugelschalen rotieren ließ, oder eines Apollonius, der mit seinen Epizykeln gleichsam kleine Räder auf große Räder setzte und sie zum Ineinanderkreiseln brachte. Beobachtung, Experiment und maschinelle Fertigung bereiteten in jedem Fall ein Erfahrungsmaterial auf, an dem sich dann das logische und abstrakte »Nachdenken« der antiken Grübler Griechenlands entflammen konnte: Dazu zählten die babylonischen Tabellenwerke über die Beobachtungen der sichtbaren Sternbewegungen in gleicher Weise wie die maschinell gedrechselten Spindeln und die akkurat gedrehten Zylinderachsen und Kugelköpfe griechischer Handwerkskunst. Nicht diese Produkte technischer Fertigung traf daher die Verachtung der Geistesarbeiter – es waren der Arbeitsprozeß und die Menschen, die ihn ausführten.

Doch selbst die astronomische Theorie des strengen »Idealisten« Platon, im Dialog vom Staat »Spindel-und-Wirteln-Modell« in reichlich dunklen Andeutungen skizziert, gewinnt auf dem Hintergrund der antiken Technik bisweilen durchaus anschauliche Züge: Da Platon bekanntlich eine »ideale« Astronomie als rein theoretische Kinematik vorschwebte, als harmonische Bewegungslehre geometrischer Körper im Raum, können dem Leser konkrete Modellbilder beim Verständnis seiner Ausführungen zumindest als nützliche »Anschauungskrücken« weiterhelfen. Platon, für den die materielle Welt lediglich ein flüchtiges, ungenaues Schattenbild eines gewaltigen Ideenuniversums war, das man »nur durch die Vernunft und das Denken erfassen kann, nicht durch Sehen«, verachtete für seine Lehre den Bezug auf konkrete Dinge und Handlungen eigentlich nur, wenn darauf explizit in *wissenschaftlichen Aussagen* Bezug genommen wurde. So schrieb er beispielsweise über die Geometer:

»Du weißt doch, daß sie sichtbare Figuren heranziehen und daran ihre Argumentation entwickeln, obwohl sie gar nicht an diese denken, sondern an diejenigen, von denen die Figuren nur Abbilder sind. Auf das Quadrat selbst und die Diagonale selbst beziehen sich ihre Überlegungen und nicht auf das, was sie zeichnen. Ähnlich ist es in allen anderen Fällen.«

Platon ärgerte sich daher vor allem über gewisse *Redewendungen* seiner gelehrten Mathematikerkollegen, die sich auf die konkrete Konstruktion solcher Figuren bezogen, die für ihn nur »Abbilder« oder Hilfsbilder waren: »Ihre Art zu reden ist lächerlich, obwohl notwendig«, murrte er, »denn sie drücken sich so aus, als ob sie Praktiker wären und ihre Worte auf praktisches Handeln gerichtet seien. So sprechen sie von ›viereckig machen‹, von ›anlegen‹ und ›hinzufügen‹ und dergleichen, während ihre ganze Wissenschaft nur Erkenntnis zum Zweck hat – und zwar Erkenntnis des Seienden und nicht des Werdenden.«

Wie eine geometrische Figur auf dem Papier entsteht, der Vorgang ihrer Konstruktion, ihr schrittweiser Aufbau in der Zeichnung oder im materiellen Modell – all das hat nach Platons Ansicht mit der »wahren« Geometrie einfach nichts zu tun: »Zweckdienlich ist die Geometrie nur dann, wenn sie dazu zwingt, das Sein zu betrachten, wenn aber das Werden, dann nicht.«

Der Mathematik als einer Vorstufe zur Ideenerkenntnis wurde durch den von pythagoreischem Gedankengut geprägten Platon eine überwältigende Förderung zuteil. Daß eine zwar mehr und mehr mathematisierte, aber eben doch betont »wirklichkeitsgetreu« arbeitende Naturforschung nicht auf ähnliche Weise in der Anerkennung durch diesen großen Philosophen profitieren konnte, liegt eigentlich auf der Hand: »Wer nach oben glotzend oder nach unten blinzelnd etwas sinnlich Wahrnehmbares zu erfassen sucht, wird nie etwas Richtiges lernen«, meinte Platon sarkastisch. So konnte auch ein »nach oben glotzender« Astronom, der die Bewegungen der sichtbaren Himmelskörper studierte, nach seiner Ansicht niemals die wahren Kreisbewegungen der Sterne entdecken, da die beobachtbaren Bewegungen allenfalls in grober Annäherung mit den idealen Bewegungen geometrischer Körper im Raum übereinstimmten. Noch schlimmer war es deshalb um das Ansehen jener Leute bestellt, die es für erforderlich erachteten, »unfromme« Experimente auszuführen oder gar »niedrige« mechanische Tätigkeiten nach Art der Handwerker zu verrichten: Für solches knechtische Tun hatten Platon und seine gelehrten Schüler nur tiefste aristokratische Verachtung parat. So etwas tat man nicht – ließ es allenfalls tun und redete mit beißendem Spott darüber.

Aber schon der am Monochord zupfende Pythagoras und der Bronzescheiben schlagende Hippasos betrachteten die irdische Musik lediglich als klägliche Nachahmung himmlischer Sphärenklänge: Doch bedurfte es für diese Gelehrten nicht zumindest der Anregung, des Anstoßes durch eine Messung der mit einem irdischen Musikinstrument erzeugten Klänge, um das theoretische Gedankengebäude der im Himmlischen erhabenen Harmonik »rekonstruieren« zu können? Waren Drehbank und Schraube, die maschinell gedrechselte Spindel und das Uhrwerk wirklich ohne jeden Einfluß auf die theoretischen Überlegungen der griechischen Wissenschaftler?

Fest steht jedenfalls, daß es auch heute noch einem technisch geschulten oder zumindest aufgeschlossenen Gehirn weitaus leichterfällt, den Gedankengängen eines Anaximander oder Eudoxos, eines Apollonius oder Ptolemaios zu folgen als einem arroganten Technikverächter: Wenn wir die Naturforschung heute immer noch mit John Burnett als ein »Nachdenken über die Welt nach der Art der Griechen« ansehen wollen und können, so gehört zu ihrem griechischen Erbe neben der alles überstrahlenden Mathematik jener Zeit auch eine in unseren Augen bisweilen einfache Technik. Hören wir daher zunächst das »Loblied der Drehbank«, das Lewis Mumford im *Mythos der Maschine* angestimmt hat:

»Wenngleich die Drehbank nur sehr allmählich vervollkommnet wurde, war sie doch von Anfang an ein ebenso bedeutendes arbeitsparendes Gerät wie das Fahrzeug auf Rädern oder das Segelboot, wegen ihrer vielfältigen Anwendungsmöglichkeiten bestimmt ebenso wichtig. Unmittelbare Produkte der Drehbank waren Hebevorrichtungen, Flaschenzüge, Winden und Ladebäume, die zum Aufladen von Gütern und zum Segelhissen gebraucht wurden. Doch auch in der klassischen griechischen Tragödie schien sie eine Rolle zu spielen: Den Gott, der im kritischen Augenblick in menschliche Angelegenheiten eingriff, nannte man den ›Gott aus der Maschine‹; denn er wurde wirklich mit Hilfe einer Maschine durch die Luft getragen und zu Boden gelassen. Läßt die Tatsache, daß ein griechisches Publikum an dieser Vorrichtung nichts Unpassendes fand, nicht vermuten, daß es die Maschine als übernatürliche Kraft ansah?«

Dieser Gedanke ist bestimmt nicht von der Hand zu weisen; denn schon die Mythen aus der Zeit vor der ionischen Aufklärung waren deutlich auf von Menschen ersonnene Techniken bezogen, das heißt weniger anthropomorph als *technomorph:* Die meisten Schöpfungsmythen, einschließlich des Schöpfungsberichtes der Genesis, schilderten die Erschaffung der Welt ja im Stil eines ingenieurmäßig gestalteten Bewässerungsprojekts. Auch Anaximander, der ionische Physiker, gebrauchte dieses Bild in seiner Schöpfungsgeschichte noch, ohne allerdings die »waltenden« Naturkräfte weiterhin zu personifizieren: Anstelle des göttlichen Bewässerungsingenieurs der Mythen übernahm bei ihm die Sonne die Aufgabe, Erde und Meer auf »natürliche« Weise zu scheiden. Zunächst war nach Anaximanders Theorie die gesamte Erde von Wasser bedeckt. Danach trocknete die Sonne einen Teil des Wassers weg. Soweit die im Prinzip höchst einfache Technologie der Schöpfung mit oder ohne überirdisches »Ingenieurwesen«, erstmals wohl geschildert in den Mythen der sumerischen Räderkarren-Erfinder, die im Deltagebiet des Euphrat trockenes Terrain dem Marschland abringen mußten.

Neben der Drehbank hatte vor allem der *Zirkel,* jenes bekannt einfach und präzise funktionierende Arbeitsgerät des Zeichners, einen starken Einfluß auf die griechische Wissenschaft ausgeübt: Für die Geometrie entwickelten sich Zirkel und Lineal zu fast ritualen Instrumenten. Was in einer endlichen Anzahl von Zirkel-und-Lineal-Konstruktionen bewältigt werden konnte, das galt bei den Griechengeometern als konstruktive Lösung.

Als revolutionärste der mechanischen Erfindungen Griechenlands betrachtete Lewis Mumford jedoch die *Wassermühle*: »Das ursprüngliche Modell dieser Erfindung könnte mit Alexanders Armeen aus Indien gekommen sein, wo kleine Wasserräder als buddhistische Gebetsmühlen verwendet wurden. Doch es ist wieder kaum ein Zufall, daß die Wassermühle als praktische Erfindung, nicht als magisches Spielzeug, aus Griechenland stammt, aus jener Kultur, die hartnäckig die demokratische

Technik des archaischen Dorfes bewahrt hatte und sich niemals der totalitären Ideologie des Königtums unterwarf, die von Alexander dem Großen und späteren hellenistischen ›Heilskönigen‹ wiederbelebt wurde.« Mumford zitierte in seinem prächtigen Buch auch die Verse des Dichters Antipater aus Saloniki, der vor rund zwei Jahrtausenden als erster die reine Kraftmaschine einer Wassermühle mit einem oberschlächtigen Mühlrad besungen hatte:

»Hört auf zu mahlen, ihr Frauen, die ihr an den Mühlen arbeitet!
Schlaft lange, auch wenn das Krähen des Hahnes die Morgendämmerung ankündet!
Denn Demeter hat den Nymphen befohlen, die Arbeit eurer Hände zu tun,
und sie drehen, auf das Rad springend, dessen Achse,
die mit ihren umlaufenden Speichen die schweren, gehöhlten Mühlsteine rollt.
Wir genießen wieder die Freuden des einfachen Lebens, lernen uns an Demeters Früchten zu ergötzen, ohne zu arbeiten.«

Abbildung 9.1: Diese gigantische Mühle mit 16 Wasserrädern, die 32 Mahlwerke betrieben, hatten römische Baumeister im zweiten und dritten Jahrhundert unserer Zeitrechnung in Barbegal in der Nähe von Arles (Frankreich) errichtet.

Leider führte diese Erfindung für die griechischen Hausfrauen und die noch schlechter gestellten Haussklaven keineswegs zum erträumten Ende der Plackerei beim häuslichen Getreidemahlen: In der harten hauswirtschaftlichen Praxis mußte diese Tätigkeit noch immer mit kleinen Handmühlen recht mühsam verrichtet werden. Eine natürliche Grenze setzte schon die Geographie: Wo rauschte denn schon in den griechischen Gefilden rund ums Mittelmeer das ganze Jahr über ein kräftiger Mühlbach? Die üblichen Bergbächlein flossen im Sommer allenfalls als kümmerliche Rinnsale zu Tal, so daß die Anlage eines Mühlwehrs praktisch wirkungslos bleiben mußte. Nur in den regenreicheren Gebieten nördlich der Alpen lohnte sich schließlich im dritten Jahrhundert n. Chr. der Wassermühlenbau durch die Römer: Eine höchst imposante Anlage mit 16 Wasserrädern und 32 Mahlwerken stand in der Nähe von Arles in Frankreich (Abbildung 9.1).

Abgesehen von den natürlichen Problemen war das Interesse der griechischen Wissenschaftler, der Philosophen an der wahrlich beachtenswerten und keinesfalls rückständigen Technik ihrer Zeit letztlich doch nur von einem mittelbaren »akademischen« und damit gleichsam von »symbolischem« Interesse: Liefen irgendwo ein paar »Versuchsmühlen«, anhand derer das technische Prinzip demonstriert werden konnte, waren einige Drehbänke in Betrieb, wurden hier und dort Schraubenpressen zur Weingewinnung verwendet, so genügte das diesen Gelehrten bereits, um ihre Theorien über die Kreisläufe des Naturgeschehens in technisch korrekten Redewendungen zu erläutern. Sie »würdigten« damit zwar die Arbeit der Handwerker in ihren theoretisierenden Ansichten über das Wirken der Naturkräfte, verachteten jedoch die Tätigkeit dieser Leute als freier Bürger unwürdig. Es kam diesen Geistesarbeitern daher kaum in den Sinn, ernsthafte Gedanken damit zu verschwenden, wie man die Maschinen der Handwerker eventuell verbessern konnte – dazu hätte es zumindest ein wenig eigener Erfahrung bedurft.

Einen höchst bedeutsamen »freien« Berufsstand gab es allerdings bereits zu jener Zeit, der geistige und manuelle Arbeit auf überaus eindrucksvolle und anerkannte Weise zu vereinigen wußte, die *Architekten*. An dieser Stelle ein Loblied auf die griechische Architektur anzustimmen, hieße natürlich, die vielzitierten »Eulen nach Athen« zu tragen: Doch die Architekten Griechenlands waren eben einleuchtenderweise perfekte Geometer – und damit anerkannte Gelehrte, das heißt Geistesarbeiter oder kontemplative Denker, darüber hinaus aber auch Zeichner, die geschickt mit Zirkel und Lineal hantierten, und schließlich tüchtige Bau-

meister, die für bewundernswerte technische Innovationen sorgten. Zu Recht sah Lewis Mumford hier eine klare Quelle unserer Fehleinschätzung der antiken Technik, die, um es noch einmal nachdrücklich zu betonen, alles andere als rückständig zu werten ist:
»Das Fehlurteil unserer Zeit rührt daher, daß die größten technologischen Errungenschaften der antiken Welt auf dem Gebiet der Statik und nicht der Dynamik lagen: in der Baukunst, nicht in der Mechanik; in Bauwerken, nicht in Maschinen. Wenn der Historiker in früheren Kulturen einen Mangel an Erfindungen entdeckt, so deshalb, weil er darauf beharrt, als Hauptkriterium des technischen Fortschritts die speziellen Arten von Kraftmaschinen und Automaten anzusehen, auf die der westliche Mensch sich heute festgelegt hat, während er wichtige Erfindungen wie die Zentralheizung und das Wasserklosett als unbedeutend ansieht oder sie in seiner Unwissenheit sogar unserer eigenen industriellen Revolution zuschreibt.«
Halten wir also fest: Die immer wieder behauptete technische Rückständigkeit des klassischen Griechenland ist in der Tat eine Legende. Dieses Fehlurteil ist weitgehend unserem eigenen, vermutlich doch übertriebenen Hang zur technischen Perfektion zuzuschreiben; jedenfalls sollten wir es uns abgewöhnen, den sich nahe am Stillstand bewegenden technischen Fortschritt der Griechen als etwas höchst »Unnatürliches« anzusehen – womöglich ist *unser* Tempo der diesbezüglichen Entwicklungen weit eher erklärungsbedürftig. Gerade damals, als eine gelehrte Oberschicht – Platon sprach von den »besseren Familien« – die mechanische Arbeit und die Leute, die sie verrichteten, mit aristokratischer Verachtung straften, entstand eine durchaus beachtliche Serie von wichtigen technischen Erfindungen. In jenem Land, wo das Wort »Maschinenbauer« ungefähr einen vergleichbaren Klang hatte wie hier und heute der Ausdruck »Gastarbeiter«, konnte trotz allem Spott und aller Diffamierung das Ausmaß der Entmutigung, der »Frustration« der Erfinder noch derart in vernünftigen Grenzen gehalten werden, daß es zu erstaunlichen technischen Innovationen kam. Die geringschätzige Behandlung der manuellen Arbeiter und die abwertende Beurteilung ihrer Erzeugnisse durch die Geistesarbeiter ließen das technische »Know how« jener Zeit jedenfalls nicht verkümmern. Zumindest war eine Art spielerischer Auseinandersetzung mit den technischen Leistungen möglich. Auch das relativ hohe Ansehen der griechischen Architekten, dieser geometriekundigen Leute, die zumindest als »manuelle Gelegenheitsarbeiter« betrachtet werden mußten, trug vermutlich seinen Teil zur Verbesserung der

Lage bei. Unbezweifelbar ist jedenfalls eine deutliche Beeinflussung vieler theoretischer Gedankengebäude von Anaximander bis Ptolemaios durch die verspotteten »Maschinenbauer«, sei es durch maschinelle Vorbilder oder durch die anregenden Erzeugnisse der mechanischen Fertigung.

Die effektive Verachtung des griechischen Gelehrtentums für die »niedrige« mechanische Betätigung drückte jedenfalls keinen typisch griechischen Charakterzug aus: Klar erkennbar war sie ein Erbe der alten Zivilisationen, in denen die Stundenpriester, Priesterverwaltung oder »Schreiber« bereits den Besitzstand von Bildung und Wissenschaft für sich in der klassengesellschaftlich organisierten Oberschicht wahrten. Schon in altägyptischen Papyri wurden die unübersehbaren Vorteile des Schreiberberufes, das heißt des Verwaltungsbeamtentums, in selbstgefälliger Arroganz gegenüber den verachtenswerten Handwerksberufen gerühmt. Da hieß es etwa:

»Dieser Beruf rettet dich vor der Arbeitspflicht und schützt dich vor allen Mühen. Er bewahrt dich vor dem Tragen der Hacke und des Pickels, und du brauchst keinen Korb zu schleppen. Er befreit dich von der Handhabung des Ruders. Er verhütet jede Mühsal, und du bist nicht unter dem Befehl vieler Herren und zahlreicher Vorgesetzter.«

Noch deutlicher wurden diese Vorteile in der gezielt abstoßenden Beschreibung handwerklicher Arbeitsprozesse: »Ich habe den Schmied beobachtet, wie er seine Gießer anleitet, den Metallarbeiter vor der lodernden Esse: Seine Finger sehen aus wie die Haut eines Krokodils; er stinkt ärger als Fischlaich. Der in seiner engen Hütte sitzende Weber ist schlimmer dran als die Weiber: Seine Schenkel sind dicht an die Brust gedrängt, so daß ihm das Atmen schwerfällt. Wenn es ihm auch nur an einem einzigen Tag nicht gelingt, das volle Quantum an gewebtem Stoff herzustellen, so wird er geprügelt wie eine Lilie im Teich. Doch der Beruf des Fischers ist am schlimmsten: Sein Umgang sind die Krokodile. Und wenn ihm nicht gesagt wird, wo diese Bestien lauern, so macht die Furcht ihn blind ... «

Weitaus feinsinniger und verklausulierter drückte dagegen der große Platon seine Verachtung für die handwerkliche Betätigung aus. Erst er war es, der durch seine konsequente Abwendung von den vergänglichen Dingen der Welt und seine Suche nach den unvergänglichen Ideen die zunächst durchaus geschätzte Handarbeit in Mißkredit brachte. Noch bei den ionischen Physikern gab es keine Probleme hinsichtlich der theoretischen und praktischen Betätigung, während die Pythagoreer bereits eindeutig der Theorie den Vorzug gaben. Und Platon verwarf schließlich jede ernsthafte Beschäftigung mit den »praktischen Dingen« dieser Welt. Im *Georgias*-Dialog etwa ließ der Philosoph seinen »Talkmaster« Sokrates zu folgender »Seelenmassage« des Gesprächspartners ansetzen:

»Wenn aber jemand an dem Teile seines Ichs, das noch mehr wert ist als sein Leib, an der Seele nämlich, viele unheilbare Krankheiten hat – dem soll das Leben wertvoll sein und dem soll es nützen, wenn man ihn aus der Gewalt des Meeres und des Gerichtes und wo immer sonst her rettet? Nein, er weiß, daß für den schlechten Menschen das Leben nicht gut ist. Denn der muß notwendig schlecht leben.

Daher ist es nicht Brauch, daß der Steuermann sich etwas einbilde, wenn er uns auch rettet. Auch der Maschinenbauer nicht, mein Trefflicher, der bisweilen nicht Geringeres retten kann als ein Feldherr, geschweige denn ein Steuermann und irgend sonst einer; denn er rettet mitunter ganze Städte. Kann er sich wohl mit dem Redner vor Gericht messen? Und doch, wenn er, lieber Kallikles, reden wollte, wie ihr, und sein Geschäft herausstreichen, so könnte er euch mit seinen Reden überschütten und auffordern, daß ihr Maschinenbauer werden solltet, weil alles andere nichtig sei. Denn an Stoff dazu gebricht es ihm nicht. Aber du verachtest ihn und seine Kunst nichtsdestoweniger und würdest ihn fast zum Spott ›Maschinenbauer‹ nennen, und seinem Sohne würdest du deine Tochter nicht geben, noch die seinige für deinen Sohn freien wollen. Und doch nach den Gründen, auf die hin du deine Kunst lobst – mit welchem Rechte verachtest du den Maschinenbauer und die anderen, die ich eben nannte? Ich weiß, du würdest erwidern, du seiest besser und aus besserer Familie. Wenn aber das ›Bessere‹ nicht heißt, was ich darunter verstehe, sondern eben dies schon Tugend ist, daß man sich und das Seinige erhalte, mag man sonst sein, wie man will – so ist dein Tadel über den Maschinenbauer, Arzt und sonstige Künste, welche die Erhaltung zur Aufgabe haben, lächerlich. Nein, mein Trefflicher, bedenke, ob nicht das Edle und Gute etwas anderes ist als Retten und Sich-retten-Lassen.«

Bemerkenswert an dieser doch ziemlich überspannten Handwerkerbeschimpfung ist, daß sie auch den *Arzt* nicht verschonte, der zwar einer angesehenen aristokratischen Gilde Griechenlands angehörte, aber bisweilen auch kräftig zupacken und sich ganz und gar »unphilosophisch« die Hände schmutzig machen mußte: Heute noch ist es daher im englischen Sprachraum nicht üblich, einen Chirurgen (*cheirurgos*, griechisch: Handarbeiter) mit »Doktor« anzureden. Die philosophische Diskriminierung des Arztes hatte aber im klassischen Griechenland ihre verständlichen Gründe; denn neben der für diesen Berufsstand unvermeidlichen Handarbeit wurden in gewissen medizinischen Schriften deutliche Spitzen gegen die rein spekulative Philosophie formuliert. So hieß es etwa in einer Abhandlung aus einer Hochburg der ionischen Aufklärung, der berühmten Medizinerschule des Hippokrates von Kos (vergleiche Seite 87), daß »alle diejenigen, die versuchen, die Kunst des Heilens auf der Grundlage eines Postulats zu diskutieren – Wärme, Kälte, Nässe, Feuchtigkeit, Trockenheit oder irgend etwas anderem, woran sie Gefallen finden – und die Krankheits- und Todesursachen der Menschen auf ein oder zwei Postulate zurückzuführen, nicht nur ganz offensichtlich Unrecht haben, sondern sogar besonders deshalb getadelt werden müssen, weil sie sich mit ihrer Auffassung vom Wesen jener Kunst oder Technik im Unrecht befinden, die von allen Menschen in den Krisen ihres Lebens in Anspruch genommen wird, und deren Vertreter, soweit sie ihre Kunst verstehen, überaus hoch geschätzt werden.«

Trotz dieser bemerkenswert antispekulativen Haltung vieler griechischer Ärzte kam es aber dennoch dazu, daß die Heilkunde jener Zeit mehr und mehr in den Sog philosophischer Hypothesen, ja magisch-mystischer Doktrinen geriet, die bis ins 17. Jahrhundert ihren Einfluß behielten. Doch das nur am Rande.

Entscheidend für unsere Betrachtung ist jedoch die Tatsache, daß Aristoteles, der berühmteste Schüler des Platon, zu der von seinem Lehrer im Rahmen seiner Handwerkerbeschimpfung gerügten Heilkunde eine ganz besondere Beziehung hatte: Der im Jahr 384 v. Chr., als Sohn des Leibarztes eines makedonischen Königs im nordgriechischen Stageira, geborene Aristoteles teilte schon aufgrund seiner Familientradition und Erziehung nicht die übliche philosophische Verachtung der ärztlichen Betätigung. Im Gegenteil: Die Kunst des Mediziners, Patienten zu heilen, stand bei ihm in hohem Ansehen. So war Aristoteles auch der erste Theoretiker, dem das künstlerische Schaffen im allgemeinen eine eigene Untersuchung wert war – Platon, sein Lehrer, hatte zuvor die Kunst allenfalls unter rein pädagogischen Gesichtspunkten betrachtet.

Die bemerkenswerte Folge dieser positiven Einschätzung von Kunst oder Technik (griechisch: *technè*) durch Aristoteles war eine geradezu künstlerische, ja handwerkliche Konzeption seiner gedanklich noch immer faszinierenden *Meta-Physik*: Jedes Einzelding wurde nach dieser Lehre als »geformte Materie« erkannt – in der *Materie,* im »Material« (griechisch: *hyle*) wurde es überhaupt erst ermöglicht und in der *Form* (griechisch: *morphé*) nahm es seine charakteristische Gestalt an. Dabei unterschied Aristoteles Eigenschaften dieser *Form*gebung, die er als wesentlich (»substantiell«) ansah, von solchen, die mehr oder weniger zufällig, also unwesentlich (»akzidentell«) waren.

Darin steckte unverkennbar der Gedanke eines aktiv formenden oder gestaltenden Faktors, vergleichbar den Händen des Künstlers, die das Material des Tons zur Plastik modellieren, oder den Händen des Baumeisters, die den Stein zum Bauelement bearbeiten. Aber nicht nur die geprägte Form des künstlich erzeugten Gebildes, auch das lebendig-organische Werden eines natürlichen Gebildes aus dem Pflanzen- oder Tierreich kann als geistiges Vorbild für diese Grundbegriffe Aristotelischer Naturbeschreibung und Welterklärung gesehen werden: Es erleichtert den Zugang zu einem weiteren Begriffspaar, *Akt* und *Potenz,* mit dem das ursprüngliche – Materie und Form – sinnvoll ergänzt wurde: Jedes Einzelding war für Aristoteles nicht nur seine durch die Materie und die substantielle wie akzidentelle Form bedingte tatsächliche (»aktuelle«) Wirklichkeit, sondern »potentiell«, das heißt der Möglichkeit nach, schon immer das, was es irgendwann einmal werden wird.

Auf diese Weise erschien in der Aristotelischen Philosophie die gesamte Natur als eine Art vernunftbegabter Organismus, dessen Geschehnisse zielstrebig und zweckbestimmt abliefen, soweit sie wesenhaft bestimmt waren. Alle Veränderungen an diesem »Organismus«, etwa die Bewegungen der materiellen Körper, mußten daher als Verwirklichung von etwas Möglichem nach dem Tatsächlichen hin angesehen werden – als Aktualisierung eines bereits in der Potenz vorhandenen Grundkonzepts, zum Beispiel von Bewegungsprogrammen für die materiellen Körper.

Damit erklärte Aristoteles überaus einleuchtend, warum eine bestimmte Bewegung so und nicht anders ablaufen mußte, wie man sie tatsächlich beobachtete: Der spätere Realzustand steckte gleichsam schon als Zielvorstellung in dem bewegten Körper – sein Bewegungsverlauf war als Möglichkeit vorgegeben oder »programmiert«; denn jede Bewegung als Veränderung der Natur war, aristotelisch besehen, die Verwirklichung eines Zieles.

Auf diese Weise war jede *natürliche* Bewegung sowohl notwendig als auch zweckbestimmt; beispielsweise hatte ein Stein die natürliche Tendenz zum Fallen, ebenso ein Regentropfen in der Luft, Luftbläschen im Wasser waren dagegen bestrebt nach oben zu steigen. Nur ein gewaltsamer Eingriff ließ eine erzwungene, »unnatürliche« Bewegung zustandekommen: Der Stein stieg nur, wenn man ihn in die Höhe warf, Wassertröpfchen nur, wenn man sie nach oben spritzte, die Luftbläschen sanken wiederum nur, wenn man sie nach unten drückte. Aristoteles selbst erläuterte diese Vorstellung in seiner *Physik*, Buch 8, Kapitel 4 mit Hilfe eines gewaltigen Schachtelsatzes:

»Wenn also die Bewegung aller Dinge, die in Bewegung sind, entweder natürlich oder unnatürlich und gewaltsam ist und alle Dinge, deren Bewegung gewaltsam und unnatürlich ist, von etwas bewegt werden, und zwar von etwas anderem als sie selbst, und wenn ferner alle Dinge, deren Bewegung natürlich ist, von etwas bewegt werden – sowohl diejenigen nämlich, die als Lebewesen durch sich selbst bewegt werden, wie leichte Dinge und schwere Dinge, die entweder durch das bewegt werden, was das Ding als gerade dieses ins Dasein rief und es leicht oder schwer machte, oder durch das, was entfernte, was es hemmte und behinderte –, dann müssen alle Dinge, die in Bewegung sind, bewegt werden von etwas.«

Der langen Rede kurzer Sinn: Jedes Sich-Bewegende sollte ein Bewegtes sein, das heißt, jede Bewegung setzte für Aristoteles eine *Beweg-Ursache* voraus. Für ein irdisches Ding, das sich auf seinen natürlichen Platz hinbewegte, war das seine eigene »Natur« – eine Natur, deren Bestreben, ja deren Erfüllung es war, die natürliche »Ruhestätte« zu erreichen, um dort schließlich bewegungslos zu verharren, bis eine neuerliche erzwungene Bewegung diesen »Frieden« störte. Der Zustand der Ruhe war in der Aristotelischen Physik also der ausgezeichnete Zustand für die Dinge der Erde, die in seinem geozentrischen Weltsystem ja auch selbst im Mittelpunkt des Universums ruhte.

Anders sah dieser Sachverhalt in den nichtirdischen Regionen des Universums aus: Für die himmlischen Sphären sah Aristoteles die Beweg-Ursache in einem selbst unbewegten »ersten Beweger« (*primum movens*). Da die Gestirne aber nach der ewigen unbewegten Aktivität dieses Bewegers hinstrebten, bewegten sie sich auf ewig gleichförmigen Kreisbahnen – diese Bewegungsform sollte die bestmögliche Annäherung an jenen göttlichen Zustand darstellen, die ein physischer Körper überhaupt erreichen konnte. Mit dieser Vorstellung war der »Physiker« Aristoteles gar nicht so weit von den pythagoreischen Mystikern entfernt, nach deren Meinung die »göttlichen und ewigen Himmelskörper« aufgrund ihrer Natur nur gleichmäßige Kreisbewegungen ausführen konnten: Erneut hatten sich also nach den antireligiösen Tagen der ionischen Aufklärung Wissenschaft und Theologie in dem theoretischen Gedankengebäude eines überaus originellen Denkers vereint.

Doch bedeutete das nicht wiederum einen gewaltigen Rückschritt in bezug auf den Fortschritt der physikalischen Wissenschaft? Nicht gerade selten liest man bei mathematisch-naturwissenschaftlich orientierten Autoren unserer Zeit Sätze wie die folgenden, die wir dem schon erwähnten Mathematik-Buch des Lancelot Hogben entnommen haben:
»Es gibt in unserer westlichen Welt allzuviel ›Gebildete‹ – man hat sie für teures Geld gründlichst mit Doktrinen gefüttert –, welche die Größe und Bedeutung des alten Griechenland mit den Namen Platon und Aristoteles identifizieren. Die Wahrheit ist aber, daß diese beiden für lange Zeit hemmend auf die Entfaltung des menschlichen Erfindungsgeistes eingewirkt haben, und zwar in einem Ausmaß, das nahezu beispiellos ist. Wären sie wirklich die Repräsentanten der geistigen Errungenschaften griechischer Kultur – wir könnten deren Beitrag mit Fug und Recht überhaupt abschreiben.«
Auch John D. Bernal sprach in seiner *Science in History* höchst respektlos von den »Ungereimtheiten und Verschrobenheiten der Physik des Aristoteles« und bezichtigte Platon, sein Einfluß habe die Menschen zweitausend Jahre lang daran gehindert, »die tatsächlichen Bewegungen der Himmelskörper zu erkennen«.
Trotz manch kritischer Anmerkung, die in unserer Betrachtung zu einigen Gedanken dieser Philosophen gefallen sind und noch fallen werden, wäre ein solches Urteil nicht nur eine unverantwortliche Ungerechtigkeit, sondern vor allem eine totale Mißachtung der historischen Gegebenheiten: Platon hat sich in hohem Maße um die *mathematische* Wissenschaft verdient gemacht – die Tatsache, daß die Mathematik diese bevorzugte Behandlung durch den Philosophen »nur« seiner Einschätzung zu verdanken hatte, daß sie als Vorstufe zur Ideenerkenntnis notwendig erschien, ist in dieser Hinsicht wahrlich kein Gegenargument. (Schließlich beruht die heutige Wertschätzung der Mathematik bei vielen Menschen ja auch vor allem auf der erfolgreichen Anwendung des mathematischen Formelapparates in Naturwissenschaft, Ökonomie und Technik.) In ähnlicher Weise verdanken die *empirischen* Wissenschaften Aristoteles eine Wertschätzung von nachhaltigster Wirkung, die auch der exakten Naturforschung zugute kam, selbst wenn das, was wir heute »Physik« nennen, im Grunde völlig »unaristotelisch« ist – wobei die aristotelische Wertschätzung der Erfahrung wiederum »unplatonisch« genannt werden kann! Fest steht: Während Platons Philosophie der mathematischen Forschung überaus wertvolle Impulse verlieh, kam Aristoteles mit seinem gedanklichen Ansatz, die materiellen Dinge durch

ihre Formen zu erkennen, jener erfahrbaren Wirklichkeit doch bereits sehr nahe, die wir heute mit beachtlichem Erfolg fast ausschließlich an den sinnlich wahrnehmbaren Gegebenheiten zu erkennen versuchen. Aristoteles ist daher als ebenso ehrenwerter Physiker (*Physikos*) zu betrachten wie sein Lehrer Platon als qualifizierter *Mathematikos*.

Selbst die immer wieder als besonders rückschrittlich gewertete *Bewegungslehre* des Aristoteles – deren einstiger Stellenwert übrigens nach den Tagen der heftigen neuzeitlichen Kritik völlig überschätzt worden ist – rechtfertigt keineswegs solch eine Aburteilung: Wenn man heute, aufgrund eines Physikverständnisses, das diese Wissenschaft lediglich als ein Entwerfen mathematischer Apparaturen zur Interpretation und Prognose natürlicher oder auch technisch bewirkter Geschehnisse betrachtet, zweifellos recht erfolgreich nach dem mathematischen »Naturgesetz« einer Bewegung fragt, so besagt das noch lange nicht, daß die aristotelische Methode der Erklärung »falsch« war.

Natürlich war Aristoteles, was etwa die quantitativen Antworten zum freien Fall oder zum senkrechten Wurf betrifft, weitaus weniger erfolgreich, als wir es von der modernen Physik in der Tradition eines Galilei und Newton gewohnt sind. Wir vergessen dabei jedoch nur allzu leicht, daß dieser »technische Erfolg« nur möglich geworden ist, weil die Fragestellung radikal geändert wurde – und zwar so rigoros, daß sie Aristoteles vermutlich gar nicht mehr interessiert hätte. Hören wir dazu eine aufschlußreiche Überlegung des Physikers Wilhelm Fucks:

» ›Was gibt es Irrationaleres auf der Welt als den Vorgang, daß ein Stein, wenn ich ihn loslasse, herunterfällt?‹ Die Menschen haben seit Jahrtausenden versucht, Fragen dieser Art mit dem Verstande nahezukommen. Sie haben darüber nachgedacht, wie denn die Natur das eigentlich mache, daß der Stein, der zuerst oben ist, wenn ich ihn loslasse, nach einiger Zeit sich weiter unten vorfindet. Dies Problem ist bis heute nicht gelöst. Wir wissen nicht das mindeste darüber, wie es kommt, daß der Stein, wenn wir ihn loslassen, nicht da bleibt, wo er ist, sondern seinen Ort ändert. Daran haben weder die klassischen Gravitationstheorien noch die modernen Feldtheorien etwas geändert. Sie wissen alle, daß Galilei kam und sagte, der Stein fällt in der ersten Sekunde 5 Meter, in der zweiten 15 Meter, in der dritten 25 Meter und so weiter. Was mußte ein Philosoph seinerzeit von dieser Bemühung, den Vorgang des Fallens quantitativ streng zu beschreiben, eigentlich denken? Er mußte denken, daß Galilei das Problem, um das es beim freien Fall geht, noch nicht einmal in seinen Anfangsgründen verstanden habe. Es ist doch ganz gleichgültig, ob der Stein am Anfang ein bißchen langsamer fällt und später ein bißchen schneller. Das mag ja ein ganz interessantes Detail sein, aber mit dem eigentlichen Verständnis des Vorgangs hat doch eine derartige quantitative Beschreibung nicht das allermindeste zu tun. Man muß doch erklären, warum der Stein zuerst oben und nachher unten ist. Das hat Galilei nicht erklärt. Er ging bewußt an dem vorbei, was die Philosophen seit Aristoteles bewegt hatte, die Frage nach dem Wesen der Dinge und Erscheinungen. Er hat sich an dem Vorgang eine Eigentümlichkeit herausgesucht, die vom Standpunkt der Wesenserkenntnis höchst unerheblich war.«

Wie ein Stein zur Erde fällt, das läßt sich inzwischen in exakten Zahlenwerten ausdrücken. Auf die Frage, *warum* der Stein zur Erde fällt, weiß die moderne Physik dagegen noch immer keine Antwort: Sie hat dieses Problem einfach dadurch »gelöst«, daß sie eine solche Frage überhaupt nicht mehr stellt. Eine Erklärung der Art, daß der Stein beim Fallen auf Kosten seiner potentiellen Energie laufend kinetische Energie gewinnt, wobei die Gesamtenergie des Körpers unverändert bleibt, ist lediglich die quantitativ strenge Beschreibung des Wie-fällt-der-Stein-Sachverhalts.

Eine solche Erklärung ist jedoch schon vom Ansatz her völlig »unaristotelisch«: Für Aristoteles war ja die geradlinige Bewegung eines schweren Körpers nach unten, in Richtung Erd- und damit Weltmittelpunkt, hin zu seinem natürlichen Ort, jene Bewegung also, die inzwischen »freier Fall« genannt wird, eine der natürlichen Bewegungen im Kosmos. Die uns bekannte Fall*beschleunigung* als eine gleichförmig beschleunigte Bewegung blieb im Aristotelischen System gänzlich unerklärt, weil der Philosoph meinte: Je schwerer das Gewicht des fallenden Körpers ist und je dünner das Medium, durch das er hindurchfällt, um so größer sei die *konstante* Fall*geschwindigkeit* seiner natürlichen Bewegung. Als ideale Bewegungsform kannte Aristoteles in diesem Fall ja nur die geradlinige Bewegung mit konstanter Geschwindigkeit.

Wer diese Aristotelische Hypothese als doktrinär oder gar naiv empfindet, der sollte bedenken, daß selbst der junge Galilei noch im Jahr 1590 in seiner Schrift *Über die Bewegung (De motu)* mit Nachdruck behauptete, diese Fallgeschwindigkeit sei bestimmt durch die Differenz im spezifischen Gewicht vom fallenden Körper und vom Medium, durch das er fällt: Durch Fallversuche von einem hohen Turm habe er mehrfach »beweisen« können, daß Körper aus Blei schneller fallen als solche aus Holz.

Auch die Aristotelische Vorstellung, daß eine im irdischen Bereich erzwungene, unnatürliche Bewegung durch Stoß oder Zug an einem Körper einer um so größeren »Kraft« (in einem selbstverständlich operational noch nicht streng definierten Sinne) bedürfe, je schwerer dieser zu bewegende Körper sei und je größer die Geschwindigkeit sein solle, mit der er sich schließlich bewege, führte allenfalls zum falschen »Gesetz«, diese »Kraft«-Einwirkung sei proportional zum Körpergewicht, zur Schwere oder Trägheit und zur Geschwindigkeit, und niemals zu der uns bekannten Definition des Kraftbegriffs »Kraft gleich Masse mal Beschleunigung«. Aber in der Physik des Aristoteles gab es schließlich eine *absolute Bewegung* bezüglich eines *absoluten Bezugssystems,* dessen Zentrum die ruhende Erde, das heißt der Erd- beziehungsweise Weltmittelpunkt war. Damit mußte nicht nur jede Geschwindigkeitsänderung, sondern auch jede Ortsveränderung eines bewegten Körpers durch die Einwirkung einer Kraft erklärt werden. Anders gesagt: Nicht die Beschleunigung, sondern die *Geschwindigkeit* bedurfte nach Aristotelischer Spekulation der fortwirkenden Anwesenheit von Kräften – eine Ansicht, die übrigens durch folgende Überlegungen untermauert wurde.

Ein überaus interessanter Aspekt der Aristotelischen Bewegungslehre war die hartnäckige Leugnung der Existenz eines Vakuums: Da der Philosoph bekanntlich angenommen hatte, daß die konstante Fallgeschwindigkeit eines schweren Körpers seinem Gewicht direkt und der Dichte des Mediums, durch das er fällt, indirekt proportional sei, hätte nach diesem Ansatz der Dichtewert Null, der dem luftleeren Raum oder dem Vakuum entspricht, zu einer unendlich großen Fallgeschwindigkeit geführt. Ein »unendlich schnell« fallender Körper war jedoch für Aristoteles, der bereits höchst vernünftige und scharfsinnige Betrachtungen über »das Unbegrenzte« anstellte, eine völlig absurde Angelegenheit. Daher argumentierte er ungefähr so: Einer natürlichen oder erzwungenen Bewegung wird von der Luft erkennbar Widerstand entgegengesetzt. Würde daher die Luft oder ein anderes Medium, durch das sich ein Körper bewegt, völlig fehlen, so müßte dieser Körper in absoluter Ruhe verharren. Falls er sich dann jedoch trotzdem bewegte, so müßte er sich immer mit der gleichen Geschwindigkeit fortbewegen.

Diese Spekulation erschien Aristoteles so abwegig, daß er die Existenzmöglichkeit eines Vakuums einfach leugnete. Es scheint überaus bemerkenswert, daß der Philosoph mit dieser Überlegung in der Tat nur knapp an dem ersten Bewegungsaxiom der Newtonschen Mechanik »vorbeigedacht« hatte, das der englische Physiker rund zwei Jahrtausende später, im Jahr 1687, so formulierte:

»Jeder Körper verharrt in seinem Zustand der Ruhe oder der geradlinig

gleichförmigen Bewegung, wenn er nicht durch eine einwirkende Kraft gezwungen wird, diesen Zustand zu ändern.«
Diese Feststellung Newtons, die übrigens kein an der Erfahrung nachprüfbares Gesetz ist, beschrieb auf zweckmäßige Weise den unbeschleunigten Körper: Denn wo auch immer die Beschleunigung eines Körpers beobachtet wird, betrachten wir das seit den Tagen von Galilei und Newton nützlicherweise als Einwirkung von Kräften auf diesen Körper. Aber wie schon gesagt: In der Aristotelischen Physik, in welcher die Annahme von absoluten Bewegungen bereits die Ortsveränderung eines bewegten Körpers durch Krafteinwirkung erklärungsbedürftig machte, wäre die Formulierung einer solchen Aussage unmöglich gewesen.
Trotz alledem ist es ein tiefverwurzeltes Vorurteil, daß gewisse Konsequenzen der Aristotelischen Physik, die eindeutig der Erfahrung widersprachen – zum Beispiel: schwere Körper fallen schneller als leichte, wobei die Fallgeschwindigkeit konstant bleibt; es kann kein Vakuum existieren –, den Fortschritt der naturwissenschaftlichen Forschung über Jahrhunderte hinweg schlechthin lahmgelegt hätten: Schon Straton aus Lampsakos (etwa 340–270 v. Chr.), genannt »der Physiker«, erkannte die Tatsache der Fall*beschleunigung,* indem er die Abhängigkeit der Endgeschwindigkeit fallender Körper von der Fallhöhe beobachtete. Dennoch empfand Straton es als überflüssig, aufgrund dieses Sachverhalts sogleich die gesamte Aristotelische Physik über den Haufen zu werfen – war er doch mit Aristoteles der Meinung, daß schwere Körper schneller fallen als leichte.
»In der Geschichte der Physik geht es niemals so zu, daß aufgrund von Beobachtungen, die in das bisherige System nicht hineinpassen, gleich das ganze System geändert wird«, erläuterte zu Recht Paul Lorenzen: »So lange man keine Prinzipien für die Wahl eines neuen Systems hat, bleibt gar nichts anderes übrig, als zu versuchen, das bisherige System zu modifizieren. Von den Aristotelikern sind daher – mit Recht – die Schwierigkeiten der Fallbewegung niemals als hinreichender Grund für eine Verwerfung des ganzen Systems angesehen worden.«
Trotz dieser reichlich konservativen Haltung der nacharistotelischen Physiker Griechenlands wurde beileibe nicht alles, was Aristoteles gelehrt hatte, in blindem Glauben akzeptiert und einfach kritiklos nachgebetet. Straton »der Physiker«, in seiner methodischen Arbeit ein ziemlich radikaler Empiriker, entdeckte nicht nur die beschleunigte Bewegung der fallenden Körper, sondern widersprach auch energisch der Meinung des Aristoteles, daß es kein Vakuum geben könne, und zwar wiederum auf-

grund von Versuchsergebnissen. Wie ausgeklügelt damals die experimentellen Techniken der Physiker schon sein konnten, soll uns auf höchst eindrucksvolle Weise eine Schrift zeigen, deren entscheidende Aussagen Straton zugeschrieben werden. Es ist die faszinierende *Pneumatica* des Heron aus Alexandria, in der bereits in der Einleitung zum Thema »Vakuum« folgendes berichtet wurde:
»Wir kommen jetzt zu denen, die die Existenz eines Vakuums vollständig leugnen. Diesen ist es natürlich möglich, viele Gegenargumente gegen

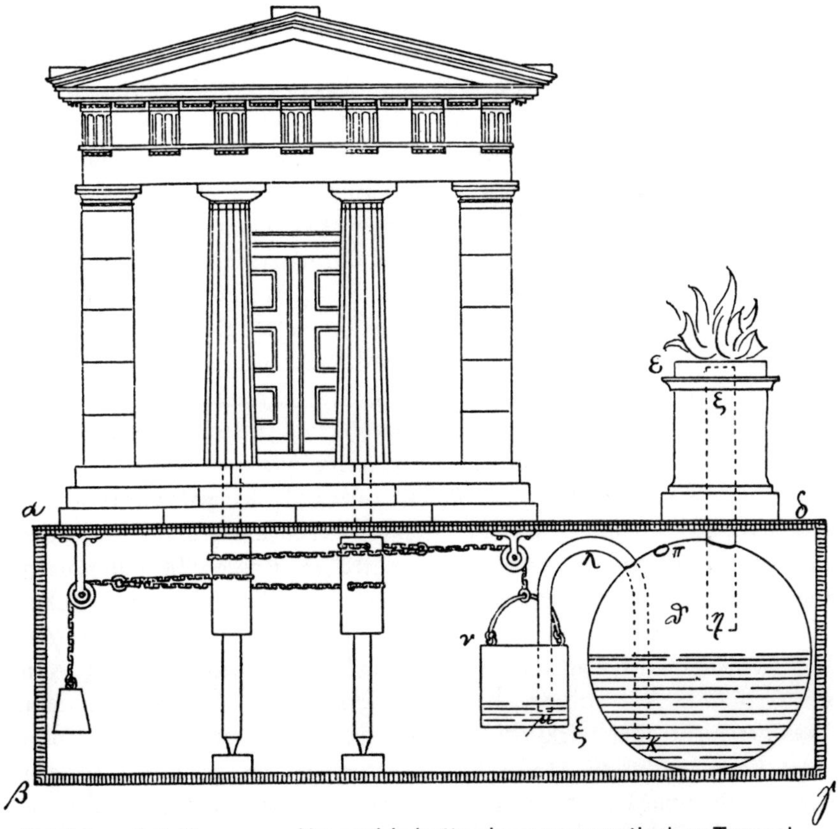

Abbildung 9.2: Heron aus Alexandria hatte einen pneumatischen Tempeltüröffner entworfen, einen Mechanismus, bei dem nach Entzünden des Opferfeuers erwärmte Luft Wasser in ein Gefäß drückte, dessen erhöhtes Gewicht dann zwei mit den Türflügeln verbundene Walzen in Bewegung versetzte.

das zu erfinden, was wir vorgebracht haben, und solange experimentelle Beweise fehlen, mag ihre Logik einen leichten Sieg davontragen. Wir werden ihnen daher durch Erscheinungen, die sich beobachten lassen, zwei Tatsachen zeigen:

1. Daß es ein kontinuierliches Vakuum gibt, aber daß dies nur gegen die Natur existiert,
2. daß es auch ein Vakuum von Natur aus gibt, aber nur in kleinen zerstreuten Maßen.

Wir werden ihnen ferner zeigen, daß unter Druck diese zerstreuten Vakua von Körpern erfüllt werden. Diese Beweise werden den Wortakrobaten keinen Ausweg mehr lassen.

Für unsere Vorführungen brauchen wir eine Metallkugel, die etwa zwei Liter faßt. Das Metall muß so dick sein, daß es den Belastungen standhält. Die Kugel muß luftdicht sein. Eine Kupferröhre mit einer engen Öffnung sei so in die Kugel eingeführt, daß sie nicht bis zur gegenüberliegenden Stelle der Kugel reicht, sondern genügend Platz für das Einströmen von Wasser läßt. Die Röhre rage etwa drei Zoll aus der Kugel heraus. Der Teil der Kugel um die Einführungsstelle der Röhre herum muß mit Zinn verlötet sein, so daß die Röhre und die Kugel eine zusammenhängende Fläche darstellt. Es darf keine Möglichkeit geben, daß Luft, die in die Kugel hineingeblasen wird, durch einen Spalt entweichen kann.

Nun wollen wir im einzelnen die Folgerungen aus dem Experiment untersuchen. Zu Anfang ist in der Kugel Luft, wie in jedem Gefäß, das man für gewöhnlich »leer« nennt. Die Luft füllt den ganzen umschlossenen Raum aus und drückt gleichmäßig gegen die Wände. Nach den Logikern sollte es – weil es nirgends unerfüllten Raum gibt – unmöglich sein, in die Kugel Wasser oder noch mehr Luft hineinzubringen, ohne die schon darin vorhandene Luft zu verdrängen. Ferner, wenn der Versuch gemacht wird, Luft oder Wasser mit Gewalt hineinzupressen, sollte das Gefäß, da es ja voll ist, eher zerbersten, als dies gestatten. Nun gut. Was geschieht aber wirklich? Jemand, der seine Lippen an die Röhre setzt, kann eine große Menge Luft in die Kugel hineinblasen, ohne daß darin enthaltene Luft entweicht. Dies ereignet sich jedesmal, wenn der Versuch wiederholt wird, und beweist damit deutlich, daß die Luftteilchen in der Kugel in die leeren Räume zwischen den Teilchen gedrückt werden. Dieses Zusammengedrücktwerden ist gegen die Natur, es ist die Wirkung des gewaltsamen Hineinpressens der Luft. Wenn man weiterhin nach dem Blasen die Röhre schnell mit dem Finger verschließt, so bleibt die Luft die ganze Zeit zusammengedrückt in der Kugel. Aber bei Entfernung des Fingers strömt die Luft, die hineingepreßt war, laut und gewaltsam aus, da sie von der Luft in der Kugel – die Luft ist ja elastisch – herausgetrieben wird.

Wenn der umgekehrte Versuch angestellt wird, kann eine große Menge Luft aus der Kugel herausgesaugt werden, ohne daß andere Luft hineingelangt, die sie ersetzen könnte. Dieses Experiment zeigt zwingend, daß sich ein kontinuierliches Vakuum in der Kugel bildet.«

Soweit die *Pneumatik*-Schrift des Heron, deren entscheidende Inhalte wohl Straton »dem Physiker« zugeschrieben werden können. Es sollte schwerfallen, angesichts solch eindrucksvoller Dokumente weiterhin Vorurteilen der Art zu huldigen, in der griechischen Antike habe es keine nennenswerten Wechselwirkungen zwischen Naturforschung und Technik gegeben oder eine sinnvolle physikalische Wissenschaft habe überhaupt nicht stattfinden können, weil die rein auf Spekulation ausgerichtete Naturphilosophie des Aristoteles jede Experimentierfreudigkeit zunichte machte. Auch nach der glanzvollen Epoche der ionischen Aufklärung gab es in Griechenland eine stattliche Zahl bedeutender Naturforscher – und auch Aristoteles sollte man als ehrenwerten *Physikos* zu ihnen zählen. So braucht es also nicht zu verwundern, daß selbst der Physiker John D. Bernal (*Science in History*), der sich mit heftiger Detailkritik an der klassischen Naturforschung nicht gerade zurückhaltend äußerte, letztlich doch zu folgender Bilanz kam, der aufgrund unserer Betrachtungen uneingeschränkt zugestimmt werden kann:

»Das vielleicht bedeutendste Erbe der Antike war der Begriff der Naturwissenschaft selbst. Wie Legenden bezeugen, behauptete sich hartnäckig die Auffassung, daß die Alten durch eingehende Studien so tiefe Kenntnisse der Natur erworben hätten, daß sie diese zu beherrschen vermochten. So soll angeblich Alexander, der Schüler des Aristoteles, ein Unterseeboot besessen haben und in einem von Adlern gezogenen Wagen durch die Luft geflogen sein. Von den tatsächlichen Elementen der antiken Kultur war die Naturwissenschaft am beständigsten, besonders Astronomie und Mathematik. Da beide zur Aufstellung von Planetenkarten, wenn auch nur für astrologische Voraussagen, unentbehrlich waren, mußten sie überliefert und ständig betrieben werden. Vieles aus den anderen Wissenschaftszweigen blieb in Büchern erhalten und sollte erst von den Arabern und später von den Humanisten der Renaissance wiederentdeckt werden. Wir werden wohl niemals erfahren, wieviel unwiederbringlich verlorengegangen ist; doch ist genügend bewahrt worden, um das Denken und die Praxis späterer Zeiten zu beeinflussen und anzuregen. In den letzten 500 Jahren ist in der Tat so viel wiederentdeckt und nachgebildet worden, daß die klassische Welt völlig in unserer eigenen Zivilisation aufgegangen ist, und das nirgends bewußter und erfolgreicher als in der Technik und in der Naturwissenschaft.«

10
Die Ideenkette des Atomismus

»Bei der Entstehung wissenschaftlicher Ideen gibt es keinen absoluten Anfang«, meinte der Wissenschaftshistoriker Pierre Duhem und erläuterte: »Soweit wir auch jene Denkspuren zurückverfolgen, die eine Idee vorbereitet, angedeutet und gesichert haben, so stoßen wir auf Meinungen, die wiederum als solche von anderen angedeutet, vorbereitet und gesichert worden sind. Der einzige Grund also, warum wir es aufgeben, diese Ideenkette weiter zu verfolgen, ist nicht, daß wir je das allererste Glied gefunden haben, sondern weil die Kette in der Tiefe einer unergründlichen Vergangenheit verschwindet.«

So gesehen reichen die Wurzeln einer diskutablen Lehre vom *Luftdruck* zumindest tief in die Altsteinzeit zurück, als die bei der Ausübung ihrer anstrengenden Tätigkeit immer wieder außer Atem geratenen Jäger über die heftigen Bewegungen ihrer Brustkörbe und Bauchmuskeln ins Grübeln gerieten, während sie nach Luft schnappten. Auch die Atemnot beim Pfeifen des kalten Wintersturmes mag sie zum Nachdenken über diese merkwürdige Substanz Luft bewegt haben. Und trotz allem magischen Naturverständnis bliesen diese »Altsteinzeitler« nicht nur auf Horn und Pfeife, sondern erfanden auch den Blasebalg, benutzten die luftgefüllte Blase als Schwimmkörper und pusteten ins Blasrohr, um Pfeile abzuschießen. Damit erkannten und nutzten sie nicht nur die Elastizität und Kompressibilität der Luft, sondern entdeckten auch den höchst bemerkenswerten Sachverhalt, daß der Luftstrom – durch Blasen oder Saugen – in eine ganz bestimmte Richtung gelenkt werden konnte.

Noch Platon meinte aber beispielsweise, ein abgeschossener Pfeil bewege sich allein dadurch, daß die an der Pfeilspitze verdrängte Luft ähnlich wie eine Flüssigkeit den Schaft entlang nach hinten ströme, sich dann wieder zusammenschließe, um so den Pfeil vorwärtszuschieben. Auch Aristoteles machte für diese Pfeilbewegung allein das »flüssige« Medium Luft verantwortlich, durch das der Pfeil wie ein Schiffchen durch die Wogen glitte: Nachdem in seiner Bewegungslehre alles Sich-Bewegende ein ursächlich Bewegtes war, mußte der Pfeilschütze dem Medium Luft ein Bewegungsvermögen übertragen, so daß der abgeschossene Pfeil schließlich vom Medium selbst weitergetragen wurde. Von Schicht zu Schicht übertrug sich nach der Ansicht des Aristoteles dieses Bewegungsvermögen in der Luft, wobei es sich nach und nach abschwächte, um am Ende der Flugbahn völlig zum Erliegen zu kommen.

Daß dies keine vernünftige Erklärung im Sinne unserer heutigen Physik sein konnte, dürfte sogar einem naturwissenschaftlichen Laien klar sein: Aber das, was man später so scheinbar einleuchtend »Fernwirkung« nannte, gab es in der Aristotelischen Physik eben noch nicht. Die Fernwirkungen waren, wie noch zu zeigen ist, ein beliebtes Diskussionsthema der Naturwissenschaft des 18. und 19. Jahrhunderts.

Etwas verwunderlich mag uns erscheinen, daß dem bedeutsamen Gedanken der Kompressibilität von Luft bei solchen Spekulationen praktisch keine Beachtung geschenkt wurde: Aber nach der Aristotelischen Bewegungslehre durfte es ja, wie schon erläutert, überhaupt keinen luftleeren Raum, das heißt kein Vakuum geben. Diese Ansicht wurde übrigens durch praktische Erfahrungen beim Ansaugen von Flüssigkeiten bestätigt und führte sogar zur Erfindung der Saugpumpe. Erst als sich bei einer weit fortgeschrittenen Saugpumpentechnik herausstellte, daß es unmöglich war, Wasser mit Hilfe einer solchen Apparatur höher als etwa zehn Meter zu saugen, wurden die theoretischen Überlegungen der Naturforscher wieder in Gang gesetzt. Eine vernünftige Erklärung dieses Sachverhalts fand allerdings erst der Galilei-Schüler Evangelista Torricelli (1608–1647): Das beim Anheben der Kolbenpumpe »angesaugte« Wasser werde durch das Gewicht der Luft, die außerhalb der Pumpe auf das Wasser drücke, nach oben geschoben, erläuterte Torricelli. Das Gewicht der Außenluft, das einen beträchtlichen Druck ausübe, könne aber lediglich einer rund zehn Meter hohen Wassersäule das Gleichgewicht halten. Noch sein Lehrer Galilei hatte dieses Phänomen ganz ohne den Luftdruck zu erklären versucht: Eine mehr als »18 Ellen« hohe Wassersäule reiße einfach unter ihrer eigenen Last wie ein zu lan-

Galileo Galilei wird als der eigentliche Schöpfer der modernen Physik, als Naturforscher im heutigen Sinne angesehen: Tatsächlich entwickelte er »über einen sehr alten Gegenstand eine ganz neue Wissenschaft«, indem er als erster Naturwissenschaftler die Aristotelische Bewegungslehre radikal veränderte.

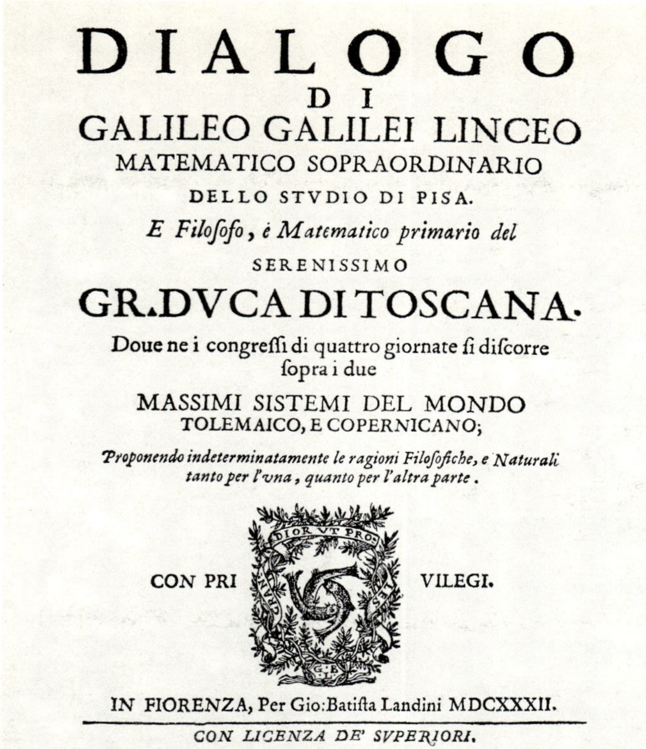
DIALOGO
DI
GALILEO GALILEI LINCEO
MATEMATICO SOPRAORDINARIO
DELLO STVDIO DI PISA.
E Filosofo, è Matematico primario del
SERENISSIMO
GR.DVCA DI TOSCANA.
Doue ne i congressi di quattro giornate si discorre sopra i due
MASSIMI SISTEMI DEL MONDO
TOLEMAICO, E COPERNICANO;
Proponendo indeterminatamente le ragioni Filosofiche, e Naturali tanto per l'vna, quanto per l'altra parte.
CON PRI VILEGI.
IN FIORENZA, Per Gio:Batista Landini MDCXXXII.
CON LICENZA DE' SVPERIORI.

DISCORSI
E
DIMOSTRAZIONI
MATEMATICHE,
intorno à due nuoue scienze
Attenenti alla
MECANICA & i MOVIMENTI LOCALI,
del Signor
GALILEO GALILEI LINCEO,
Filosofo e Matematico primario del Serenissimo Grand Duca di Toscana.
Con vna Appendice del centro di grauità d'alcuni Solidi.
IN LEIDA,
Appresso gli Elsevirii. M. D. C. XXXVIII.

Die beiden wichtigsten Werke Galileis sind der *Dialog über die zwei Hauptsysteme der Welt* (links) und die *Unterredungen über zwei neue Wissenschaften*, die *Discorsi* (rechts).

ges Seil oder ein dünner Kupferdraht. Unausgesprochen geisterte damit die Meinung des Aristoteles, daß es kein Vakuum geben könne, eine Lehre, die als *horror vacui* der Natur, als deren tiefe Abscheu vor dem Vakuum, noch im 17. Jahrhundert kultiviert wurde, durch die Köpfe der Naturforscher.

Aber die Lehre vom angeblichen *horror vacui* dieser Natur war bekanntlich schon gute eineinhalb Jahrtausende zuvor kräftig erschüttert worden: Da war – nach Straton »dem Physiker« und dem Mechaniker Ktesibios (um 250 v. Chr.) – vor allem Heron aus Alexandria im ersten nachchristlichen Jahrhundert mit faszinierenden Apparaturen vor eine erstaunte Öffentlichkeit getreten, die er »Druckwerke« nannte. Dazu zählten so verschiedenartige Geräte wie ein Preßluft-Katapult, eine Orgel, »die eine Pfeife tönen läßt, wenn der Wind bläst«, und ein Schröpfkopf, »der ohne Erwärmung anzieht«. Das entscheidende Vermächtnis des Heron war aber seine schon zitierte *Pneumatik*-Schrift, in der die Kompressibilität der Luft nicht nur in der praktischen Anwendung, sondern vor allem in der theoretischen Deutung auf geradezu »moderne Weise« gewürdigt wurde, wobei es dem Autor nicht zuletzt darum ging, eine Existenzmöglichkeit für gewisse Vakua nachzuweisen. Aus der Kompressibilität der Luft schloß Heron außerdem, daß sich diese »elastische« Substanz aus einzelnen diskreten Teilchen zusammensetzen müsse, die zueinander in einer beträchtlichen räumlichen Entfernung stehen.

Damit wurde erneut eine wissenschaftliche Idee lebendig, die bereits im vierten vorchristlichen Jahrhundert von Demokrit aus Abdera (etwa 460–370 v. Chr.) zusammen mit seinem Lehrer Leukipp aus Milet »vorbereitet, angedeutet und gesichert« wurde, um es mit Pierre Durhem zu sagen – die vermutlich folgenreichste aller Spekulationen der Wissenschaftsgeschichte, die Lehre vom *Atomismus:* Sie muß heute zunächst als tatsächliche Vorläuferin aller Spielarten der Atom- und Molekulartheorien der Materie angesehen werden, als eine Lehre, die den ersten »modernen« Atomistiker, Pierre Gassendi (1592–1655), unmittelbar beeinflußte, die über Isaac Newtons französische Schüler die streng mechanistische Physik des 18. Jahrhunderts prägte, Ludwig Boltzmanns statistische Mechanik auf dem Boden der neuen Atomistik gedeihen ließ und schließlich über Albert Einsteins Theorie der Brownschen Bewegung mit den Bose-Einstein- und Fermi-Dirac-Statistiken bis in die Quantentheorie und die Elementarteilchenforschung unseres Jahrhunderts ihre Spuren hinterließ. Dieser Atomismus des Leukipp und Demokrit beeinflußte darüber hinaus als angeblich radikal materialistische und atheis-

tische Philosophie von politischem Engagement aber auch den gesamten späteren Materialismus und regte sogar Karl Marx zu einer scharfsinnigen Analyse der Demokritschen Atomhypothese an. Marxens Schrift *Demokrit und Epikur* aus dem Jahr 1841 verglich den »originalen« Atomismus des antiken Grüblers aus Abdera mit den Modifikationen seines »kreativen« Überlieferers Epikur (341–270 v. Chr.), der in die Grundkonzeption des Universums ein Moment unberechenbarer Zufälligkeit einbauen wollte, wo Demokrit mit seinem Lehrer Leukipp noch eine strikte Determiniertheit der Geschehnisse sah: »Kein Ding entsteht planlos, sondern alles aus Sinn und unter Notwendigkeit.«
Während dieser Satz, der jeden Zufallsmechanismus im Naturgeschehen von vornherein ausschließt, bereits von Leukipp ausgesprochen wurde, zitiert man als eigentlichen Kernsatz des Demokritschen Atomismus wohl zu Recht immer wieder: »Nur scheinbar hat ein Ding Farbe, nur scheinbar ist es süß oder bitter; in Wirklichkeit gibt es nur Atome und den leeren Raum.«
Damit galten die Sinneswahrnehmungen Demokrit allenfalls als »dunkle«, das heißt unechte Erkenntnis. Die objektive Wirklichkeit bedurfte schon der echten Erkenntnis eines höchst verfeinerten Denkorganes; denn »wenn die dunkle Erkenntnis nicht mehr ins Kleinere sehen oder hören oder riechen oder schmecken oder in Berührung wahrnehmen kann, sondern die Untersuchung ins Feinere geführt werden muß, dann tritt an ihre Stelle die echte Erkenntnis, die ein feineres Erkenntnisorgan besitzt.« Anders gesagt: Wenn der Mensch versucht, den Mikrokosmos zu erkennen, das heißt in winzige Raumbereiche vorzudringen bei seiner Forschungsarbeit, so kann er sich auf seine Sinne nicht mehr verlassen. Als weitaus feineres Erkenntnisorgan hat er dann seinen Denkapparat einzusetzen. In einem seiner zahlreichen Denksprüche mahnte daher Demokrit: »Viel Denken, nicht viel Wissen soll man pflegen.«
Da es für unsere Betrachtung jedoch ziemlich mühsam, zumindest reichlich umständlich und wenig einleuchtend wäre, die Demokritschen Denkvorgänge anhand seiner Originalaussagen oder der Bemerkungen und Kommentare seiner antiken Kollegen nachzuvollziehen, mag es wieder einmal erlaubt sein, den Physiker Erwin Schrödinger zu zitieren (*Die Natur und die Griechen*), einen Vertreter der modernen Naturwissenschaft, der die Hauptzüge der Atomismus-Lehre Demokrits folgendermaßen rekonstruiert hat:
»1. Die Atome sind unsichtbar klein. Sie sind alle gleich hinsichtlich ihrer Substanz oder stofflichen Beschaffenheit, aber es gibt eine unüberseh-

bare Mannigfaltigkeit von verschiedenen Formen und Größen, durch welche allein sie sich unterscheiden. Denn sie sind undurchdringlich und wirken durch direkte Berührung aufeinander, indem sie einander stoßen und umlenken; auf diese Weise entstehen die verschiedensten Formen von Anhäufung und Verflechtung der Atome gleicher und verschiedener Art und erzeugen die unendliche Mannigfaltigkeit der materiellen Körper, wie wir sie in ihrer vielfachen gegenseitigen Wechselwirkung beobachten. Außerhalb der Atome ist leerer Raum – diese Ansicht scheint uns natürlich, gab aber im Altertum zu endlosen Debatten Anlaß, da manche Philosophen sich darauf versteifen, das Nichtseiende könne doch unmöglich sein, mit anderen Worten, es könne keinen leeren Raum geben!

2. Die Atome sind in beständiger Bewegung, und wir dürfen annehmen, daß diese Bewegung unregelmäßig und ungeordnet gedacht war, nach allen Richtungen verteilt, da nichts anderes denkbar ist, wenn die Atome in beständiger Bewegung sein sollen, auch in Körpern, die ruhen oder sich langsam bewegen. Demokrit konstatiert ausdrücklich, daß es im leeren Raum kein oben und unten, kein vorn und hinten, keine bevorzugte Richtung gibt – der leere Raum ist isotrop, wie wir sagen würden.

3. Ihre unaufhörliche Bewegung beharrt von selbst und kommt nie zur Ruhe; das nahm man unbesehen hin. So erreicht man das Trägheitsgesetz, was als große Leistung zu würdigen ist, da es ja in offenem Widerspruch zur Erfahrung steht. Zweitausend Jahre später wurde es von Galilei wieder aufgestellt; er war durch scharfsinnige Verallgemeinerung sorgfältiger Versuche mit Pendeln und mit Kugeln, die in der sogenannten Fallrinne herabrollen, dazu gelangt. Zur Zeit des Demokrit schien es ganz unannehmbar; es machte Aristoteles große Schwierigkeit, da er nur die kreisförmige Bewegung der Himmelskörper für eine natürliche hielt, die unverändert beharren könne. Nach der heutigen Fachsprache ist es die träge Masse der Atome, die ihnen ihre Bewegung im leeren Raum erhält und beim Zusammenstoß anderen Atomen mitteilt.

4. Gewicht oder Schwere wurde nicht als inhärente Eigenschaft der Atome angesehen, sondern in einer an sich recht geistreichen Weise erklärt, nämlich durch eine allgemeine Wirbelbewegung, derzufolge sich die großen, massiven Atome zum Zentrum drängen, wo die Umlaufgeschwindigkeit kleiner ist, während die leichteren vom Zentrum abgedrängt und himmelwärts getrieben werden.«

Soweit Erwin Schrödinger, der als eigentliche Ursache für den langen »Dornröschenschlaf« der atomistischen Lehre die Demokritsche Spekulation ansah, daß auch die Seele oder der Geist des Menschen aus materiellen Atomen zusammengesetzt sei – eine in der Tat ziemlich absurde Annahme, die allenfalls dazu nützlich sein konnte, die geistigen Nachfahren des Demokrit zu komplizierten Scheinfragen zum Thema Willensfreiheit anzuregen: »Epikur fügte dem System noch einigen Unsinn hinzu«, nörgelte daher Schrödinger, »der gewissenhaft von allen seinen Nachfolgern, natürlich auch von Lucretius Carus, nachgebetet wurde.« Der Römer Lucretius (Lukrez) verfaßte 56 v. Chr. über Epikurs Atomismus ein berühmtes Lehrgedicht, *De natura rerum,* das noch im zwölften Jahrhundert erst auszugsweise bekannt war und schließlich 1417 textlich komplett rekonstruiert werden konnte. Wie sah der angebliche »Unsinn« des Epikur aus, der nicht nur Schrödinger so mißfiel?

Unabhängig von ihrem Gewicht fielen nach den Vorstellungen des Epikur die Atome mit gleicher Geschwindigkeit als ununterbrochener Teilchenregen senkrecht durch den leeren Raum, wobei es lediglich durch *zufällige* Kursabweichungen zu Teilchenkollisionen kam, deren Folge die Zusammenballung der Atome in Form von kleinen Zweigen oder Geweihen sein konnte. Diese ursachelosen Abweichungen der »Elementarteilchen« von der Fallinie passierten aus einer Art *Willensfreiheit* heraus, jenseits der Grenzen von irdischer Meßbarkeit oder Bemerkbarkeit. Eine unbegrenzte Anzahl von Atomen jeder beliebigen Gestalt führte auf diese zufällige Weise zu einer begrenzten Anzahl von wahrnehmbaren Körpergestalten in unendlich vielen Universen, die über den unendlichen leeren Raum hinweg verteilt waren. Nur die Atome zur Seelenbildung mußten stets von kugelförmiger Gestalt sein – ansonsten war die atomare Form beliebig.

Ein »Atomregen« aus Materieklümpchen von blinder Notwendigkeit und unberechenbarem Zufall steuerte also das Werden und Vergehen der irdischen Welt, die nach Epikur ein Universum unter unendlich vielen war: All dem konnte der philosophisch einsichtige Mensch eigentlich nur in völliger Gleichgültigkeit gegenüberstehen, auch dem Tod, der einen »nichts anging«, weil Geist und Seele genauso materiell und sterblich waren wie die anderen Dinge der Welt.

Es ist verständlich, daß diese »weltanschaulichen« Konsequenzen der Epikureischen Philosophie die meisten Gelehrten der Spätantike und des Mittelalters zutiefst abgestoßen hat, wobei die Ablehnung des atheistischen Epikureismus im gleichen Maße die mit ihm verkettete Atomismus-Lehre traf, die Epikur in modifizierter Form von Demokrit und

Leukipp übernommen hatte. Erst im 17. Jahrhundert gelang es schließlich Pierre Gassendi, der nicht nur ein bedeutender Mathematiker und Astronom, sondern auch ein überaus frommer provençalischer Priester war, die atomistischen Gedanken von all ihren gottesleugnerischen und subversiven Beiklängen zu reinigen. Ganz in diesem »gassendischen Geist« wurden dann wenige Jahrzehnte später am Ende der *Optics*-Schrift von Isaac Newton die bekenntnishaften Sätze formuliert:

»Nach allen diesen Betrachtungen ist es mir wahrscheinlich, daß Gott im Anfange der Dinge die Materie in massiven, festen, harten, undurchdringlichen und beweglichen Partikeln erschuf, von solcher Größe und Gestalt, mit solchen Eigenschaften und in solchem Verhältnis zum Raume, wie sie zu dem Endzwecke führten, für den er sie gebildet hatte, daß ferner diese primitiven Teilchen, weil sie fest sind, unvergleichlich härter sind als irgendwelche aus ihnen zusammengesetzte poröse Körper, ja so hart, daß sie nimmer verderben oder zerbrechen können, denn keine Macht von gewöhnlicher Art würde imstande sein, das zu zerteilen, was Gott selbst bei der ersten Schöpfung als Ganzes erschuf. Es scheint mir ferner, daß diese Partikeln nicht nur Trägheit besitzen und damit den aus dieser Kraft ganz natürlich entspringenden passiven Bewegungsgesetzen unterliegen, sondern daß sie auch von aktiven Prinzipien, wie die Schwerkraft oder die Ursache der Gärung und der Kohäsion der Körper sind, bewegt werden. Diese Prinzipien betrachte ich nicht als verborgene Qualitäten, die etwa aus der spezifischen Gestalt der Dinge hervorgehen sollen, sondern als allgemeine Naturgesetze, nach denen die Dinge gebildet sind.«

Dieses atomistische »Glaubensbekenntnis« des großen Physikers Isaac Newton, dessen überragende Autorität die Naturforschung seiner Zeit nachhaltig bestimmte, verhalf der Lehre von den nicht weiter teilbaren Materiebausteinen des Universums zu einer relativ späten Anerkennung in Physik und Chemie. Natürlich haben diese Urpartikeln inzwischen nichts mehr mit den Gebilden zu tun, die zunächst »Atome« genannt wurden: Hier stellte sich ja recht bald heraus, daß sie keineswegs unteilbar (griechisch: *a-tomos*) waren. Schon eher können wir diesen Atomismus-Gedanken heute mit jener Teilchenvielfalt in Verbindung bringen, die eine siedende Urmaterie nach sogenannten »Elementarteilchen« ordnet: Diese »Teilchen« markieren inzwischen die überaus zahlreichen Nahtstellen zwischen der körnigen Materie des subatomaren Bereiches und der strahlenden Energie, so daß sie vielfach auch als »kondensierte Energie« gekennzeichnet werden.

Das ist sicher kein sehr anschauliches Bild, trägt aber dem Sachverhalt Rechnung, daß der Teilchen-Aspekt eines Modells allein nicht mehr ausreicht, um die Vielfalt der Phänomene im »Elementarteilchenzoo« angemessen zu beschreiben: Wo legitim über »Licht*quanten*«, »Materie*wellen*« und »Energie*atome*« geredet werden darf, da muß man sich eben auf »Spiele mit verschiedenen Bildern« einlassen, um ein treffendes Wort Werner Heisenbergs aufzugreifen.

Betrachten wir zunächst noch einmal die »reine Lehre« des Atomismus, die auf Demokrit und Leukipp zurückgeht, in ihrer Beziehung zur Wiedergeburt im 17. Jahrhundert: Läßt sich denn überhaupt ein begründeter Zusammenhang zwischen den klassischen (antiken) und modernen Überlegungen zu den materiellen Urbausteinen herstellen? Schließlich kannten weder Demokrit und Leukipp noch Gassendi und Newton diese gewaltige Fülle an experimentellem »Beweismaterial«, das den modernen Physikern zur soliden Bestätigung ihrer theoretischen Gedankengänge zur Verfügung steht! Könnte es nicht sein, daß die »alten« Vertreter des Atomismus mit ihren Hypothesen einfach nur »gut geraten« haben, was sich dann später bei der experimentellen Nachprüfung als »richtig« erwies? Oder deuten wir gar aufgrund unseres heutigen, wesentlich umfangreicheren Wissens viel zu viel in diese klassischen Spekulationen hinein? Auch folgende Frage könnte berechtigt sein: Ist der Atomismus, gleichgültig, ob es sich nun um die alte oder neue Version dieser Lehre handelt, ein so einprägsames Denkmodell, daß es uns der Verstand geradezu aufzwingt, zumindest jedoch nahelegt, gleichgültig, wie »hart« nun die empirischen Fakten sind, die dieses Denkmodell stützen? Anders gefragt: Steckt die Struktur einer solchen bildhaften Lehre vielleicht gar nicht in der Natur, sondern nur in unserem Intellekt, der die natürlichen Ereignisse dann mit Hilfe dieses in die Natur hineinprojizierten Rasters möglichst sinnvoll zu ordnen versucht?

Mit solchen Fragen stößt man mitten hinein in die Problematik der Wissenschaftstheorie oder einer Philosophie der Naturwissenschaft, in ein Terrain, dem in wissenschaftsgeschichtlichen Betrachtungen bisher meist viel zuwenig Beachtung geschenkt wurde. Da ist beispielsweise die in einer der Fragen angedeutete These von den klassischen Atomistikern als den »erfolgreichen Ratern«, deren Gedanken sich nachträglich als »richtig« erwiesen haben, als man sie nach dem Ende des vorigen Jahrhunderts einer experimentellen Prüfung unterzog. Diese Ansicht ist unter Naturwissenschaftlern überaus beliebt, erweist sich aber bei gründlicherem Nachdenken als ziemlich problematisch: Denn hier wird die

Ansicht vertreten, ein Forscher versuche, durch höchst raffiniert ausgedachte Experimente, der Natur ihre Geheimnisse zu entreißen – Geheimnisse, die uns diese Natur anscheinend mit allen Kräften vorenthalten will. Der immer weiter fortschreitenden Experimentierkunst in der Physik ist es zu verdanken, daß der Geheimcode der Natur eines Tages doch entziffert wird, ähnlich wie ein äußerst kompliziertes Kreuzworträtsel. Dabei werden möglichst alle qualitativen Merkmale wie Farben, Klänge, Geschmacksempfindungen auf quantitative Merkmale wie Wellenlängen, Frequenzen oder molekulare Konstitutionen zurückgeführt, die sich dann in logisch-mathematische Zusammenhänge bringen lassen.

Auf diese Weise läßt sich – zumindest nach Ansicht dieser vermeintlichen »Geheimnis-Entreißer« – die Realität von atomistisch strukturierten Gebilden des Mikrokosmos geradezu »beweisen«. So wird beispielsweise in der wissenschaftshistorischen Untersuchung eines Physikers zur Quantentheorie behauptet, daß Einstein mit seiner Theorie der Brownschen Bewegung »einen direkten und abschließenden Beweis für die atomistische Struktur der Materie« geliefert habe: »In Flüssigkeiten suspendierte Teilchen von mikroskopisch sichtbarer Größe führten infolge der Wärmebewegung Schwankungen aus, die mit dem Mikroskop nachgewiesen werden können«, wird erläutert, wobei diese Verschiebungen um so größer seien, je kleiner das herumgestoßene Teilchen ist. Die Extrapolation auf die bekannte Molekülgröße liefere dann die Wärmebewegung der Moleküle. »Die Extrapolation zeigt, daß das unsichtbare Molekül ebenso reale Existenz hat wie das im Mikroskop zu beobachtende suspendierte Teilchen«, erfährt man schließlich.

Für einen philosophisch geschulten Leser ist dieser physikalische Atomismus-»Beweis« natürlich im höchsten Maße anfechtbar, wenn nicht geradezu albern: Hier wird nicht nur unausgesprochen die *unbedingte Realität der Außendinge* – »selbstseiend«, unabhängig vom erkennenden Subjekt –, die alle Spielarten des erkenntnistheoretischen *Realismus* kennzeichnet, ungeprüft vorausgesetzt. Da wird sogar einem lediglich in der Theorie konzipierten Gebilde wie dem Molekül eine reale Existenz zuerkannt und eine einheitliche Form der Weltbeschreibung wie die atomistische Struktur der Materie bewiesen! Um Mißverständnisse zu vermeiden: Albert Einstein selbst wäre gewiß nie auf die Idee gekommen, seine Theorie der Brownschen Bewegung als »Beweis« der skizzierten Art anzusehen. Für ihn war Wissenschaft nichts weiter als »der Versuch, der chaotischen Mannigfaltigkeit der Sinnes-Erlebnisse ein logisch einheitliches gedankliches System zuzuordnen« – eine Vorstellung, auf die wir noch zu sprechen kommen. Lediglich eine Reihe seiner Physikerkollegen, die einem mehr oder weniger naiven Realismus huldigten, haben derlei »Existenzbeweise« in Einsteins Theorien hineinzudeuten versucht. In der Tat scheinen daher die folgenden Überlegungen des 1970 verstorbenen Physikers Max Born die Realitätsvorstellungen vieler seiner Kollegen recht gut zu treffen:

»Wie denken denn nun die Physiker oder, allgemeiner, die Naturforscher über das Problem der Wirklichkeit?

Mir scheint, daß die meisten naive Realisten sind, die sich nicht allzusehr den Kopf über philosophische Spitzfindigkeiten zerbrechen. Es genügt ihnen, daß sie Phänomene beobachten, messen und in ihrem eigentümlichen Jargon beschreiben. Solange sie mit Instrumenten und Versuchsanordnungen zu tun haben, verwenden sie die gewöhnliche Sprache, verziert mit geeigneten Fachausdrücken, wie es in jedem Handwerk Brauch ist.

Aber sobald sie theoretisieren, das heißt ihre Beobachtungen deuten, wird das anders. Schon in Newtons Mechanik, der ersten physikalischen Theorie im heutigen Sinne, erschienen Begriffe, die nicht gewöhnlichen Dingen entsprechen, wie Kraft, Fernwirkung, Masse, Energie. Mit dem Fortschreiten der Forschung wurde das immer ausgeprägter. In der Maxwellschen Theorie des Elektromagnetismus entwickelte sich der Begriff des Feldes, der ganz außerhalb der Welt der wahrnehmbaren Dinge liegt. Die quantitativen Gesetze, ausgedrückt in mathematischen Formeln, wie den Maxwellschen Gleichungen, bekamen mehr und mehr die Oberhand. In der Relativitätstheorie, der Atomphysik, der modernen Chemie wurde dieser Vorgang immer deutlicher, bis endlich bei der Quantenmechanik der Fall eintrat, daß der mathematische Formalismus ziemlich komplett und erfolgreich vorlag, ehe eine Interpretation in Worten gelang, und noch heute ist diese nicht endgültig festgelegt.

Was geht hier vor? In der Physik sind die mathematischen Formeln nicht Selbstzweck wie in der reinen Mathematik, sondern Symbole für irgendeine Art Wirklichkeit, die jenseits der Schicht der Erfahrung des täglichen Lebens liegt.«

Schon Demokrit selbst hatte die echte Erkenntnis, der er die Einsicht verdankte, daß es »in Wirklichkeit nur Atome und den leeren Raum« gebe, lediglich dem verfeinerten Denkorgan zugestanden (vergleiche Seite 180). Damit vertrat er zwar einen erkenntnistheoretischen Realismus, aber natürlich keinen naiven Realismus wie die meisten Physiker unserer

Zeit: Die Realität der Außendinge war ihm selbstverständlich, wenn auch *sinnlich nicht erfahrbar.* Demokrit hielt es in dieser Beziehung ausschließlich mit dem *Denken.* »Die Denkgesetze, mit denen die Physiker arbeiten, sind nicht aus der Erfahrung abstrahiert, sondern sind Ideen, Erfindungen großer Denker«, gestand übrigens auch Max Born ein. Doch er fügte hinzu: »Aber sie sind an der Erfahrung erprobt, und zwar in einem gewaltigen Umfange.« Auch Albert Einstein argumentierte ganz in diesem Sinne, als er schrieb: »Physik ist ein in Entwicklung begriffenes logisches Gedankensystem, dessen Grundlage nicht durch eine induktive Methode aus den Erlebnissen herausdestilliert, sondern nur durch freie Erfindung gewonnen werden kann. Die Berechtigung des Systems liegt in der Bewährung von Folgesätzen an den Sinneserlebnissen, soweit die Beziehung der letzteren zur ersteren nur intuitiv erfaßbar ist.« Damit das Denken der Physiker nicht in leeres Gerede ausarte, meint Einstein, sollten aber genügend viele Sätze des Systems mit Sinneserlebnissen »hinreichend sicher verbunden« sein: Diese Einstellung unterscheidet die modernen Physiker von ihrem »alten« Kollegen Demokrit.

Denn in der Demokritschen Lehre zeigte sich diesbezüglich ein gewisser Bruch: Sinneserlebnisse oder -wahrnehmungen galten diesem antiken Grübler als »dunkle« und damit unechte Erkenntnis. Dennoch unterschied Demokrit klar zwischen den *geometrischen* Begriffen eines Körpers und deren unvollkommener Verwirklichung an einem *physikalischen* Körper: Ein geometrischer Punkt habe keine Ausdehnung, wohl aber das Materieklümpchen eines Atoms – eine geometrische Größe sei bis ins Unendliche teilbar, nicht dagegen die unteilbare physische Einheit des Atoms.

Rund hundert Jahre später wurde diese bestehende Überlegung von Platon als Grundlage seiner »Ideen«-Lehre benützt: Geometrische Figuren sind lediglich Abbilder der entsprechenden Formen oder Ideen. Die Dinge, die wir auf Erden wahrnehmen, sind allenfalls unvollkommene Nachbildungen der Ideen: Erst »hinter« den Dingen der physischen Welt erkennt man daher die reinen Formen, eine Welt der Ideen. Diese Ideenwelt hat unsere Seele bereits in ihrer Präexistenz geschaut, bevor sie in unseren irdischen Leib eintrat. Die Erinnerung daran ging jedoch in der Stunde der Geburt verloren. Aber die unvollkommenen Nachbildungen der Ideen in den irdischen Dingen wecken Erinnerungen, geben »Denkanstöße«:

»Auch in dem, der nicht weiß, sind die richtigen Vorstellungen von dem,

was er nicht weiß«, kennzeichnete Platon diese Erkenntnissituation. Um das gespeicherte Wissen »in sich selbst wiederzugewinnen«, bedarf es einer Aktivierung des Erinnerungsvermögens, einer nachträglichen Besinnung, die Platon *anamnesis* nannte, was »Heraufholen« bedeutet – Heraufholen der Erkenntnis aus der Tiefe der Seele. In den Platonischen Dialogen pflegte Sokrates deshalb die Kunst der wohlwollenden Zwiegespräche, der dialektischen Fragetechniken, um die Lernenden der in ihnen ruhenden Vorstellungen zu »entbinden«: Folgerichtig erhielt daher der Stil der Sokratischen Gesprächsführung die plastische Bezeichnung »Hebammenkunst« (griechisch: *maieutik*).
Die Platonische Philosophie ist übrigens auch in naturwissenschaftlicher Hinsicht bezüglich ihrer atomistischen Tendenzen bemerkenswert: Hier wurde von Platon zum erstenmal in der Wissenschaftsgeschichte der Versuch unternommen, die Physik einer strengen Mathematisierung zu unterwerfen. Dem Unterfangen blieb zwar der Erfolg versagt – dennoch scheint der Ansatz der Überlegungen dieses großen Philosophen bemerkenswert.
Im bereits erwähnten Dialog *Timaios*, dem bekanntlich ein Pythagoreer seinen Namen gegeben hat, erläuterte Platon seine rein mathematische Auffassung vom *Raum*, der für ihn allein durch seine Ausdehnung charakterisiert war. Der Raum wurde als das Substrat gedacht, das schließlich verbleibt, wenn alle physikalischen Eigenschaften der materiellen Körper in Gedanken »abgezogen« werden. Später präzisierte René Descartes (1596–1650) diese Vorstellung zur Materie als der *res extensa:* Das Wesen der Materie war ihr Ausgedehntsein. Damit wurde der – eigentlich leere – Raum bei Platon aber gleichsam als ein realer »Behälter« für die körperhaften Dinge aufgefaßt, und er stand, gemessen an seiner Wirklichkeit, über den physikalischen Körpern, die er enthielt: Für Platon waren solche Gebilde nur unvollkommene Nachbildungen der ewigen Ideen. Dagegen betrachtete Platon den Raum immerhin als so »real« wie diese Ideen oder Formen. Der Ort eines Körpers im Raum war damit der von ihm aufgrund seiner Ausdehnung eingenommene Platz. Die übrigen, nichtausgefüllten Raumbezirke bildeten das »Feld« des leeren Behälters – eine Auffassung, die im wesentlichen doch ziemlich deutlich mit der Demokritschen Atomismus-Konzeption übereinstimmte.
Philosophisch »beliebter« war allerdings schon seit den Tagen der ionischen Aufklärung die erstmals von Aristoteles konsequent und prägnant ausgearbeitete *Plenum*-Konzeption des Raumes, nach der die Ausdeh-

nung als eine quantitative Eigenschaft von physischen Körpern anzusehen war, der Raum also ausgefüllt sein mußte. Daraus ergab sich »folgerichtig« die Aristotelische Bewegungslehre mit der natürlichen Bewegung der Körper hin zu ihrem natürlichen Ort der Ruhe. Eine zwar deutlich abstraktere, wenn auch verwandte Raumauffassung hat übrigens Einstein in seiner allgemeinen Relativitätstheorie vertreten, wo sich die Geometrie des Raumes und die ihn prägende Materie gegenseitig bedingen: Man könnte diese Vorstellung so interpretieren, daß der Raum erst durch die ausgedehnte Materie »aufgespannt« wird.

Trotz seiner im Grunde atomistischen Raumkonzeption konnte sich auch Platon allerdings nicht dazu durchringen, die Demokritsche Ansicht zu teilen, daß innerhalb des Universums ein im physikalischen Sinne leerer Raum existiere, ein Vakuum also: Auch für den Lehrer des Aristoteles war dieser Raum durchgehend ausgefüllt, war er ein »Plenum«. Die Bewegung eines Körpers konnte daher nach den Überlegungen Platons nur dann stattfinden, wenn er einen ihm benachbarten Körper wegstieß oder gar eine ganze Reihe von Körpern verschob, um danach dessen Platz oder deren Stellen im Raum einzunehmen. Am besten wird diese Bewegungssituation beim bereits erläuterten Pfeilschuß verdeutlicht, bei dem die Luft in einer Art von Wirbelbewegung um das Geschoß strömt und es dann vorwärts schiebt (vergleiche Seite 176).

Markant atomistisch in der Auffassung und weitgehend mathematisiert in der Beschreibung bot sich auch die Elementenlehre dar, die Platon im *Timaios*-Dialog vorstellte: Von Empedokles aus Agrigent übernahm er die Lehre von den vier Sorten von Elementarteilchen, die unveränderlich und unzerstörbar waren. Prozesse der Veränderung, die man im Entstehen und Vergehen zu beobachten meint, stellten danach »in Wahrheit« nur Mischungs- und Entmischungsvorgänge der materiellen Urbausteine von den sogenannten Elementen Feuer und Luft, Wasser und Erde dar.

Platon gab den vier verschiedenen Sorten von Elementarteilchen oder Atomen die Form regelmäßiger Körper: Die Erd-Atome wurden in seinem System würfelförmig, erhielten also die Gestalt des sechsflächigen »Hexaeder«, der von quadratischen Außenflächen begrenzt ist. Alle anderen Atomformen besaßen dagegen Begrenzungen aus gleichseitigen Dreiecken: Feuer-Atome erhielten die einprägsame Gestalt des »Tetraeder« – eine vierflächige Form, die uns heute allen durch Verpackungen von Trinkmilch oder Säften bekannt ist. Dagegen sah Platon die Luft-Atome in der Form der Doppelpyramide mit acht dreieckigen Seiten-

flächen (»Oktaeder«) und die Wasser-Atome als winzige Zwanzigflächner, »Ikosaeder« genannt (Abbildung 10.1).
Mit Hilfe dieser unterschiedlich geformten Atome der vier Elemente, die sich vermischten und trennten, wurden typische Eigenschaften von reinem Element oder gemischter Substanz durch die Bewegung der Atome »erklärt«. Gewisse Zusammenschlüsse von Atomen nach der Art dessen, was inzwischen »chemische Verbindung« genannt wird, ließen sich anhand der geometrischen Eigenschaften dieser atomaren Bausteine demonstrieren: Aus zwei Luft-Atomen (2 L) und einem Feuer-Atom (F) konnte man zum Beispiel ein Wasser-Atom nach dem Muster L_2F montieren – die zwanzig Dreiecksflächen des Wasser-Ikosaeder setzten sich dann aus den sechzehn Dreiecken der beiden achtflächigen Oktaeder der Luft und den vier Dreiecken des Feuer-Tretraeder zusammen. Die formale Übereinstimmung dieses Wasser-Atom-Modells L_2F mit der bekannten chemischen Formel H_2O ist allerdings rein zufällig: Eine allzu kühne Interpretation führt hier ziemlich schnell aufs Glatteis. Wir sagten es schon: Die mathematisierte Elementenlehre des Platon blieb ein zwar bemerkenswerter, aber letztlich doch erfolgloser Versuch der theoretischen Naturbeschreibung.
Diese wenigen Anmerkungen zur Platonischen Philosophie ließen wohl ahnen, daß rein theoretische Überlegungen, die von der »dunklen« Erkenntnis der Sinneswahrnehmung weitgehend unabhängig sind, wie es

Abbildung 10.1: Platon gab in seiner spekulativen »Elementarteilchentheorie« den vier verschiedenen Atom-Sorten die Gestalt der regulären Raumkörper mit Ausnahme der Dodekaeder-Form: Seine Erd-Atome waren würfelförmig (Hexaeder), die Feuer-Atome Tetraeder, die Luft-Atome doppelpyramidige Oktaeder und die Wasser-Atome zwanzigflächige Ikosaeder.

Demokrit ausgedrückt hat, in der Naturforschung eine wesentliche Rolle spielten und spielen: Das galt in den Tagen von Thales und Demokrit genauso wie zur Zeit von Gassendi und Newton, aber auch in unserem Jahrhundert bei Born und Einstein, die allerdings nachdrücklich davor gewarnt haben, die Erprobung oder Bewährung der Theorie an der Erfahrung, »an den Sinneserlebnissen« zu vernachlässigen. Der spanische Philosoph Ortega y Gasset hat die geistigen Höhenflieger der reinen Spekulation übrigens auf folgende Weise davor gewarnt, den Kontakt zur Bodenstation der Erfahrungswelt zu verlieren: »Der Geist stößt in seinem Fluge kaum auf Widerstand. Ohne die Dinge, die man sieht und berührt, wäre der dünkelhafte ›Geist‹ nicht mehr als Wahnsinn.«

Damit bleibt eigentlich nur noch die Frage offen, ob der Atomismus-Gedanke nicht einfach ein so prägnantes Vorstellungsmodell ist, daß es einem der Verstand geradezu aufzwingt. Dagegen sprechen zwar noch immer die faszinierenden Spekulationen des Aristoteles, der die erfahrbare Wirklichkeit auf für viele Menschen so überzeugende Weise mit seinem Materie-Form- und Akt-Potenz-Denkmodell in den Griff bekam, wenn auch – was diese vielen Menschen kaum stört – mit wesentlich weniger »technischem« Erfolg. Überaus »bemerkenswert in allen Gedankengängen des Aristoteles« fand beispielsweise der anerkannte schottische Wissenschaftshistoriker Alastair C. Crombie die »empirische Korrektheit« dieses Philosophen. Und daß man seine Überlegungen keineswegs als »falsch« ansehen kann, haben auch wir zu zeigen versucht (auf Seite 170). Daß sich dagegen der Atomismus-Gedanke in der Physik besser behaupten konnte, ist also allenfalls eine Frage der Nützlichkeit und Zweckmäßigkeit, keinesfalls jedoch eine »Widerlegung« der Aristotelischen Gedankengänge. Immerhin müssen wir der technisch überaus erfolgreichen Atomismus-Idee einen wichtigen Platz in jenem »Reservefond von Vorstellungen« zugestehen, von dem Susanne K. Langer gesprochen hat, als sie dem denkenden Organismus die fortwährend »symbolische Übersetzungstätigkeit seiner Erfahrungen« auferlegte (Seite 53f.). Damit scheinen unsere menschlichen Denkstrukturen – wenn schon nicht zwingend, so doch mehr oder weniger »nahelegend« – auf unsere Überlegungen einzuwirken, was wiederum, wie bereits erläutert, auf sprachliche Prägemechanismen zurückgeführt werden kann (Seite 80f.): Wer denkt, der symbolisiert, der arbeitet geistig mit Ideen oder »Erfindungen großer Denker«, um es mit Max Born zu sagen. Anders ausgedrückt: Wer denkt, der ordnet nicht nur seine Erfahrungen nach überlieferten und erprobten Schemata, hinter deren Formen die Grammatik des indoeuropäischen Sprachraumes durchschimmert – er macht diesen Erfahrungen auch immer gewisse Vorschriften. Einige dieser Vorschriften stammen zweifellos aus jener beachtlichen Ideenkette, die von Denkern wie Demokrit und Platon, Gassendi und Newton bearbeitet und gestaltet wurden, aus einer Ideenkette, die jedoch, wie alle Gebilde dieser Art »in der Tiefe einer unergründlichen Vergangenheit verschwindet«.

11
Warum »der größte Physiker der Antike« eigentlich Mathematiker war

Obwohl wir Demokrit aus Abdera ohne Zweifel zu den bedeutendsten Physikern der Antike zählen können, war seine Atomismus-Lehre letztlich doch keine physikalische Theorie im modernen Sinne, weil sie keinerlei Schlußfolgerungen zuließ, die in der empirischen Praxis erprobt werden konnten: Die »Bewährung von Folgesätzen an den Sinneserlebnissen«, wie Einstein sagte, fand nicht statt; denn Sinneswahrnehmungen empfand der Gelehrte aus Abdera als »dunkle« und damit unechte Erkenntnis. Mit seinen astrophysikalischen Überlegungen blieb Demokrit übrigens der ionischen Tradition verhaftet und schaffte damit nicht den geringsten Fortschritt: Wir versuchten im Rahmen unserer Betrachtungen gerade zu zeigen, daß die exakte, das heißt mathematisierte Naturwissenschaft den phythagoreischen »Rückschritt« brauchte, um vorwärtszukommen!

Der rein beschreibende und qualitative Charakter der ionischen »Erklärungen« führte zwar zu bisweilen recht einleuchtenden Bildern, mit denen aber für eine »Naturbeherrschung« im weitesten Sinne nicht das geringste anzufangen war. So nahm Demokrit das Weltmodell des Anaximander zum Teil in seiner verstaubtesten Urfassung auf – eine länglich gestreckte walzenförmige Erde, die von einem Luftkissen getragen wurde, schwebte bewegungslos im Mittelpunkt des Universums – und »modernisierte« es allenfalls durch Überlegungen der Art, daß die Himmelskörper keine feuergefüllten Gestirnschläuche mehr darstellten, sondern erdähnliche Körper waren, die durch den fortwährenden Umlauf um die

Erde zum Glühen gebracht wurden. Und weil er die Schiefe der Ekliptik im ionischen Geiste »erklären« wollte, gab Demokrit seiner Erdwalze sogar noch einen hohen Randwulst und neigte sie deutlich in südlicher Richtung.

Es ist leicht einzusehen, daß diese unzulängliche Art astrophysikalischer »Forschung«, die wir bereits anhand typischer Beispiele kennengelernt haben, einer soliden Naturwissenschaft mit mathematischer Theorie nicht als Grundlage dienen konnte: Dafür mußte schließlich doch der durch Quantität und Zahl gekennzeichnete »Rationalismus« der Pythagoreer sorgen – ein gedanklicher Ansatz, der einem modernen, rein empiristisch gedrillten Forscherhirn leider etwas fremd geworden ist. Aber in der Tat waren es nicht die plausiblen Modellbildchen der Ionier, sondern die kinematischen »Spielereien« mit den vermeintlich göttlichen Gestirnen, die sich nach und nach zur reinen »Formel-Ideologie« eines Hipparch oder Ptolemaios entwickelten und damit der exakten Wissenschaft ihre Existenzgrundlage gaben!

Diese rationalistische Tradition der Physik unterschätzt man im Gegensatz zu der sicherlich *auch* überaus nützlichen, wenn nicht gar notwendigen Entgötterung der Natur durch die ionische Aufklärung. Damit sieht man ebenfalls nicht die überragende Bedeutung eines Eudoxos gegenüber einem Anaximander oder eines Ptolemaios gegenüber einem Aristarch, weil aus heutiger Sicht eben jeder auch noch so bescheidene und unvollkommene Ansatz des Empirismus beeindruckt. In ähnlicher Weise spielt uns heute der übertriebene Hang zum Perfektionismus einen Streich: Wie anders könnte sich sonst wider alle Vernunft dieses hartnäckige Vorurteil halten, daß Griechenland in antiker Zeit eine Stätte totaler technischer Rückständigkeit gewesen sei! Wir waren daher im Rahmen dieser Betrachtung bemüht, erkennbare Wechselwirkungen zwischen der griechischen Technik einerseits und der Naturforschung und Mathematik andererseits aufzuzeigen, Wechselwirkungen, die trotz aller »Technikerverachtung« sogar bei Platons Philosophie zu spüren sind, vor allem jedoch bei Anaximander und Eudoxos, Apollonius und Ptolemaios und auf ganz markante Weise bei Straton und Heron.

Aber es gehörte nun einmal zum »guten Ton« der Gelehrten im klassischen Griechenland, alles Technische in den Argumentationen soweit wie möglich »herunterzuspielen« – selbst dann, wenn laufend davon Gebrauch gemacht wurde: »Technik« in unserem modernen Verständnis war den Griechen nämlich *machinatio,* ein »listiges Mittel«, um der Natur gleichsam ein Schnippchen zu schlagen – *mechanáomai* hieß »ich er-

Schon als Student beschäftigte sich Johannes Kepler an der Universität Tübingen mit der Frage, wie denn wohl ein Beobachter auf dem Mond die Geschehnisse am Himmel sehen würde.

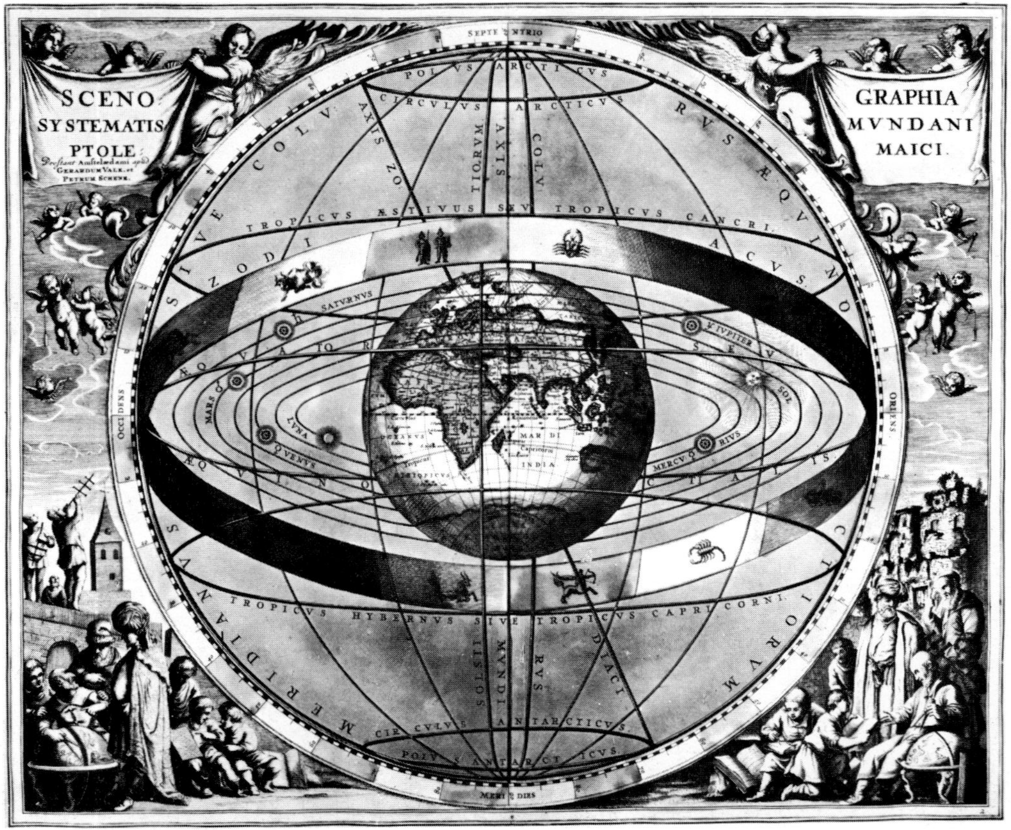

Dieser prächtige Kupferstich aus dem berühmten Sternatlas des Andreas Cellarius, einem Werk, das erstmals im Jahr 1661 verlegt wurde – diese Vorlage wurde der Amsterdamer Ausgabe von 1708 entnommen –, stellt auf höchst eindrucksvolle Weise das Ptolemäische Weltsystem dar, in dessen Mittelpunkt das irdische Zentralgestirn ruht (vergleiche auch den Schutzumschlag dieses Buches).

sinne eine List«. So braucht es eigentlich nicht zu verwundern, daß der berühmte Historiker Plutarch im ersten nachchristlichen Jahrhundert folgende Feststellung über einen Mann traf, der von vielen als der größte Physiker des Altertums angesehen wurde, geradezu als ein Naturforscher vom Range Newtons:

»Archimedes hatte bei seinem Reichtum von Erfindungen einen so erhabenen Geist und so große Gesinnungen, daß er von den Künsten, die ihm den Ruhm eines übermenschlichen und göttlichen Verstandes erwarben, nichts Schriftliches hinterlassen wollte. Er hielt die praktische Mechanik und überhaupt jede Kunst, die man der Notwendigkeit wegen triebe, für niedrig und handwerksmäßig. Sein Ehrgeiz ging nur auf solche Wissenschaften, in denen das Gute und Schöne einen inneren Wert für sich selbst hat, ohne der Notwendigkeit zu dienen, die mit keiner anderen Wissenschaft verglichen werden können und bei welchen die behandelten Dinge mit den Beweisen in Absicht der Vortrefflichkeit gleichsam wetteifern, weil die Sachen an sich so erhaben und schön und die Beweise so gründlich und wichtig sind.«

Archimedes aus Syrakus (287–212 v. Chr.) hat also, wenn wir Plutarch vertrauen dürfen, die mechanische Kunst als »niedrig und handwerksmäßig« angesehen, obwohl zahlreiche Legenden ihm doch die Erfindung imposanter technischer Geräte, vor allem von Kriegsmaschinen, zuschreiben. Legendenbildung besitzt stets einen mehr oder weniger deutlichen realen Hintergrund: In der Tat scheint Archimedes, ein Verwandter oder Freund des letzten Tyrannen von Syrakus, Hieron II., bei der Verteidigung seiner Heimatstadt gegen die Römer eine gewichtige Rolle gespielt zu haben. Zum Beispiel sollen mittels Hebekränen, Flaschenzügen und Winden die belagernden Kriegsschiffe zum Kentern gebracht und mit gewaltigen Brenngläsern oder -spiegeln in Brand gesetzt worden sein. Der Bezug zur Wirklichkeit ist bei diesen Legenden durchaus gegeben: Wir wissen, daß Archimedes mit verschiedenen mechanischen Modellen zur Veranschaulichung seiner mathematischen Lehrsätze gearbeitet hat, wobei er es allerdings tunlichst vermied, in seinen kunstvollen Beweisen auf diese Hilfsmittel Bezug zu nehmen. Hören wir dazu wieder Plutarchs Erläuterungen:

»Diese so beliebte mechanische Kunst hatten zuerst Eudoxos und Archytas getrieben; sie hatten bloß, um die Geometrie angenehmer zu machen, ihre Aufgaben, deren Beweise nicht sogleich eingesehen und begriffen werden konnten, durch sinnliche und mechanische Beispiele aufgelöst ... Aber Platon war damit unzufrieden und machte ihnen Vorwürfe, daß sie dadurch das Vorzügliche der Geometrie entehrten, wenn diese Wissenschaft von unkörperlichen und abstrakten Dingen zu sinnlichen Gegenständen übergehen und wiederum Körper brauchen sollte, die doch nur gemeinen und groben Handwerkern nutzten. Durch diese Gedanken wurde die Mechanik wieder von der Geometrie abgesondert, lange Zeit von der eigentlichen Philosophie verachtet und bloß für eine Kunst der Kriegsleute gehalten.«

Es war also durchaus naheliegend, daß Archimedes, der exzellente *Mathematiker,* der sich hauptsächlich mit geometrischen Problemen beschäftigte, hinsichtlich seiner mechanischen Aktivitäten – die wie bei Eudoxos und Archytas darauf hinzielten, die Geometrie »angenehmer«, das heißt anschaulicher zu machen – als bloßer »Kriegsmann« gesehen wurde. Ein Mathematiker »reinsten Wassers« blieb der Gelehrte nämlich nicht nur, als er das kunstvolle theoretische System seiner *Statik*-Lehre entwarf, sondern auch, als er im Rahmen seiner *Hydrostatik* das berühmte »Archimedische Prinzip« formulierte: Er sah dieses Prinzip damit keineswegs als ein Naturgesetz an, sondern betrachtete es als ein »mit Notwendigkeit« gültiges Theorem, vergleichbar einem geometrischen Lehrsatz.

Die Tatsache, daß Archimedes auch als Naturwissenschaftler in erster Linie ein eingeschworener Mathematiker war, der seine Lehrsätze zur Statik der festen und flüssigen Körper im Stile der Euklidischen Geometrie aus wenigen Grundsätzen *(Axiomen)* und Definitionen ableitete, sollten wir auch dann nicht vergessen, wenn uns die berühmte Legende in den Sinn kommt, wie der Gelehrte sein »Archimedisches Prinzip« angeblich in der Badewanne entdeckt haben soll. Es mag erlaubt sein, diese Geschichte in der Version des amerikanischen Wissenschafts- und Science-fiction-Autors Isaac Asimov in Erinnerung zu rufen:

»König Hieron soll seinen berühmten Verwandten gebeten haben, eine gerade vom Goldschmied gelieferte Krone daraufhin zu prüfen, ob sie wirklich aus purem Golde bestehe. Eine Beschädigung sollte strikt vermieden werden. Archimedes wußte zunächst nicht, wie in diesem Falle vorzugehen wäre. Als er eines Tages in ein volles Badebecken hineinstieg, fiel ihm auf, daß Wasser überlief. Ein Geistesblitz brachte ihm die Erkenntnis, daß das Volumen des übergelaufenen Wassers gleich sein mußte dem Volumen desjenigen Teils seines Körpers, der in das Bad eintauchte. Wenn er also die Krone in ein Gefäß mit Wasser tauchte, so könnte er am Ansteigen des Wasserspiegels das Volumen der Krone ablesen. Daraufhin könnte er dieses Volumen mit demjenigen einer gleich schweren Menge reinen Goldes vergleichen. Wenn die Volumina gleich wären, müßte die Krone aus reinem Gold bestehen. Enthielte sie jedoch eine Beimengung von Silber, das spezifisch leichter ist, müßte sie ein größeres Volumen haben. Außerordentlich erregt über diese neue Erkenntnis – später ›Archimedisches Prinzip‹ genannt –, schwang er sich aus dem Bad, lief vollkommen nackt durch die Straßen zum Palast und rief: ›Heureka! Heureka!‹ (›Ich hab's gefunden!‹) Seit jener Zeit sind diese Worte sprichwörtlich berühmt geworden. Im übrigen stellte sich heraus, daß die Krone teilweise aus Silber bestand. Der betrügerische Goldschmied wurde hingerichtet.«

Soweit die Entlarvung eines unehrlichen Goldschmieds durch einen nackten Physiker, wie sie die Legende erzählt. Entschieden nützlicher für unsere Untersuchung dürfte allerdings die Analyse der verschiedenen Betrachtungsweisen sein, die zum Archimedischen Prinzip führen können: Wie wird zum Beispiel dieses Prinzip im modernen Physikunterricht erläutert? Wie sah dagegen die Argumentation des Archimedes aus?

Sehen wir zunächst die »moderne« Version der Schulphysik an: Ein beliebiges Flüssigkeitsvolumen, das unter dem Einfluß der Schwerkraft (Gravitation) steht, ist im Inneren nicht nur Druckkräften ausgesetzt, die von den Gefäßwänden oder vom äußeren Luftdruck ausgeübt werden, sondern vor allem auch vom Gewicht der oberen Flüssigkeitsschichten. Anders gesagt: Der Druck in einer Flüssigkeit, zum Beispiel unter Wasser, steigt mit der Tiefe.

Und zwar geschieht das derart, daß die Kraft F auf eine beliebige Fläche A von der Höhe h und der Dichte ϱ (*ro,* griechisches r) nach der Beziehung

Kraft = Flüssigkeits-*Masse* · Erd-*Beschleunigung*

folgenden Betrag erhält:

$$F = (A \cdot h \cdot \varrho) \cdot g.$$

Dabei stellt g den bekannten Wert der Erdbeschleunigung von 9,82 m/s^2 (Meter pro Sekunde im Quadrat) dar, dessen Einheit m/s^2 sich dadurch ergibt, daß die Beschleunigung in den Differentialgleichungen als zweite Ableitung des Weges nach der Zeit auftritt. Mit der Wirkung dieser gleichen Erdbeschleunigung $g = 9{,}82\ m/s^2$ fallen bekanntlich alle Körper zum Erdmittelpunkt hin. Auf dem Planeten Mars beträgt diese Beschleunigung lediglich 3,76 m/s^2, auf dem Jupiter immerhin 26 m/s^2. Der Druck p in der Flüssigkeit, der als Kraft definiert ist, die pro Flächeneinheit ausgeübt wird, also $p = F/A$, ergibt sich damit zu

$$F/A = (A \cdot h \cdot \varrho) \cdot g/A \quad \text{oder} \quad p = h \cdot \varrho \cdot g,$$

hängt also ausschließlich von der Tiefe h der Flüssigkeit ab. (In zwei Meter Wassertiefe herrscht beispielsweise überall auf der Erde der gleiche Druck, gleichgültig, ob man nun in Herrn Müllers Swimming-Pool, im Bodensee oder im Mittelmeer taucht.) Wie in der Abbildung 11.1 zu sehen ist, läßt sich diese Erkenntnis bei der Formulierung des Archimedischen Prinzips aus moderner Sicht direkt verwerten:
Ein ziegelförmiger Körper von der Grundfläche F und der Höhe (Dicke) h_z wird so in eine Flüssigkeit der Dichte ϱ getaucht, daß seine Eintauchtiefe – der Abstand der Deckfläche des Ziegels vom Flüssigkeitsspiegel an der Oberfläche – der Strecke h entspricht. Die abwärts gerichtete Kraft auf diese Deckfläche ist dann vom Betrag

$$F_{ab} = (A \cdot h \cdot \varrho) \cdot g.$$

Eine aufwärts gerichtete Kraft drückt dagegen von unten auf die Bodenfläche des Ziegels mit einem Betrag von

$$F_{auf} = (A \cdot h \cdot \varrho) \cdot g + (A \cdot h_z \cdot \varrho) \cdot g.$$

Die gesamte auf den Ziegel einwirkende Kraft der Flüssigkeit, die nach oben gerichtet ist, ergibt sich durch den Differenzbetrag $F_{auf} - F_{ab}$ zu

$$(A \cdot h_z \cdot \varrho) \cdot g,$$

wobei dieser Ausdruck genau das *Gewicht der Flüssigkeit* angibt, die massenmäßig durch den Ziegel verdrängt wurde: Der Ziegel erleidet also beim Eintauchen in die Flüssigkeit einen scheinbaren Gewichtsverlust des Betrages $F_{auf} - F_{ab}$, der *Auftrieb* genannt wird.
Damit besagt das Archimedische Prinzip in seiner allgemeinen Form, daß ein Körper, der in eine Flüssigkeit oder ein Gas eingetaucht ist, die unter dem Einfluß der Schwerkraft stehen, mit einer Kraft emporgehoben wird, die »Auftrieb« heißt und im Betrag genau dem Gewicht der verdrängten Flüssigkeit oder des verdrängten Gases entspricht.
Allein durch die Druckzunahme mit der Tiefe im »Medium« des Tauchbereichs erklärt sich also, daß die aufwärts gerichtete Druckkraft an der Bodenfläche des eingetauchten Körpers größer ist als die abwärts gerichtete Kraft an seiner Deckfläche. Bestünde dennoch der eingetauchte Kör-

per aus einem Material von der gleichen Dichte ϱ wie die Flüssigkeit, in der er sich befindet, so herrschte völliges Gleichgewicht: Der Auftrieb wäre dann gleich Null, weil die umgebende Flüssigkeit auf die Bodenfläche des eingetauchten Körpers mit genau dessen Gewicht drückte.

Soweit die »moderne« Argumentation zum Archimedischen Prinzip. Wie aber sah der Gelehrte aus Syrakus, dessen Namen dieses Prinzip trägt, nun selbst den entsprechenden Sachverhalt? Lassen wir wieder Paul Lorenzen *(Die Entstehung der exakten Wissenschaften)* anhand der Abbildung 11.2 erläutern: »Archimedes argumentiert ganz anders, kommt aber zu demselben Resultat. Er stellt sich die Flüssigkeit kugelförmig um den Mittelpunkt M der Welt (als Zielpunkt der natürlichen Bewegung aller schweren Körper) gelagert vor.

In der linken Seite sei ein Körper eingetaucht, rechts ist ein gleiches Volumen aus Wasser eingezeichnet. Auf einer Fläche A′B′ um M lastet – jedes Flüssigkeitsteilchen wird als nur in Richtung auf M fallen wollend gedacht – die Wassermenge AA′B′B, vermindert um das Wassergewicht des Körpers und vermehrt um sein wirkliches Gewicht. Auf der Fläche B′C′ lastet die Wassermenge CC′B′B, die der Wassermenge AA′B′B gleich ist. Damit das Wasser unterhalb A′B′C′ in Ruhe bleibt, muß das

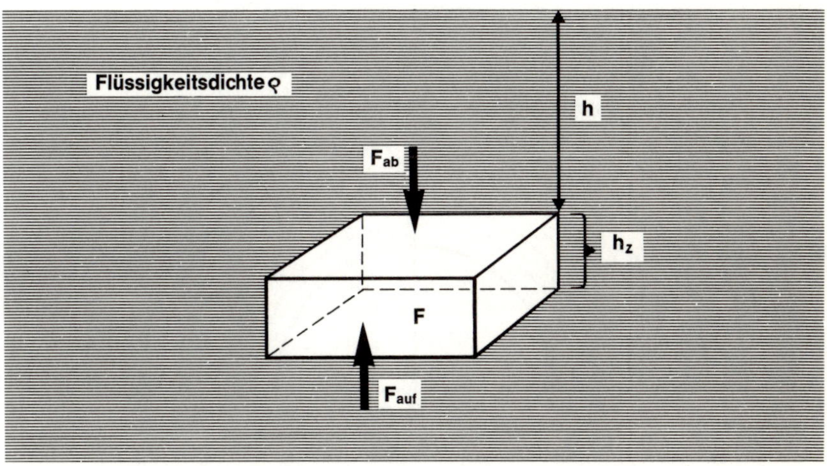

Abbildung 11.1: Erläuternde Grafik für das Archimedische Prinzip, wie es im modernen Physikunterricht dargestellt wird.

auf A'B' lastende Gewicht gleich dem Gewicht auf B'C' sein. Also muß das wirkliche Gewicht eines Körpers, der in Wasser schwerelos sein soll, gleich seinem Wassergewicht sein.«
Wie schon gesagt: Diese Argumentation ist durch und durch mathematisch und nimmt auf keinerlei Erfahrungswerte Bezug, die – der Legende gemäß – gar noch aus dem »Laboratorium Badezimmer« stammen sollen. Archimedes sah in Erkenntnissen dieser Art keine Naturgesetze, sondern notwendig gültige Theoreme, den geometrischen Lehrsätzen vergleichbar. Daher ergänzte er für seine Statik-Lehre die Grundsätze (Axiome) der Geometrie auch einfach durch sieben weitere Grundsätze, in denen beispielsweise folgende einleuchtenden Behauptungen aufgestellt wurden:
»Gleiche Gewichte in gleichen Abständen sind im Gleichgewicht. Gleiche Gewichte in ungleichen Abständen sind dagegen im Ungleichgewicht; denn das Gewicht im größeren Abstand hat Übergewicht.« (Axiom 1)
»Wenn sich gleich große und ähnliche Figuren decken, dann decken sich auch die entsprechenden Schwerpunkte.« (Axiom 4)

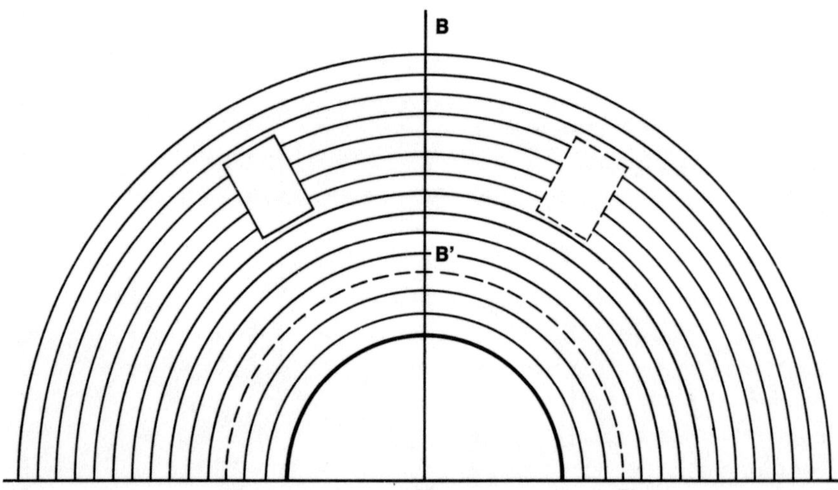

Abbildung 11.2: Archimedes aus Syrakus erläuterte das nach ihm benannte Prinzip des Auftriebs eines Körpers, der in eine Flüssigkeit getaucht ist, anders als wir das heute tun: Seine Argumentation führte jedoch genau zu demselben Resultat.

»Jede Figur, deren Umfangslinie überall nach derselben Seite gekrümmt ist, hat ihren Schwerpunkt im Inneren.« (Axiom 7)
Durch rein logische Überlegungen mit einer Beweistechnik, die auch heute noch die Bewunderung seiner mathematischen Fachkollegen hervorrufen kann, weil Archimedes vor allem mit indirekten Beweisen operierte, wo mit Hilfe einleuchtender, in Wirklichkeit aber fragwürdiger Annahmen ein klarer Widerspruch abgeleitet wurde, bewies der Gelehrte aus Syrakus zum Beispiel das bekannte *Hebelgesetz* aus solchen Axiomen, ohne auf die Erfahrung zurückzugreifen. Viele Leser kennen dieses »Archimedische Theorem« vermutlich in der recht einprägsamen, wenn auch physikalisch nicht ganz einwandfreien Form »Kraft mal Kraftarm ist gleich Last mal Lastarm«. Dazu gibt es noch einen, wiederum legendären Ausspruch des Archimedes, der die ganze Tragweite dieser »Entdeckung« verdeutlicht: »Gebt mir einen festen Punkt – und eine genügend lange und feste Hebelstange –, so hebe ich die Erde aus ihren Angeln«!«
Wenn auch all diese Legenden von bisweilen recht fragwürdigem Wert für die wissenschaftshistorisch korrekte Einschätzung des Archimedes sind, so wäre es doch reichlich unnütz, sie durch »harte Fakten« widerlegen zu wollen: Eine solche Legende schafft meist eine weitaus freundlichere, motivierendere Einstellung zu den Tatsachen als die »nackten« Tatsachen selbst. Außerdem zeigen Legenden eindrucksvoller als mancher historisch akzeptierte Bericht die Bedeutung, die ein Mann wie Archimedes zu seiner Zeit gehabt haben muß. Und in der bekannten Lesebuchgeschichte vom gewaltsamen Tode des großen Gelehrten aus Syrakus, jener viel erzählten »Störe-meine-Kreise-nicht«-Legende, spiegelt sich gewiß ein markanter Charakterzug des »typischen Mathematikers«. Plutarch erzählte diese Geschichte so:
»Archimedes war, als Syrakus von den Römern erstiegen wurde, mit mathematischen Zeichnungen in seinem Zimmer beschäftigt und darin mit seinen Gedanken so sehr vertieft, daß er die stürmende Eroberung der Stadt gar nicht merkte. Auf einmal stand ein römischer Soldat in seinem Zimmer und befahl ihm, sogleich mit ihm zum Feldherrn Marcellus zu gehen. Archimedes wollte es nicht eher tun, bis er seine Aufgabe gelöst und den Beweis dazu vollendet hätte. Darüber wurde der Soldat so böse, daß er sein Schwert zog und Archimedes niederstieß.«
Legenden der verschiedensten Art über die »Männer der Wissenschaft« wurden in Griechenland seit den Tagen des Thales und Pythagoras erzählt: Sie zeigen zumindest, wie schon gesagt, daß die Bedeutung und der Einfluß ihrer Gedanken von den Zeitgenossen ganz gewiß nicht un-

terschätzt wurde. Die zunächst »Sophisten« (Weise), seit Sokrates »Philosophen« (Weisheitsliebende) genannten Geistesarbeiter gründeten bisweilen halbklösterliche Gemeinschaften, die sich als Schulen etablierten. Sie bestimmten über diese Kollektive ganz entscheidend die Entwicklung und den Kurs der Wissenschaft, so etwa die Pythagoreer in Unteritalien (Kroton) oder die Medizinerschule des Hippokrates auf der Insel Kos. Sie arbeiteten einzeln als wissenschaftliche oder politische Berater bei den »Tyrannen« oder den demokratischen Regierungen, deren Ansehen dadurch gehoben wurde. Bisweilen wurden sie auch mit Schimpf und Schande verjagt wie Anaxagoras, der in Athen von Perikles fallengelassen wurde, weil er, wie schon erwähnt, gelehrt hatte, die Sonne sei ein glühender Gesteinsbrocken (vergleiche Seite 104). Wohlhabend waren diese Wissenschaftler allesamt, ob nun reich von Geburt wie der Aristokrat Platon, von großen Honoraren, wie sie Gorgias oder Protagoras für ihre Dialektik-Künste einstrichen, oder von wirtschaftlichen Spekulationen im Stile des Thales (vergleiche Seite 93). Daß sie, wie Karl Marx es einmal formuliert hat, vor allem »den ideologischen Überbau für ein neues System der Produktionsverhältnisse« geliefert haben sollen, der idealistisch und produktionsfeindlich war, weil sie angeblich keinerlei Verbindungen zu den materiellen Geschehnissen der Wirtschaft hatten, ist deshalb als ein ähnliches Vorurteil anzusehen wie die technische Rückständigkeit des antiken Griechenland: Nur eine solide materielle Wohlhabenheit erlaubte es schließlich diesen »Weisheitsliebenden«, den Realitäten mit jener legendär hoheitsvollen und gelehrtenhaften Verachtung gegenüberzutreten, die – das Beispiel Archimedes zeigt es – vor allem den mathematisch orientierten Naturforschern zugeschrieben wurde.
Die elitären Züge des modernen Akademikertums wurden daher auch vom mathematikfreundlichen Platon und seiner Athener Akademie – der »Urahne« aller westlichen Universitäten, wissenschaftlichen Gesellschaften und Forschungsgemeinschaften übrigens – genauso »vorprogrammiert« wie die traditionelle Verachtung aller primär empirischen Wissenschaften an diesen Institutionen: »Kein der Mathematik Unkundiger möge hier eintreten!« lautete ein bezeichnendes Verbotsschild am Portal von Platons Hoher Schule. Doch immerhin sorgte auch hier das Quadrivium der zahlenbezogenen Fächer Arithmetik und Geometrie, Astronomie und Musiktheorie für eine so überragende Dominanz der *Mathematik,* daß der weitgehend am Platonismus ausgerichtete westliche Bildungsbegriff – im Gegensatz zum rein geisteswissenschaftlich orientierten, mathematisch nahezu bedeutungslosen Bildungsbegriff der Chi-

nesen, der im vergleichbaren Maße von Konfuzius (551–479 v. Chr.) geprägt wurde – stets einen, wenn auch unterschiedlich bewegten Fortgang aller wissenschaftlichen Arbeit im Sinne der exakten Forschung garantierte. Vor allem im 16. und 17. Jahrhundert erhielt Platons mathematischer »Wecker der Erkenntnis« wieder eine so überragende Bedeutung, daß die epochalen Werke von Kepler, Galilei und Newton deutlich »platonistische« – und damit natürlich pythagoreische – Züge tragen.

So darf man mit dem Schweizer Mathematiker Andreas Speiser vielleicht vermuten, daß gerade in der Physik letztlich doch »die Formeln die Flügel der Phantasie« bilden: »Ohne sie kommt man nicht vom Fleck, sondern man dreht sich im Kreise einiger Maximen herum, die man unbewußt verwendet.« Jedenfalls galt dies für die Spekulationen eines Thales in gleicher Weise wie für die eines Pythagoras, für die eines Eudoxos wie für die eines Archimedes und für die eines Hipparch wie für die eines Ptolemaios. Und wie schon mehrfach angedeutet und bald noch deutlicher erkennbar, hat diese Vermutung auch ihre Richtigkeit in der Gedankenwelt der modernen Physik.

12
Das »arabische Salz« der exakten Naturforschung

Die These, daß unsere abendländisch-europäische Kultur nicht nur eine reine Tochterkultur der hellenistisch-lateinischen, sondern geradezu mit dieser in der Antike geprägten Kulturform »identisch« sei, kann einem aufgrund der mannigfachen engen Beziehungen durchaus plausibel erscheinen. Und wenn man zudem bedenkt, daß die exakte Naturforschung, wie der Mathematiker und Physiker Hermann Weyl es einmal treffend gesagt hat, »das wenn nicht wichtigste, so doch ausgezeichnetste Faktum unserer Kultur im Vergleich zu anderen Kulturen« ist, dann scheint diese These hier geradezu bekräftigt zu werden: Die Entstehung der westlichen Naturwissenschaft ist überhaupt nur auf den Grundlagen des griechischen Weltbildes begreifbar, eines Weltbildes, das von Platon und Aristoteles so überzeugend systematisiert wurde.
Doch bei näherem Hinsehen wird diese Einheitsidee von der griechisch-römisch-abendländischen Kultur gerade auf dem naturwissenschaftlichen Sektor nachhaltig erschüttert: Das exakte Wissen der Griechen kehrte in seiner unverfälschten Form erst wieder nach Europa zurück, nachdem es eine beträchtliche »Odyssee« durch den Raum des östlichen und südlichen Mittelmeeres durchgemacht hatte, durch jenes Gebiet also, das im siebten und achten Jahrhundert von den muslimischen Arabern erobert worden war. In diesem *islamischen Kulturkreis* erlebten die wissenschaftlichen Texte des antiken Griechentums zum großen Teil eine sprachliche Metamorphose, die vom Griechischen über das Syrische und Arabische, das Persische und Hebräische, das Katalanische und Provenzalische zum La-

teinischen führte: Thomas von Aquin (1225–1274), der wohl bedeutendste Gelehrte des abendländischen Mittelalters, las daher »seinen« Aristoteles zunächst in einer lateinischen Fassung, die nach arabischen Übersetzungen angefertigt worden war. Erst relativ spät überarbeitete und komplettierte der Übersetzer Wilhelm von Moerbeke auf Anraten des Thomas die Aristotelischen Schriften direkt aus dem Griechischen: Doch die Entdeckung des Aristoteles blieb den Arabern vorbehalten.

»Die Lehre des Aristoteles ist die Summe der Wahrheit, weil sie das Höchste darstellt, was menschliche Intelligenz überhaupt erreichen kann. Es ist daher mit vollem Recht gesagt worden, daß Aristoteles geschaffen und uns gegeben wurde durch die göttliche Vorsehung, auf daß wir wissen sollten, was zu wissen möglich ist.«

Dieser geradezu hymnische Lobgesang auf das Werk des berühmtesten Griechen – *Physikos* und des neben Platon bedeutendsten Vertreters hellenistischer Geistigkeit – stammte aus der Feder eines *Arabers*, des im spanischen Cordoba lebenden Arztes, Juristen und Philosophen Ibn Ruschd (1126–1198), dessen Gelehrtenname »Averroes« war: Seine Aristoteles-Kommentare zur *Physik* und zur *Himmelsschrift (De Caelo)* waren der unentbehrliche Bestandteil aller populären Ausgaben dieses griechischen Gelehrten, die im frühen Mittelalter in lateinischer Sprache vorlagen. Der »abendländische« Aristoteles war zunächst praktisch ein »Averroesscher« Aristoteles, wobei der arabische Wissenschaftler die Aristotelische Lehre im Sinne eines rigorosen *Empirismus* interpretierte: Die unmittelbare, direkte Erfahrung, das konkrete Beobachtungsmaterial wurden von Averroes mit der Realität, der wirklichen Welt identifiziert. Aber nicht bloß rigoros empiristisch, auch radikal *deterministisch* war die Aristoteles-Auffassung des Averroes: Nicht nur den Menschen wurde jede Willensfreiheit versagt, sogar Gott selbst konnte auf gar keine andere Weise gehandelt haben, als Aristoteles es angegeben hatte! Um diesen merkwürdigen Gedanken zu begreifen, könnte man geradezu einen berühmten Satz des Demokrit-Lehrers Leukipp (siehe Seite 180) wie folgt abwandeln: »Kein Ding entsteht planlos, sondern alles aus dem Sinn und unter der Notwendigkeit der Aristotelischen Lehre.«

Averroes, der arabische Gelehrte aus dem blühenden Omaijadenkalifat in Spanien, war es dann übrigens auch, der als Moslem die Grundzüge einer lebhaften Diskussion unter seinen europäischen Kollegen bestimmte, die im christlichen Abendland des 13. Jahrhunderts über die bereits erläuterte Bewegungslehre des Aristoteles entflammte. Und sein Landsmann, Glaubensbruder und Zeitgenosse Arab Ibn Bagda mit dem Ge-

lehrtennamen »Avempace« formulierte für diesen Streit die Gegenposition: Er behauptete kühn, daß sich ein Körper auch im Vakuum (!) mit endlicher Geschwindigkeit bewegen können müsse – denn obwohl im leeren Raum kein Widerstand vorhanden sei, so gelte es dort doch auch, eine gewisse Entfernung zu überwinden. Als einleuchtendes Beispiel einer solchen endlichen Geschwindigkeit ohne Widerstand im Vakuum führte Avempace die Bewegung der Himmelskörper an. In seinem *Physik*-Kommentar attackierte Averroes diese Überlegung seines Kontrahenten Arab Ibn Bagda mit den traditionellen Argumenten der Aristotelischen Bewegungslehre, die wir ausführlich erläutert haben (vergleiche Seite 167 f.).
Aber nicht nur »Spaniens Araber« im mediterranen Westen auf der iberischen Halbinsel sorgten dafür, daß die griechische Naturwissenschaft mit zum Teil höchst eigenwilligen Kommentaren wieder nach Europa zurückkehrte: Schon im achten und neunten Jahrhundert wurden weit östlich davon im Tal des Tigris – zunächst in der arabisierten »Wissenschaftsstadt« Dschundai-Sabur und später an der berühmten Akademie zu Bagdad, die den schönen Namen »Haus der Weisheit« trug – griechische Werke der Medizin (Hippokrates aus Kos), der Mathematik (Euklid), der Physik (Aristoteles) und der Astronomie (Ptolemaios) in die Wissenschaftssprache jener Zeit übertragen, ins Arabische also, zum Teil auch schon mit arabischen Kommentaren versehen.
Daß dieses Arabische – ähnlich wie das Griechische und Lateinische eine höchst ausdrucksvolle, geschmeidige und »logische« Sprache – damals eine vergleichbare Rolle spielte wie heute das Englische als weithin verbreitete *language of science,* zeigt vor allem die zuwenig beachtete Tatsache, daß die meisten Gelehrten, die sich ihrer bedienten, weder Araber noch Moslems waren: Da gab es nestorianische Christen aus Syrien wie den Arzt und Übersetzer Hunain Ibn Isahaq (Johannes, Sohn des Isaak) oder Aijub ar-Ruhawi (Hiob von Edessa), der eine umfangreiche Enzyklopädie der Philosophie und Naturforschung ganz im aristotelischen Geist verfaßt hatte. Im Osten des islamischen Kulturraumes publizierte der Grieche Qosta Ibn Luqa (Konstantin, Sohn des Lukas) seine arabischen Werke in Bagdad, während drüben im fernen Westen der Jude Khisdai Ibn Schaprut seine Gedanken arabisch formte und in arabischen Schriftzeichen in Toledo zu Papier brachte. Selbst der berühmteste »arabische« Mathematiker jener Zeit, Mohammed Ibn Musa al-Khwarizmi (etwa 780–850), dem die exakte Wissenschaft den Ausdruck »Algebra« verdankt – und durch Verballhornung seines Namens den Fachterminus »Algorithmus« (!) –, war eigentlich Perser, also gewiß kein Araber: Den-

noch verband all diese Gelehrten die gemeinsame arabische Wissenschaftssprache, in die sie alles Wissenswerte übersetzten, in der sie kommentierten und publizierten, ähnlich wie das kurze Zeit später das Lateinische tat.

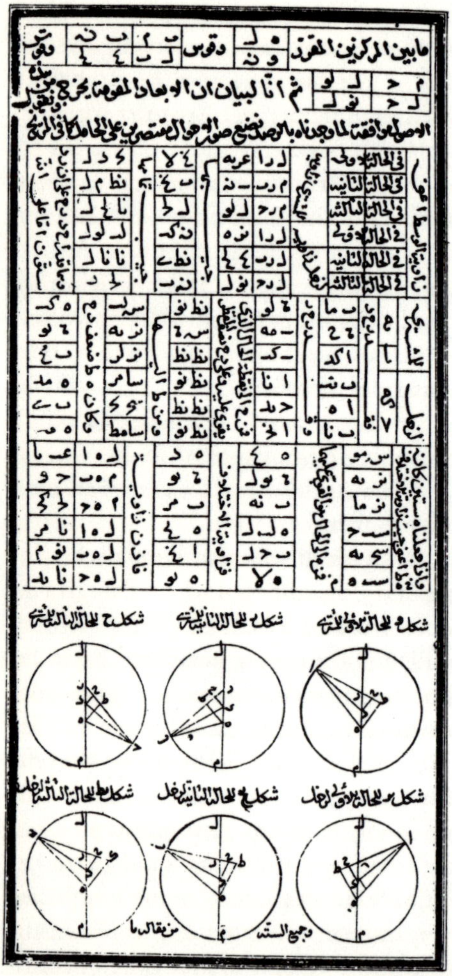

Abbildung 12.1: Neben Euklids mathematischem Standardwerk, den *Elementen,* stand im Mittelalter vor allem der *Almagest,* das Astronomiewerk des Ptolemaios im höchsten Ansehen: Die Abbildung zeigt den Ausschnitt einer arabischen Ausgabe dieses wissenschaftshistorisch so bedeutsamen Buches.

Mit al-Khwarizmi haben wir einen jener »orientalischen« Gelehrten genannt, die dem christlichen Abendland nicht nur griechisches Wissen – in diesem Fall übrigens die Arithmetik des Mathematikers Diophant (etwa 210–290) – übermittelt haben, sondern auch solide Kenntnisse indischer Mathematiker und Astronomen: Dem persischen Gelehrten verdanken wir zum Beispiel das überaus praktisch zu handhabende Dezimalsystem der Hindus – unsere sogenannten »arabischen« Ziffern einschließlich der Null sind eigentlich indische Ziffern. Auch die äußerst präzise Tabellierung der Sinus- und Tangens-Funktion – zum Teil auf acht Dezimalstellen genau berechnet! – geht auf al-Khwarizmi zurück: Sein astronomisch-trigonometrisches Tafelwerk wurde im frühen zwölften Jahrhundert von dem englischen Kleriker Adelard von Bath nach einer Bearbeitung durch Maslama al-Madschritt ins Lateinische übersetzt. Wenige Jahre später übertrug Adelards Kollege Robert von Chester al-Khwarizmis algebraisches Werk aus dem Arabischen ins Lateinische; es erschien 1135 im spanischen Segovia. Diese beiden Werke gehörten zu den frühesten Schriften, die in lateinischer Sprache erschienen.
Ein bedeutender »Umschlagplatz« griechisch-arabischer Wissenschaftsliteratur war übrigens auch Sizilien mit Süditalien: Hier fertigte etwa Eugen von Palermo um das Jahr 1154 eine lateinische Fassung der *Optik* des Ptolemaios nach einer arabischen Vorlage an und wirkte um 1160 an einer Übersetzung des berühmten *Almagest* direkt aus dem Griechischen ins Lateinische mit (vergleiche Seite 140). Am Kaiserhof zu Palermo, wo der ungemein sprachgewandte Hohenstaufer Friedrich II. (1194–1250) residierte, pflegte man mit Hingabe die Naturforschung im »arabisierten« Stil: Michael Scotus übersetzte dort die Averroesschen Aristoteles-Kommentare aus dem Arabischen ins Lateinische und Leonardo Fibonacci aus Pisa bearbeitete nach arabischen Quellen die indische Arithmetik und Algebra. Das war mathematisches Terrain, dem die alten Griechen im Gegensatz zur Geometrie herzlich wenig Beachtung geschenkt hatten.
Die Astronomie des Ptolemaios, ergänzt durch eine reiche Fülle zugehörigen trigonometrischen Materials, wurde der abendländischen Naturforschung hauptsächlich durch al-Khwarizmi und al-Farangi im neunten und den Astronomen al-Battani im zehnten Jahrhundert überliefert: Vor allem Mohammed Ibn Dschabir al-Battani (858–929), der Araber mit dem Gelehrtennamen »Albategnius«, konnte als Sohn eines geschickten Instrumentenbauers für astronomische Beobachtungen eine ganze Reihe wichtiger Daten präzisieren und verbessern, unter anderem den erdfern-

sten Punkt der Sonne *(Ap-hel)*, die Schiefe der Ekliptik und die Länge des »tropischen« Sonnenjahres.

Im letzten Fall diente der al-Battanische Wert sogar als Grundlage der Gregorianischen Kalenderreform von 1582: Ein Moslem und arabischer Astronom hat also wesentlich an diesem päpstlichen Reformwerk von Gregor XIII. mitgewirkt, das für uns heute noch seine »Richtigkeit« hat. Bereits ein halbes Jahrtausend zuvor hatte dagegen al-Battanis persischer Kollege Omar Khaijam im Jahr 1074 den »mohammedanischen« Kalender mit bestechender Genauigkeit präzisiert: Auch dieses Kalenderwerk bestimmt noch heute den Gang der Dinge in der islamischen Welt, wo mit Mondjahren zu 354 Tagen gleich zwölf »synodischen« Monaten gerechnet wird.

So müssen selbst Wissenschaftshistoriker, die den muslimischen Gelehrten eine »übertriebene Hochachtung vor den Werken der Griechen im allgemeinen und denen von Platon und Aristoteles im besonderen« vorwerfen wie John D. Bernal, eingestehen, daß diese Männer einen, wenn auch quantitativ schwer abschätzbaren, eigenen Beitrag bei der Übermittlung naturwissenschaftlicher Kenntnisse im Mittelalter geleistet haben:

»Zweifellos wurde das Wissen der Griechen wiederbelebt und nicht bloß unverändert übermittelt«, heißt es in Bernals *Science in History*. »Dieses Wissen durchlief einen Umformungsprozeß, ähnlich dem, den das Wissen des alten Orients durch die Verarbeitung in griechischer Hand durchgemacht hatte, wenn auch in diesem Fall der Zusammenhang weit deutlicher war und auch zugegeben wurde. Da die muslimischen Gelehrten sich innerlich mit den alten Legenden der Griechen nicht identifizierten, war ihre Haltung der griechischen Bildung gegenüber viel unbefangener als die der Griechen selbst. Beim Lesen islamischer Werke der Wissenschaft wird man durch die rationale Darstellungsweise, die man gewöhnlich nur von der modernen Wissenschaft erwartet, regelrecht in Erstaunen versetzt.«

In der Tat ähnelten die arabischen Texte – und damit auch deren lateinische Übersetzungen – in der protokollarischen Nüchternheit ihrer Prosa, die mehr oder weniger stark mit mathematischen Termen, Formeln oder Fachausdrücken durchsetzt war, bereits deutlich den modernen Abhandlungen der exakten Wissenschaft: Diese sind in einem genormten Vokabular formuliert und weitgehend von den »Inexaktheiten« der natürlichen Sprache »gereinigt«. Da es sich für uns Europäer beim Arabischen darüber hinaus um eine »echte« Fremdsprache handelt, deren grammatikalische Struktur sich deutlich von der Struktur unserer indoeuropäischen Sprachen unterscheidet, ergibt sich daraus bereits der Eindruck des von der exakten Forschung angestrebten Charakters einer »trockenen« Wissenschaftssprache als durch und durch mathematisierter *Kunstsprache*. Die Verwandtschaft der alten arabischen »Forschungsberichte« mit unserer modernen Wissenschaftsliteratur ist deutlich erkennbar: Auch hier zeigt sich also gleichsam das »arabische Salz« der exakten Naturforschung.

So hat die arabische »Schriftenexplosion« der frühmittelalterlichen Wissenschaftsliteratur auch weit mehr mit jener vielzitierten »Informationsschwemme« an modernen naturwissenschaftlichen Abhandlungen gemein, als gewöhnlich angenommen wird: Damals bestimmte das bisweilen holprige Arabisch der vielfach nichtarabischen Gelehrtenwelt die Wissenschaftspublizistik – heute ist es das *broken English* der oft nicht im angloamerikanischen Sprachraum muttersprachlich beheimateten Fachleute, die in dieser *language of science* ihre Forschungsergebnisse veröffentlichen müssen, um weltweit verstanden zu werden.

Dennoch war die gewaltige arabisch-lateinische »Übersetzungswelle«, die alsbald über das christliche Abendland hereinbrach, vornehmlich von der Zielvorstellung geleitet, die naturwissenschaftlichen Quellen des antiken und spätantiken Griechentums auszuschöpfen – und sie war eine Bewegung von deutlich europäischem Charakter: Das können schon die Namen der Übersetzer bezeugen, von denen wir bereits einige kennengelernt haben – Adelard von Bath, Robert von Chester, Gerard von Cremona, Jakob von Venedig, Hermann von Kärnten, Alfred von Sareshel, Michael Scotus und so weiter. So verstärkte sich bei den Europäern auch nach und nach die Tendenz, das meist nicht allzu brillant beherrschte Arabisch aus dem Übersetzungsprozeß auszuschalten. Der schottische Wissenschaftshistoriker Alastair C. Crombie sah diese Entwicklung so:

»Vom Ende des zwölften bis zum Ende des 13. Jahrhunderts wurde immer mehr direkt aus dem Griechischen übersetzt und immer weniger auf dem Umweg über das Arabische; im 14. Jahrhundert hörte das Übersetzen aus dem Arabischen praktisch ganz auf, als Mesopotamien und Persien von den Mongolen überrannt wurden. Es ist behauptet worden, daß seit dem Ende des zwölften Jahrhunderts ganze Schiffsladungen von griechischen Manuskripten von Byzanz nach Italien gekommen seien, obwohl man nur von wenigen mit Sicherheit nachweisen kann, daß sie diesen Weg genommen haben. Als der Vierte Kreuzzug sich gegen Byzanz richtete, das 1204 von den Kreuzfahrern eingenommen wurde, war eine der Folgen, daß viele Manuskripte in den lateinischen Westen gelangten. Im

Jahr 1205 ermahnte Innozenz III. die Magister und Scholaren von Paris, nach Griechenland zu gehen und das Studium der Literatur in deren Geburtsland wieder zu beleben, und Philipp August gründete ein Kolleg an der Seine, wo Griechen aus Byzanz Latein lernen sollten. Im späteren 13. Jahrhundert schrieb Roger Bacon eine griechische Grammatik. Wilhelm von Moerbeke überarbeitete und vervollständigte auf Anraten des Thomas von Aquin die Übersetzung fast sämtlicher Werke des Aristoteles in einer wortgetreuen Übertragung direkt aus dem Griechischen.«

Davon war schon die Rede. Es sei jedoch noch einmal nachdrücklich darauf hingewiesen, daß der nachhaltige Einfluß der arabisch-islamischen Kultur auf die Entwicklung der abendländischen Naturforschung eindeutig feststeht: Die bekannte Einigung des Abendlandes auf der Grundlage des Lateinischen und der christlichen Lehre wird sogar erst verständlich durch die Herausforderung des Islam und damit des geistigen Arabertums. Doch das nur am Rande.

In diesem Zusammenhang ist noch nach der Vermittlerrolle des *römischen Imperiums* beim Transport naturwissenschaftlicher Kenntnisse aus antiker und spätantiker Zeit ins abendländische Mittelalter zu fragen: Da die Römer als ihr Bildungsideal vor allem die Kunst der freien Rede, die Dialektik, ansahen und im technischen Bereich beim Hoch- und Straßenbau, Brücken- und Aquäduktenbau auf imponierende Ausdrucksformen des staatlichen Machtgedankens abzielten, war das Interesse an theoretischer Naturforschung praktisch bedeutungslos. Lancelot Hogben nannte – vermutlich schon etwas übertrieben – Rom »die roheste aller alten Zivilisationen, dazu völlig unschöpferisch«, doch in bezug auf unsere Betrachtung sind gewisse Überlegungen seiner galligen Polemik nicht ganz von der Hand zu weisen. In seinem bemerkenswerten Buch zur Mathematikgeschichte *(Mathematics in the Making)* donnerte Hogben in aufrichtigem Zorn:

»Rom, diese rohe Gangsterzivilisation, erschlug Archimedes, zerstörte die erste Bibliothek von Alexandria, führte die Gladiatorenkämpfe und die öffentliche Kreuzigung von Sklaven ein. Dasselbe Rom vermaß sich andererseits, unserer gemeinsamen Zivilisation jene übertriebenen Ideen von Gesetz und Recht zu setzen, die in der *Pax Romana* als Vorbild zur Beherrschung der Menschen in Kenya und Rhodesien zusammengefaßt sind. Scipio machte Karthago dem Erdboden gleich (146 v. Chr.). Wäre dies nicht geschehen, könnten wir unserem Bericht ein weiteres Kapitel darüber einfügen, wieviel wir – und die Welt von morgen – den Völkern verschiedenster Farbe und Religion aus allen Teilen der Welt verdan-

ken. Das wenige, was wir über den Beitrag der Phönizier wissen, rechtfertigt die Annahme, daß sie einige Geheimnisse der babylonischen Astronomie für eine wissenschaftlich fundierte Navigation benutzten.«
In der Tat begnügte sich die römische Gelehrsamkeit auf dem exaktwissenschaftlichen Bereich mit biederen Sammlungen (»Kompilationen«) griechischer Fragmente, aus denen allenfalls zwei Werke im »Sachbuch«-Stil herausragten – die *Naturgeschichte (Naturalis Historia)* von Plinius dem Älteren (23–79 n. Chr.) und ein Mathematik-und-Logik-Buch des Boethius (hingerichtet 525). Während bei Plinius Reiseberichte aus fernen Ländern mit oft haarsträubend naiven Mißdeutungen der gesehenen Ereignisse unkritisch wiedergegeben wurden, verstand es Boethius immerhin, seinen Lesern grundlegende Gedanken von Euklid, Aristoteles und Ptolemaios zu vermitteln. Überlegungen der folgenden Art waren im frühen Mittelalter so populär, daß sie geradezu das naturwissenschaftliche Weltbild bestimmten:
»Du hast aus den astronomischen Beweisen gelernt, daß die ganze Erde, verglichen mit dem Weltall, nicht größer ist als ein Punkt, das heißt, verglichen mit der Sphäre der Himmel, hat sie sozusagen überhaupt keine Ausdehnung. Von diesem winzigen Fleck ist nach Ptolemaios nur ein Viertel für Lebewesen bewohnbar. Wenn man von diesem Viertel gar noch die Meere, Sümpfe und andere wüsten Gegenden abzieht, dann verdient der Raum, der für den Menschen verbleibt, sogar kaum noch, unendlich klein genannt zu werden.«
Ein anderer Kompilator jener Zeit, der westgotische Bischof Isidor von Sevilla (560–636), sah die Erde wieder als eine vom Ozean umschlossene Scheibe, die von den konzentrischen Sphären eingeschlossen war. Der angelsächsische Mönch Bede von Jarrow (Beda Venerabilis), der von 673 bis 735 lebte, schrieb zwar eifrig aus der *Naturgeschichte* des Plinius ab, ergänzte die Texte jedoch auch durch eigene Beobachtungen, zum Beispiel über die Gezeiten. Aus seinen Plinius-Quellen wußte Beda, daß Ebbe und Flut von den Mondphasen abhingen (siehe auch Seite 149). Er fand aber auch heraus, daß diese Gezeiten in bestimmten Zeiträumen hinter dem Mond zurückblieben, und zwar an verschiedenen Küstenabschnitten mit unterschiedlicher Dauer. Außerdem erläuterte Beda, wie Wind und Sturm die Flut beschleunigen oder verzögern können.
Vor allem jedoch Alkuin von York (735–804), den Karl der Große aus Northumbrien holte, um ihn zu seinem Erziehungsminister zu machen, trug mit Schriften und Taten dazu bei, das hartnäckige Vorurteil abzubauen, heidnisch-naturwissenschaftliche Gelehrsamkeit und christliche

Frömmigkeit vertrügen sich nicht. In den Kloster- oder Domschulen setzten sich schließlich sogar Lehrpläne durch, die auf den pythagoreischen »Wagen der Weisheit« der sieben freien Künste zurückgingen (vergleiche Abbildung 6.2, Seite 106): Dabei wurde in der Unterstufe des Trivium die Dialektik zwar noch im klassischen Stil als freie Rede verstanden, die Grammatik dagegen nur noch als simple Fertigkeit, lateinisch lesen und schreiben zu können, und die Rhetorik lediglich als schlichte Unterweisung im Abfassen von Urkunden und Briefen. Die Musiktheorie aus dem Fächerkatalog des Quadrivium rückte immer näher zu den wortbezogenen Trivium-Disziplinien und beschäftigte sich fast ausschließlich mit dem Kirchengesang. Ähnlich erging es der Geometrie, die mehr und mehr als Geographiestunde praktiziert wurde. Die Astronomie diente vorwiegend als Berechnungswerkzeug für das Osterdatum und andere kirchliche Feiertage. Die Arithmetik wurde oft auf geradezu primitive Weise betrieben: Noch im 16. Jahrhundert war man beispielsweise stolz auf »Mathematikkenntnisse« wie Zählen auf lateinisch und griechisch, Lesen und Schreiben der hebräischen Zahlzeichen und die Beherrschung des kleinen und großen Einmaleins.
Der Bildungsbegriff der lateinischen Kompilatoren oder Enzyklopädisten, der Kloster- oder Domschulen war also letztlich doch eindeutig sprachlich orientiert und extrem theologisch und moralisch ausgerichtet – trotz pythagoreischer Anleihen: Nur was den Menschen zur Gottesliebe führte, war es wert, gewußt und getan zu werden. Naturwissenschaftliche Kenntnisse waren dabei, wenn schon nicht störend, so doch ziemlich bedeutungslos. Dagegen richtete zunächst auch die Forderung des berühmten Augustinus (354–430) nicht allzuviel aus, in gründlichen philosophischen und naturwissenschaftlichen Untersuchungen die vernunftmäßigen Grundlagen des Glaubens zu prüfen:
»Wenn wir beim Lesen der Heiligen Schrift auf Punkte stoßen, die dunkel und unserem Verständnis fernliegend erscheinen, die im Lichte des Glaubens, von dem wir ganz durchdrungen sind, auf verschiedene Weise gedeutet werden können, dann dürfen wir uns nicht so eigensinnig an eine bestimmte Auslegung klammern, daß – wenn vielleicht eines Tages die Wahrheit gründlicher erforscht ist – diese Auslegung mit Recht zu Fall kommt und wir mit ihr.«

Aber erst die bereits geschilderte Vermittlerrolle der islamischen Kultur, jener erfolgreiche griechisch-arabisch-lateinische Wissenstransport, erweckte die Naturforschung wieder zu neuem Leben: Hatte man zunächst alle natürlichen Vorgänge im Universum blind dem Walten Gottes zuge-

schrieben, das heißt der »unfaßbaren Wirkung des wunderbaren göttlichen Willens«, wie es in einer Schrift des al-Khwarizmi-Übersetzers Adelard von Bath hieß, so konnte gerade dieser weitgereiste Gottesmann und Gelehrte, der unter Henry I. Anfang des zwölften Jahrhunderts wieder nach England zurückkehrte, diesbezüglich freimütig bekennen:
»Ich ziehe von Gott nichts ab: Alles was ist, ist von ihm und durch ihn. Aber die Natur ist nicht verworren und systemlos, und so weit die menschliche Erkenntnis vorgedrungen ist, sollte man auf sie hören. Nur wenn sie gänzlich versagt, sollte man zu Gott seine Zuflucht nehmen!«
Die ersten selbständigen »Physiker« des Abendlandes, die aufgrund einer solchen Einstellung wieder naturwissenschaftliche Fragen im griechischen Stil diskutierten, lehrten im französischen Chartres des frühen zwölften Jahrhunderts: Thierry von Chartres, dessen Überlegungen deutlich von Platons mehrfach erwähntem *Timaios*-Dialog beeinflußt wurden, ging davon aus, daß der Schöpfungsbericht in der Genesis ohne mathematische Schulung überhaupt nicht begriffen werden könne – seine rationale Erklärung des göttlichen Schöpfungswerkes wurde zu einer brillanten Studie im pythagoreischen Geist. Eine schöne Skizze dieser Thierryschen Kosmogonie und Kosmologie hat Alastair C. Crombie gegeben:
»Die Elemente waren wechselseitig umwandelbar durch Auflösung jeder geometrischen Form in andere. Aber ihre Hauptmassen waren in konzentrischen Sphären angeordnet um die Erde als Zentrum, dann folgte das Wasser, dann die Luft und schließlich das Feuer, so daß ein endliches sphärisches Universum gebildet wurde. Die Feuersphäre reichte vom Mond bis zu den Fixsternen und enthielt in sich die Sphären jener Himmelskörper und der dazwischenliegenden Planeten. Feuer war der Hauptbestandteil der Himmelskörper.
Nach Thierry brachte das Feuer einen Teil der irdischen Gewässer zum Verdampfen und zum Aufsteigen; so bildeten sie das Firmament, das die Wasser unterhalb des Firmaments von den Wassern oberhalb schied. Diese Verringerung der Wasser, welche die zentrale Sphäre der Erde bedeckten, führte zum Auftauchen des trockenen Landes. Die Wärme der Luft und die Feuchtigkeit der Erde erzeugten Pflanzen und Bäume. Danach wurden die Sterne gebildet als Zusammenballungen in den Wassern oberhalb des Firmaments, und die Hitze, die ihre nun einsetzenden Bewegungen entwickelten, brütete Vögel und Fische aus den irdischen Gewässern und Tiere aus der Erde selbst aus. Mit den Tieren kam auch der Mensch – geschaffen nach dem Bilde Gottes.«
Deutlich erkennbar benützte hier der »Physiker aus Chartres« die

Grundgedanken des Platonschen *Timaios*-Dialogs für seine rationale Rekonstruktion der Schöpfungsgeschichte – ein Unterfangen, das selbst heute noch Naturwissenschaftler und Theologen beschäftigt. Aber ähnlich wie Adelard von Bath, der Araber und Griechen studiert hatte und unbefangen nach den natürlichen Ursachen der Geschehnisse fragte, machte sich Thierry seine eigenen Gedanken zur Physik. Die Zeit des bloßen »Nachbetens« oder des allenfalls eigenwilligen Kommentierens antiker Lehren ging in der Mitte des zwölften Jahrhunderts zu Ende. Ein anderer Kollege des Thierry von Chartres, der Gelehrte Bernard Silvester – in seinen physikalischen Überlegungen auf gleiche Weise dem Platonismus verbunden, aber auch nicht mehr engstirnig oder gar dogmatisch verpflichtet – drückte das neue Vertrauen auf die eigene Vernunft, das zugleich einen bescheidenen Glauben an einen Fortschritt im Erkenntnisprozeß bedeutete, in folgendem Bilde aus:

»Wir sind wie Zwerge, die auf den Schultern von Riesen stehen. So können wir zwar mehr sehen und auch weiter als sie, aber nicht, weil unsere Augen schärfer oder weil wir größer sind, sondern wir höher steigen können dank ihrer Riesengröße.«

Es ist durchaus bemerkenswert, daß ein gutes halbes Jahrtausend später der bedeutendste Mann der Physikgeschichte, Isaac Newton, einen ganz ähnlichen Ausspruch getan hat: »Wenn ich weiter als andere gesehen habe, dann nur deshalb, weil ich auf der Schulter von Giganten stand.«

13
Kopernikus – »ein besserer Ägypter als Ptolemaios«?

Wissenschaftler aus dem arabisch-islamischen Kulturkreis wie al-Khwarizmi, al-Farangi und al-Battani hatten, wie wir gesehen haben, im neunten und zehnten Jahrhundert die Astronomie des Ptolemaios in reichem Maße durch trigonometrisches Tafelwerk ergänzt: Die arabische Astronomie bescherte der exakten Wissenschaft ein Meßinstrument von so beachtlicher Beobachtungsgenauigkeit, daß es »der mathematische Edelstein« genannt wurde – das *Astrolab* (Bildtafel Seite 127). Muslimische Gelehrte benutzten es vor allem, um an den weit verstreuten Stätten der islamischen Welt die Richtung auf Mekka (arabisch: *qiblah*) zu bestimmen, in der das rituelle Gebet *(salat)* verrichtet werden mußte. Außerdem konnte man das Astrolab dazu gebrauchen, den jeweils genauen Zeitpunkt der von Allah geforderten Gebetsstunden zu berechnen. Seine astronomische Bedeutsamkeit erhielt dieser »mathematische Edelstein« allerdings dadurch, daß man mit seiner Hilfe die Höhe der Gestirne recht präzise messen konnte.

Das Astrolab, auch »Astrolabium«, »Astrolabon organon« oder latinisiert »Planisphaerium« genannt, war die ausgeklügelte Weiterentwicklung eines griechischen Ringmeßgerätes, der sogenannten »Armillarsphäre«: Dort wurde eine Art Himmelsglobus als ein räumliches System von Ringen geformt, die sich um einen gemeinsamen Mittelpunkt – die »Modell-Erde« – drehen ließen. Die Ringe waren mit einer Gradeinteilung versehen und stellten den Himmelsäquator, die Ekliptik, den Meridian oder den Breitenkreis dar. Im Astrolab wurde dieses Ringsystem des Himmelsglobus in einer winkeltreuen Abbildung auf eine flache Metallscheibe übertragen, also aus dem Raum in die Ebene transponiert, wodurch sich ein wesentlich handlicheres Instrument ergab – dünn wie eine moderne Rechenscheibe.

Der Fachmann spricht bei diesem Abbildungsverfahren von einer »vertikalen stereographischen Projektion« der Himmelssphäre auf eine Ebene, die parallel zum Äquator verläuft: Da diese Ebene stets mit einer ganz bestimmten geographischen Breite in Zusammenhang stand, wurde für praktisch jeden Breitengrad – und damit für jeden wichtigen Beobachtungsort – eine eigene Astrolab-Scheibe gebraucht. Die Scheibe trug dann eine Datumslinie und einen drehbaren Zeiger mit zwei Visieren. Rechtwinklig zur Datumslinie konnte das Astrolab an einem kleinen Befestigungsring wie eine Briefwaage aufgehängt werden: Dadurch wurde die Datumslinie zur Horizontlinie, und mit Hilfe der beiden Zeigervisiere konnte nicht nur jede Gestirnhöhe direkt abgelesen werden, sondern auch die Nordrichtung und der »automatisch« errechnete Zeitwert. (Als Kontrollpunkt am nächtlichen Sternenhimmel stand nördlich vom Äquator der Polarstern zur Verfügung, der immer einen angenähert konstanten Höhenwert aufwies, während die anderen Fixsterne ihn umkreisen.)

Etwas salopp könnte man diese Astrolabien daher als exaktwissenschaftlich verfeinerte »Stonehenge-Anlagen im Taschenformat« kennzeichnen; denn sie waren – wenn auch theoretisch konzipierte – kombinierte Beobachtungs- und Rechengeräte, tragbare Zeitansager und Kompasse. Der umgekehrte Vergleich mag nun erlaubt sein, wenn wir einen Blick auf die ungefähr im gleichen Zeitraum entstandenen Bodenzeichnungen oder »Scharrbilder« im südamerikanischen Wüstenterrain von Peru werfen: Da ziehen sich Hunderte schnurgerader Linien und weit über hundert Spiralen kilometerweit über das extreme Trockengebiet zwischen Nazca und Palpa, rund 400 Kilometer südlich von Perus Hauptstadt Lima. Dazwischen finden sich bis zu 300 Meter große Tierdarstellungen, hauptsächlich Vögel und Fische, aber auch ein Leguan, eine Spinne und so weiter: Könnte es sich bei diesen vermutlich zwischen dem fünften und dreizehnten Jahrhundert gefertigten Scharrbildern um himmelskundliche Darstellungen handeln? Immerhin sprach der amerikanische Historiker Paul Kosok ziemlich kühn vom »größten Astronomiebuch der Welt«. Stellen die peruanischen Erdzeichnungen also eine Art überdimensionales Astrolab dar, das Vertreter einer indianischen Hochkultur mit bedeutenden Astronomiekenntnissen auf die »Schiefertafel« des steinigen Wüstenbodens gekratzt haben?

In der Tat spricht einiges dafür, daß es sich bei diesem grandiosen, auf seine Weise ohne Zweifel einzigartigen Monument um eine präzise Artikulation astronomisch-kalendarischer Priesterweisheit der sogenannten »klassischen Nazca-Kultur« handelt, die Jahrhunderte vor der ruhmreichen Epoche der Inkas im ersten nachchristlichen Jahrtausend ihren Höhepunkt erreicht hatte. Die deutsche Physikerin Maria Reiche, die sich seit den frühen vierziger Jahren in unermüdlicher Forschungsarbeit diesem einmaligen Kulturdenkmal widmet, stellt es sogar aufgrund »seiner riesigen Ausmaße und seiner exakten Linienführung ebenbürtig neben die Pyramiden Ägyptens« und erläutert:
»Doch anstatt den Blick wie dort zu monumental dreidimensionaler Einfachheit zu erheben, schauen wir hier von großer Höhe hinunter auf ausgedehnte Flächen, die mit einer wie von Riesenhand eingeritzten, geheimnisvollen Zeichensprache bedeckt erscheinen. Hier wie dort sind wir in der Wüste. Doch fehlt hier der hellflimmernde Sand, der Hitze und helles Sonnenlicht unbarmherzig widerstrahlt. Ein angenehm bräunlicher Ton überzieht die ganze Gegend, die aus ausgedehnten, von tiefen Flußtälern zerschnittenen Hochländern besteht.«
Ein über Jahrtausende hinweg wirkender Oxidationsprozeß hatte den stark eisenhaltigen Boden dieses Landstrichs mit einer mehrere Zentimeter dicken rotbraunen Kruste überzogen, die tatsächlich wie eine gigantische »Schiefertafel« bearbeitet werden konnte: Man brauchte nur die eisenoxidbraunen Steinchen der dünnen Oberflächenschicht zu entfernen – und der ockergelbe Untergrund hob sich wie ein markanter »Griffelstrich« von seiner Umgebung ab. Ein wiederum einzigartiges Klima – alle zwei Jahre regnet es allenfalls für eine halbe Stunde – sorgte dann dafür, daß dieses markante Linien- und Flächenwerk über ein gutes Jahrtausend hinweg nahezu unversehrt erhalten blieb.
Doch zurück zur Frage nach der Bedeutung dieses faszinierenden Form-»Vokabulars« einer indianischen Hochkultur: Wie kam der US-Professor Kosok zu seiner kühnen Behauptung, diese peruanischen Erdzeichnungen bildeten das »größte Astronomiebuch der Welt«?
Es war im Jahr 1941: »Eine Beobachtung, die Paul Kosok an demselben Tage machte, an dem er die erste Figur entdeckte, gab den Anlaß dazu«, schreibt Maria Reiche in ihrem Büchlein *Geheimnis der Wüste*. Folgendes war geschehen:
»Nachdem er mit großer Überraschung langsam die Umrisse eines Vogels auf dem Zeichenbrett entstehen sah, während er vor ihm liegende krumme und gerade Pfade vermaß, machte er sich auf den Heimweg. An einem

Zentrum, von dem viele Linien ausgehen, sah er die Sonne über einer von ihnen untergehen. Es war der 21. Dezember. Falls sie zur Sonnenwendbeobachtung gezeichnet worden war, hätte man die Erklärung für zum mindesten eine der Linien. Vielleicht waren alle Linien in Richtung von Auf- und Untergangspunkten von Gestirnen gezeichnet worden. Es kann kein Zufall sein, daß bei den drei längsten oszillierenden Linien das erste Stück jedesmal in Sonnenwendrichtung verläuft.«

Die Forschungsarbeiten von Maria Reiche haben ergeben, daß neben solchen markanten Sonnenlinien vor allem auch zahlreiche Mondlinien gescharrt worden sind. Sogar Peilungen für Sternaufgänge und -untergänge finden sich, für die Hauptsterne des »Großen Bären« etwa oder die »Plejaden«. Da das filigrane Netz der Mondpeilungen engmaschiger gezogen ist als das des Sonnenlinienmusters, könnte man annehmen, daß die solaren Markierungen erst später von den Inkas hinzugefügt worden sind, jenem Volk, das bekanntlich einem radikalen Sonnenkult huldigte. Die vorinkaischen Kulturen der peruanischen Küstenvölker verehrten dagegen den Mond als den unbestrittenen Herrn des Himmels. Ihre Argumentation: Der Mond sei sowohl in der Nacht als auch während des Tages am Firmament zu beobachten, während die Sonne zu nächtlicher Stunde niemals zu sehen sei! In einem 1638 erschienenen Bericht des spanischen Augustinerpaters und Chronisten Antonio de la Calancha findet sich dazu eine aufschlußreiche Geschichte:

»Die Indianer von Pacasmayo und den anderen Küstentälern verehrten den Mond als wichtigste und höchste Gottheit. Denn – so meinen sie – er herrsche über die Elemente, er ließe die Feldfrucht wachsen und rufe den Aufruhr des Meeres sowie Blitz und Donner hervor. Seine Andachtsstätte bildete eine Huaca, die sie Sian nannten, was in der Sprache der Yunka ›Haus des Mondes‹ bedeutet. – Weil der Mond oftmals die Sonne verfinsterte, während diese ihn niemals verdunkelte, erachteten sie ihn als mächtiger. Bei den Sonnenfinsternissen fanden daher Feste zu Ehren des Mondes statt, bei denen sie seinen Sieg über die Sonne feierten; bei den Mondfinsternissen aber brachten sie ihre Verzweiflung in Klagetänzen zum Ausdruck. – Die Indianer der Küstenebenen glaubten ferner, der Mond habe sich, wenn er zwei Tage nicht sichtbar war, in die andere Welt begeben, um die Diebe zu bestrafen, die gestorben waren.«

Dieser Bericht des Antonio de la Calancha betrifft zwar die erst im zehnten bis fünfzehnten Jahrhundert im nördlichen Peru blühende »Chimu-Kultur« indianischer Küstenbewohner, in der man den Mondgott *Si* als die oberste Gottheit verehrte und den heliakischen Aufgang des Mondes, seine erste Sichtbarkeit nach Neumond also, jeweils mit feierlichen Riten begrüßte: Doch, wie schon gesagt, scheint auch im »größten Astronomiebuch der Welt« aus den frühen Tagen der klassischen Nazca-Kultur das »lunare Kapitel« einen beträchtlichen Raum einzunehmen. Aufgrund unserer früheren Betrachtungen zum Mechanismus des Mondlaufes können wir daher Frau Reiches Erklärung der zahlreichen Mondlinien auf der peruanischen »Schiefertafel« unkommentiert wiedergeben:

»Beim Mond wandern die Horizontberührungspunkte von Auf- und Untergängen mit einer anderen Gesetzmäßigkeit als bei der Sonne: anstelle des halben Jahres zwischen zwei Sonnwenden handelt es sich um Perioden von jeweils knapp einem Monat (27,3 Tage). Die Schwingungsweite ändert sich von Jahr zu Jahr, weil die Mondbahn um die Erde infolge der Anziehungskraft der Sonne in einem Winkel von circa 5° zur Erdbahn um die Sonne steht (Ekliptik). Daraus folgt, daß die Punkte weitester Entfernung von Ost und West, die der Mond monatlich erreicht, sich periodisch verschieben. Jeweils nach Ablauf von 18 Jahren erreicht der Mond eine bisher noch nicht eingenommene Position (Ekliptik + 5°), was – zumindest in Peru – Wetter und Erdbeben zu beeinflussen scheint. Die Beobachtung dieser Position war darüber hinaus wohl notwendig für die Voraussage von Sonnen- und Mondfinsternissen – die alten Peruaner beherrschten diese Wissenschaft, wie wir von den spanischen Chronisten wissen. Jedenfalls gibt es überall Linien, die in die entsprechenden Richtungen verlaufen, und auch solche, die den Mindestabstand zwischen Mondauf- und -untergangspunkt bezeichnet haben könnten.«

Soweit Maria Reiches Erläuterungen zu den Mondlinien in einem der wohl imposantesten Kulturdenkmäler der naturforschenden Menschheit, eines Dokumentes himmelskundlicher Priesterweisheit, das noch immer seiner vollständigen Entzifferung harrt, wobei seit einigen Jahren ein rigoroser Zerstörungsprozeß durch die touristische Erschließung des Geländes die große Gefahr birgt, daß der letzte »Schleier dieses großen Geheimnisses« (Reiche) womöglich nicht mehr gelüftet werden kann: Nicht nur die verblüffend sorgfältige und höchst exakte Konstruktion dieser gigantischen Figuren bedarf noch der genauen Klärung – vermutlich haben die Nazca-Leute mit langen Schnüren gearbeitet, die an langen Stöcken befestigt wurden –, auch die Deutung der erwähnten Tierzeichnungen ist noch nicht abgeschlossen. Es könnte sich um Sternbild-Darstellungen handeln, wobei mit Sicherheit angenommen werden muß, daß die stellaren Konstellationen dieser Figuren nichts mit den uns vertrauten Sternbildern gemein haben, die ja auf Sterngruppierungen basieren, die in der griechischen Antike vorgenommen wurden und von arabischen Gelehrten überliefert worden sind, wovon die vielen arabischen Sternennamen Zeugnis ablegen: zum Beispiel Altair, Aldebaran, Beteigeuze, Deneb oder Rigel.

Während wir das Kapitel der peruanischen »Scharrbilder« als bemerkenswertes Kulturdenkmal von astronomisch-kalendarischer Bedeutung mit dem Sieg der sonnenverehrenden Inkas über die mondgläubigen Nazca-Leute abschließen – »O Sonne, die du sagtest, Cuzco und Tampu seien deine Städte: Gib ihnen die Kraft, alle Völker zu besiegen« hieß es in einem alten Inka-Gebet –, einem Sieg, der übrigens Kultur und Lebensweise der Unterlegenen nicht zerstörte, können wir an unsere Betrachtungen zur abendländisch-europäischen Entwicklung in ähnlicher Weise mit einer Art Wiedergeburt des altägyptischen Sonnengottes anknüpfen. Diese Wiedergeburt erlangte im heliozentrischen System des Kopernikus ihre erste mächtige Manifestation: »Man braucht sich nur zu erinnern«, schrieb Lewis Mumford, »daß Kopernikus im Zuge der Korrektur astronomischer Berechnungen des griechisch-ägyptischen Astronomen Ptolemaios zu der Erkenntnis kam, daß die Erde, anstatt Zentrum des Universums zu sein, tatsächlich in einer vorhersagbaren Umlaufbahn die Sonne umkreist. Indem Kopernikus der Sonne eine zentrale Position verlieh, war er in Wirklichkeit ein besserer Ägypter als Ptolemaios.«

Doch bevor wir diese vielzitierte »Kopernikanische Wende«, die wirklich eine entscheidende Tat in der exakten Naturforschung war, ausführlich würdigen, sollten wir ihre Voraussetzungen noch etwas eingehender klären. Bevor der bereits erläuterte Zyklus griechisch-arabisch-lateinischer Wissensvermittlung die naturwissenschaftliche Forschung Europas wieder auf klaren »griechischen Kurs« brachte, hatte das Studium der natürlichen Geschehnisse mehr oder weniger ausgeprägt die Hilfsfunktion übernommen, allenfalls eindrucksvolle Symbole für religiöse Wahrheiten zu liefern – der Wind wurde zum Beispiel als Sinnbild des Heiligen Geistes angesehen oder der Mond als die Kirche, die das göttliche Licht der Wahrheit reflektierte. Das führte zwar zu einem beachtlichen Reichtum an symbolischer Allegorie, degradierte jedoch die naturwissenschaftliche Aktivität zur bloßen Fabrikation von Randbemerkungen oder Marginalien für religiöse und moralische Erbauungsgeschichten.

Besonders betroffen von dieser uns heute unangemessen erscheinenden Symbolbesessenheit wurde der *Platonismus*, da die Erkenntnis der Ideenwelt nun letztlich immer als Gotteserkenntnis gewertet wurde, während das Streben nach der »Wahrheit« im platonischen Sinne die Sehnsucht nach der Seligkeit der Gottesschau verkörperte. Der *Aristotelismus,* den die Araber wiederentdeckten, war mit seinem Interesse an der konkreten Tatsachenwelt in dieser Hinsicht weitaus weniger anfällig: Er förderte die Lust an der systematischen Ordnung und der begrifflichen Bewältigung der »Tatsachen« im weitesten Sinne, wozu auch das christliche Offenbarungswissen zählte.

Das führte zu einer neuerlichen Aufwertung des in der Antike geprägten Gelehrtentums und damit zur *Scholastik* im Sinne eines bis ins letzte Detail schulmäßig durchdachten Weltbildes. Zur scholastischen Methode, die ihre Materialien geradezu im Stile der Euklidischen Geometrie verarbeitete, äußerte sich Martin Grabmann: »Sie wollte durch Anwendung der Vernunft, der Philosophie auf die Offenbarungswahrheiten möglichste Einsicht in den Glaubensinhalt gewinnen, um so die übernatürliche Wahrheit dem denkenden Menschengeiste inhaltlich näherzubringen, eine systematische, organisch zusammenfassende Gesamtdarstellung der Heilswahrheit zu ermöglichen und die gegen den Offenbarungsinhalt vom Vernunftstandpunkt aus erhobenen Einwände lösen zu können.«

Damit konnte auch das klassische Spannungsverhältnis zwischen der pythagoreisch-platonistischen Auffassung, nach der sich das Göttliche dem Menschen auf mathematischem Wege erschließt, und der jüdisch-christlichen Auffassung des sich offenbarenden Gottes als reinem Willen auf einer *sprachlichen Ebene* diskutiert werden: Es ging jetzt nicht mehr nur um Glaubens*inhalte,* sondern vor allem auch um sprachliche *Formen,* um Satzstrukturen, logische Schlußketten. Das führte, abgesehen von gelegentlichen Wortklaubereien und Definitionstüfteleien, zu bemerkenswerten Entwicklungen in Theologie und Philosophie, nicht zuletzt aber auch zu entscheidenden Prozessen in der theoretischen Naturforschung vor der »Renaissance«, der Humanismusbewegung: Die lateinischen Averroisten, die sich mit dem spanisch-arabischen Aristoteles-»Entdekker« Averroes (Ibn Ruschd) auf einen streng deterministisch verstandenen Aristotelismus versteiften, griffen die christliche Lehre von der absoluten Willensfreiheit Gottes als irrational an. Dagegen wurde das auf Aristoteles basierende Weltbild der Kirche, das die Rationalität der Naturwissenschaften zwar anerkannte, zugleich aber deutlich der Ansicht entgegentrat, für Gott könne es irgendwelche damit verbundenen Notwendigkeiten geben, von den beiden Dominikanern Albertus Magnus (1193–1280) und Thomas von Aquin (1225–1274) ausgearbeitet: Hier wurde der strenge Determinismus der aristotelischen »Naturphilosophie«, den die »heidnischen« Averroisten so rigoros vertraten, erstmals mit Er-

folg verworfen. In seiner *Summa Theologica* unterschied Thomas zwischen notwendig wahren und den Tatsachen angepaßten Hypothesen: »Für alles kann man in zweifacher Weise ein System aufstellen. Der eine Weg ist eine Beweisführung wie in der Naturwissenschaft, wo man hinreichende Gründe beibringen kann, um zu beweisen, daß die Bewegungen der himmlischen Sphären immer von gleichförmiger Geschwindigkeit sind. Auf dem anderen Wege kann man Gründe anführen, die den aufgestellten Satz zwar nicht hinreichend beweisen, aber doch zeigen können, daß die Tatsachen ihn bestätigen. So wird in der Astronomie ein System von Exzentern und Epizykeln als gegeben angenommen, weil diese Voraussetzung die wahrnehmbaren Erscheinungen der Himmelsbewegungen erklärbar macht. Aber das ist kein hinreichender Beweis, weil möglicherweise auch eine andere Hypothese sie erklären könnte.«
Soweit die bemerkenswerten wissenschaftstheoretischen Überlegungen des »Doctor angelicus« Thomas Aquinas. Ägidius von Rom (1247–1316) ergänzte diesen Gedanken durch die Forderung, daß bei einer gewissen Anzahl gleich möglicher und damit brauchbarer Hypothesen die einfachste und damit »schönste« zu wählen sei – ein wahrhaft pythagoreischer Leitsatz. Im 13. und 14. Jahrhundert wurde daher wieder freimütig im Stile der antiken Astronomie diskutiert: Die Fixsterne wurden – hypothetisch – von der sie tragenden Sphäre gelöst und durften frei im Raum schweben. Statt der Sternensphäre drehte sich die Erde. Merkur und Venus umkreisten bereits die Sonne, während sie die Erde umlief. Thomas von Aquin hatte übrigens bereits die heliozentrische Theorie des Aristarch aus Samos gekannt, als überzeugter Aristoteliker jedoch keinen Gebrauch davon gemacht. Denn in einem alten Bericht des Geminos (siehe Seite 115) über Poseidonios hieß es: »Wir finden tatsächlich einen gewissen Mann, der aufgetreten ist und gesagt hat, daß selbst unter der Voraussetzung, die Erde bewege sich in einer bestimmten Weise, während die Sonne in einer bestimmten Weise ruhe, die offensichtliche Unregelmäßigkeit in bezug auf die Sonne erklärt werden kann.«
Als schließlich im 15. Jahrhundert die auf Aristoteles eingeschworene Scholastik von der Renaissance abgelöst wurde, gewann der Platonismus, genauer gesagt: das pythagoreisch-platonische »Mathematikdenken« wieder die Oberhand. Als beispielhafte Gestalt für diesen Trend wird gewöhnlich Nicolaus von Cues (1401–1464) genannt, wobei man den Cusaner vielfach als Vorläufer des Kopernikus sieht, ja sogar als »Vorformulierer« des Newtonschen Relativitätsprinzips. Tatsächlich waren seine eindrucksvollen Grübeleien aber keineswegs so klar durchdacht und

schon gar nicht so präzise artikuliert, daß man Behauptungen dieser Art mit gutem Gewissen untermauern könnte: Allenfalls drückten die Gedanken des Nicolaus von Cues das latente Unbehagen an dem herkömmlichen geozentrischen Weltbild seiner Zeitgenossen aus. Daß er eine Bewegung der Erde gelehrt hat, ihre Rotation – vermutlich eine Art von Kreiselbewegung um verschieden geneigte Achsen –, gibt überhaupt keinen Hinweis auf eine heliozentrische Idee im Stile des Kopernikus.

Beim berühmten Leonardo da Vinci (1452–1519) finden wir immerhin den knappen, wenn auch höchst bedeutungsvollen Satz »Die Sonne bewegt sich nicht« und eine interessante Bemerkung über die Erde, die »ein Stern fast wie der Mond« sei:

»Die Erde ist weder in der Mitte des Sonnenkreises noch in der Mitte der Welt, sondern wirklich in der Mitte ihrer Elemente, die mit ihr verbunden und vereint sind. Wer auf dem Mond stünde, wenn dieser sich mit der Sonne unter uns befindet, würde sehen, daß diese unsere Erde mit dem Element des Wassers genauso erscheint und denselben Dienst leistet wie der Mond uns gegenüber.«

Doch der eigentliche Schlüssel zum Verständnis der Kopernikanischen Wende scheint in der Tat, wie schon angedeutet, die Wiedergeburt des altägyptischen Sonnengottes zu sein: Als Ausgangspunkt für diese Überlegung können wir einen bedeutsamen Abschnitt aus dem erst im Todesjahr des Nikolaus Kopernikus (1473–1543) in Nürnberg veröffentlichten Hauptwerkes *De Revolutionibus Orbium Coelestium (Von den Umdrehungen der Himmelsbahnen)* wählen, das als Manuskript bereits 1532 ausgearbeitet war. Hier schrieb der polnische Astronom über den Standort der Sonne in seinem System in folgender wahrhaft pathetischer Weise:

»In der Mitte aber von allem steht die Sonne. Denn wer wollte diese Leuchte in diesem wunderschönen Tempel an einen anderen oder besseren Ort setzen als dorthin, von wo aus sie das Ganze zugleich beleuchten kann? Zumal einige sie nicht unpassend das Licht, andere die Seele, noch andere den Lenker der Welt nennen. Trismegistos bezeichnet sie als den sichtbaren Gott, die Elektra des Sophokles als den Allessehenden. So lenkt in der Tat die Sonne, auf dem königlichen Thron sitzend, die sie umkreisende Familie der Gestirne. Auch wird die Erde in keiner Weise um den Dienst des Mondes gebracht, sondern der Mond steht, wie Aristoteles in seinem Werk *De animalibus* sagt, mit der Erde im engsten Verwandtschaftsverhältnis. Indessen empfängt die Erde von der Sonne und wird schwanger mit jährlicher Geburt.«

Hier wurde nicht nur der klassische Pythagorismus bei seiner religiösen Wurzel gepackt – *Rê,* der ägyptische Sonnengott, der oberste aller Himmelsgötter feierte eine glanzvolle Auferstehung (vergleiche Seite 71). Damit war Kopernikus in der Tat »ein besserer Ägypter als Ptolemaios«, um es noch einmal mit den Worten von Lewis Mumfort zu sagen. So richtig »tot« war die göttliche Sonne übrigens nie gewesen: Im arabischen

NICOLAI
COPERNICI TO-
RINENSIS DE REVOLVTIONI-
bus orbium cœlestium,
Libri VI.

IN QVIBVS STELLARVM ET FI-
XARVM ET ERRATICARVM MOTVS, EX VETE-
ribus atq; recentibus obseruationibus, restituit hic autor.
Præterea tabulas expeditas luculentasq; addidit, ex qui-
bus eosdem motus ad quoduis tempus Mathe-
matum studiosus facillime calcu-
lare poterit.

ITEM, DE LIBRIS REVOLVTIONVM NICOLAI
Copernici Narratio prima, per M. Georgium Ioachi-
mum Rheticum ad D. Ioan. Schone-
rum scripta.

Cum Gratia & Priuilegio Cæs. Maiest.
BASILEAE, EX OFFICINA
HENRICPETRINA.

Abbildung 13.1: Erst 1543, im Todesjahr des Nikolaus Kopernikus, erschien sein Hauptwerk *De Revolutionibus Orbium Coelestium (Von den Umdrehungen der Himmelsbahnen).*

Kulturraum war sie bis zum Auftreten des Propheten Mohammed niemals untergegangen. Strabon aus Amaseia (63–20 v. Chr.), griechischer Geograph und Historiker, führte *Helios,* den Sonnengott seines Volkes, als oberste Gottheit der nabatäischen Araber an. Überall bei den arabischen Stämmen fanden sich Sonnengötter, im Norden Arabiens in Emesa-Homs (Syrien) und Palmyra, im Süden bei den Sabäern und in Hadramaut: Man kann im vorislamischen Arabien geradezu von der Existenz eines »solaren Monotheismus« sprechen. Der Neuplatoniker Jamblichos (um 300 n. Chr.), der aus Chalkis am Libanon stammte und einen arabischen Namen trug, philosophierte ekstatisch über die Sonne, wozu er durch eine berühmte Schrift seines syrischen Kollegen Porphyrios (233–304) angeregt worden war. Selbst im Stamme des Propheten Mohammed gab es eine Sippe, die sich als »Söhne der Diener des Sonnengottes« deklarierten.

Doch zurück zu Nikolaus Kopernikus, der in seinem Hauptwerk *De Revolutionibus* seine Hymne auf die göttliche Sonne angestimmt hatte, die er in den Mittelpunkt seines heliozentrischen Systems stellte: Man hat des Kopernikus Reform als die Vollendung der Antike in der Renaissance bezeichnet, aber auch als Eröffnung einer neuen kühnen Perspektive für die Menschheit jener Epoche. Beides wird wohl zu Recht gesagt, wenn es auch nicht »tief« genug greift, wie wir mit dem folgenden Gedankengang Lewis Mumfords zeigen wollen:

»Die übliche Art, die Kopernikanische Wende zu interpretieren, ist die Annahme, ihre erschütterndste Wirkung sei der Zusammenbruch der theologischen Vorstellung gewesen, daß Gott die Erde zum Zentrum des Universums gemacht hätte und daß es ihm vor allem auf den Menschen ankäme. Wenn die Sonne tatsächlich das Zentrum war, dann drohte der ganze Bau dogmatischer christlicher Theologie – mit ihrem einmaligen Schöpfungsakt, mit der menschlichen Seele als dem zentralen Interesse Gottes und der moralischen Probezeit des Menschen auf Erden als Vorbereitung auf die Ewigkeit, in der Gottes Wille sich erfüllen sollte – zusammenzubrechen.

Durch die neue Brille der Wissenschaft gesehen, wurde der Mensch kleiner: Als astronomische Quantität gesehen, bedeutete die Menschheit kaum mehr als ein kurzlebiger Mückenschwarm auf dem Planeten. Hingegen wurde die Wissenschaft, die diese erschütternde Entdeckung durch bloßen Gebrauch gewöhnlicher menschlicher Fähigkeiten, nicht durch göttliche Offenbarung, gemacht hatte, zur einzigen vertrauenswürdigen Quelle authentischen, achtbaren Wissens. Aber solche Schlußfolgerungen, so selbstverständlich sie heute erscheinen mögen, wurden von jenen, die zutiefst von der neuen Religion bestrickt waren, nicht unmittelbar gezo-

Abbildung 13.2: Es gibt wohl kaum eine überzeugendere bildhafte Darstellung vom »Geist der Kopernikanischen Wende« als diesen berühmten Holzschnitt aus dem sechzehnten Jahrhundert: Dieses Kunstwerk verdeutlicht auf geniale Weise eine Tat, die der Philosoph Nietzsche später zu den »größten Triumphen über die Sinne« zählte, »die bisher auf Erden errungen worden sind«. In *Jenseits von Gut und Böse* (1886) rechnete Nietzsche »den Polen Kopernikus« zu den »bisher größten und siegreichsten Gegnern des Augenscheins«.

gen. Drei Jahrhunderte lang versuchte der westliche Mensch beiden Welten das Beste abzugewinnen, ohne in Gedanken die selbstgesetzten Grenzen zu überschreiten. Die unmittelbare Wirkung der neuen Theologie war eine ganz andere: Sie half, die alten Komponenten des Machtsystems, das letztlich vom Pyramidenzeitalter Ägyptens und Mesopotamiens herkam, wiederzubeleben oder zu verjüngen. Der Begriff Pyramidenzeitalter wird hier nicht strikt auf die ägyptische Kultur oder auf die vier Jahrhunderte (2700–2300 v. Chr.) beschränkt, als Pyramiden von zunehmender Größe tatsächlich gebaut wurden. Er wird vielmehr als ein Kürzel gebraucht, um die Veränderungen zu bezeichnen, die im vierten Jahrtausend vor Christus sowohl in Ägypten als auch in Mesopotamien vor sich gingen und durch eine typische Konstellation der Institutionen und der kulturellen Erfindungen gekennzeichnet waren: Kult des Gottkönigtums, astronomische Zeitmessung, schriftliche Aufzeichnungen, Teilung und Spezialisierung der Arbeit, organisierte Eroberung durch Krieg und Errichtung imposanter Monumentalbauten, Tempel, Paläste, ummauerter Städte, Kanal- und Bewässerungssysteme – und nicht zuletzt die Konstruktion der einst unsichtbaren Megamaschine.«

Damit ist jene alles umfassende Reglementierungsmaschinerie des »zivilisierten« Lebens gemeint, deren Entstehung wir im vierten Kapitel geschildert haben. Die Mumfordsche Megamaschine hatte als unsichtbares Uhrwerk ihre zentrale Triebfeder erhalten – die Sonne als eindeutigen Bezugspunkt im heliozentrischen Weltsystem des Kopernikus, der, wie der englische Wissenschaftshistoriker Herbert Butterfield schrieb, »lyrisch, ja geradezu ehrfürchtig wird, wenn er über den königlichen Charakter und die zentrale Position der Sonne schreibt«. Der polnische Astronom setzte damit einen Prozeß in Gang, der im politischen Bereich zum Absolutismus führte, zum Sonnenkönigtum des Ludwig XIV., der sich im 17. Jahrhundert *Le Roi Soleil* nennen konnte – »Sonnenkönig«. Hören wir dazu wieder Mumford:

»Im Sinne der neuen Gottheit müssen alle komplexen Phänomene auf das Meßbare, das Wiederholbare, das Vorhersagbare, das letztlich Kontrollierbare reduziert werden; zuerst im Geist, schließlich aber auch in der Organisierung des Alltagslebens. Der Sonnengott, das Symbol zentralisierter Macht, wurde zum vollendeten Vorbild für alle menschlichen Institutionen; und die Priester der Wissenschaft, deren mathematische Messungen diese Quelle kosmischer Ordnung erstmals erschlossen und nutzbar gemacht hatten, besaßen nicht die Spur eines Vorgefühls der möglichen Konsequenzen. In aller Unschuld legten die Astronomie und die

Himmelsmechanik die Grundlagen für eine absolutistische Ordnung, in der Politik wie in der Wirtschaft, die Punkt für Punkt jener glich, welche dem Pyramidenzeitalter zugrunde gelegen war.«

Auf dem Hintergrund dieser erstaunlichen Entwicklung werden alle Attacken gegen die angebliche Bedeutungslosigkeit der Kopernikanischen Wende zu müßigen Überlegungen: Man hat Kopernikus vorgeworfen, daß er aufgrund seiner eigenen wenigen und ungenauen Beobachtungen ein überaus mäßiger Astronom gewesen sei, der ein hypothetisch schlechteres System entworfen habe als das von ihm angegriffene des Ptolemaios und der obendrein die Tragweite seiner Ideen nicht zu durchschauen vermochte. Darauf läßt sich erwidern, daß Kopernikus vermutlich ein ebenso mäßiger Astronom war wie Kolumbus ein mäßiger Seefahrer.

Gewiß: Das heliozentrische System des Kopernikus war im Quantitativen keineswegs wesentlich einfacher und damit schöner im pythagoreischen Sinne als das geozentrische System des Ptolemaios. Aber es brachte immerhin eine enorme qualitative Verbesserung, weil sich nun mit Hilfe einer einzigen Hypothese – der Bewegung der Erde – die verschiedensten Merkmale der Planetenbewegung erklären ließen. Dabei war es dem pythagoreisch-platonisch gesonnenen Kopernikus eine Selbstverständlichkeit, zur genaueren Bestimmung der Planetenbahnen ebenso wie Ptolemaios mit Exzenter und Epizykel zu arbeiten. Die Tagesbewegung der Fixsterne wurde in heliozentrischer Sicht zudem mit der Erdrotation, deren jährliche Bewegung mit dem Umlauf des Planeten Erde um die Sonne in Beziehung gebracht. Damit unterschied sich in formaler Hinsicht das Kopernikanische Weltmodell vor allem in zweifacher Weise vom Ptolemaischen:

Des Ptolemaios exzentrischer Großkreis um die Erde, »Deferent« genannt, auf dessen Peripherie der Kleinkreis mit einem *inneren* Planeten »epizyklisch« rotierte, besaß eine unveränderliche Radiusrichtung Erde–Sonne (vergleiche Seite 143). Dieses bemerkenswerte Zusammenfallen der Richtung des Deferentenradius mit der Erde-Sonne-Richtung erklärte das Kopernikanische System durch eine Kreisbewegung dieser inneren Planeten einschließlich der Erde um die Sonne. In gleicher Weise interpretierte Kopernikus die Übereinstimmung der Richtung des Epizykelradius eines *äußeren* Planeten mit der Richtung von der Erde zur Sonne.

Außerdem schaffte der polnische Astronom bei den inneren Planeten die ungleichförmige Bewegung des Kleinkreises auf der Deferenten-Peripherie ab, die Ptolemaios dadurch erzeugt hatte, daß er einen Ausgleichspunkt P, den *punctum aequans* einführte (Abbildung 8.3 oben, Seite 142):

Statt dessen ließ Kopernikus alle Planeten auf ihren reinen Kreisbahnen mit konstanter Geschwindigkeit um die Sonne laufen. Damit wurde übrigens Platons Forderung nach einer gleichmäßigen Kreisbewegung der Himmelskörper besser erfüllt als im Ptolemaischen System, wo nur der Leitstrahl vom Ausgleichspunkt *(punctum aequans)* zum Mittelpunkt des Epizykel gleichmäßig rotierte.

Diese formalen Details klingen so wenig revolutionär, daß die vielgerühmte »Kopernikanische Wende« in der Tat bescheiden erscheint: Aber unsere an den Gedankengängen von Lewis Mumford orientierten Überlegungen haben hoffentlich zeigen können, daß die Reform des Kopernikus tiefgreifender zu sehen ist – vor der theoretischen Rechtfertigung des heliozentrischen Systems kam eben seine magische Vorstellung. »Modern« im Sinne der physikalischen Forschung von heute war das ganz gewiß nicht: Aber wo die Sonne geradezu königlich herrschte, da wurden die Physiker eben noch zu Poeten. Beispielsweise wurde folgender Lobgesang angestimmt:

»Vor allem, so ein Blinder es auch leugnen möge, ist der wunderbarste aller Himmelskörper die Sonne: Ihr innerstes Wesen ist nichts Geringeres als das reinste Licht; es gibt keinen größeren Stern als sie; einzig und allein sie ist Erzeugerin, Bewahrerin und Erwärmerin aller Dinge; sie ist eine Quelle von Licht, reich an fruchtbarer Wärme und wunderschön, hell und rein anzusehen, die Quelle der Sehkraft, Malerin aller Farben, obgleich selbst ohne Farbe, Königin der Planeten genannt wegen ihrer Bewegung, Herz der Welt wegen ihrer Kraft, Auge der Welt wegen ihrer Schönheit, und sie allein sollten wir des Allerhöchsten Gottes würdig erachten, so er an einem stofflichen Wohnsitz Gefallen finden und einen Ort wählen sollte, um dort mit den seligen Engeln zu weilen.«

Dieser Text stammt allerdings nicht mehr aus der Feder des Nikolaus Kopernikus: Es ist die Rhetorik eines Platonikers, dem die endgültige Überwindung der antiken Astronomie gelang – Johannes Kepler.

14
Kepler und Galilei – Neupythagoreer und platonischer Philosoph

Häufig wird vermutet, daß es die zahlreichen technischen Erfindungen von unmittelbarer praktischer Bedeutung waren, entworfen und gebaut von Leonardo da Vinci und anderen Künstler-Ingenieuren der Renaissancezeit, die unseren modernen Hang zur technischen Perfektionierung programmierten. Tatsächlich war es jedoch die *Astronomie,* die jenes mechanisierte, entpersönlichte Weltbild schuf, in dem die technische Aktivität des Menschen absoluten Vorrang gegenüber seinen sozialen Handlungen bekommen sollte: »Was im astronomischen Observatorium begann, endete schließlich in unserer Zeit in der programmgesteuerten, automatisch arbeitenden Fabrik«, erläuterte Lewis Mumford und zählte Kopernikus und Kepler, Galilei und Descartes, Leibniz und Newton als Initiatoren dieser Entwicklung auf.

Begünstigt wurde dieser Prozeß auch von der *Astrologie:* Sowohl von Kopernikus als auch von Kepler ist bekannt, daß sie Horoskope erstellten. Der durch den Gang der Gestirne angeblich unerbittlich bestimmte Schicksalsweg stärkte als Glaubenshaltung bereits jenen scheinbar so nüchternen, pragmatischen Determinismus der neuen Naturforschung. Erst in unserem Jahrhundert hat sich inzwischen herausgestellt, daß dieser Determinismus in seiner strikten Form kein Ideal, sondern ein recht trügerisches Idol der Wissenschaft war.

Aber noch sind wir nicht soweit in unserer Betrachtung: Halten wir in jedem Fall die bedeutsame Rolle der Astrologie in den Tagen von Kepler und Galilei fest, jener Pseudowissenschaft, die entschieden dazu beigetragen hat, daß sich die exakte Wissenschaft Astronomie der Gunst der Mächtigen erfreuen durfte. An jedem europäischen Königshof saß damals ein ziemlich einflußreicher Hofastrologe, dessen Herz zumeist für die weitaus redlichere astronomische Tätigkeit schlug. Doch hören wir, was Johannes Kepler (1571–1630), der bemerkenswerte Astronom und Mathematiker, dazu zu sagen hatte:

»Die Astrologia ist wohl ein närrisches Töchterlein, aber du lieber Gott, wo wollte ihre Mutter, die hochvernünftige Astronomia, bleiben, wenn sie diese ihre närrische Tochter nicht hätte? Ist doch die noch viel närrischer und so närrisch, daß derselben zu ihrem Frommen diese alte verständige Mutter durch der Tochter Narrenspiel eingeschwatzt und eingelogen werden muß! Und sind der Astronomen Gehälter nicht so gering, daß die Mutter gewißlich Hunger leiden müßte, wenn die Tochter nichts erwürbe?«

So war es also nach Keplers Meinung vor allem die wirtschaftliche Abhängigkeit der Gelehrten, die sie in die Arme des »närrischen Töchterleins« Astrologia trieb: »Gott hat jedem Tier die Mittel zu seinem Lebensunterhalt zur Verfügung gestellt und dem Astronomen die Astrologie.« Und obwohl der studierte Theologe mit seinem großen Interesse an Mathematik, Astronomie und Philosophie die astrologischen Quacksalber seiner Zeit heftig beschimpft hat, diskutierte er doch sehr ernsthaft die Einflüsse der »Planetenaspekte« auf die »Erdseele«, deren Auswirkungen auf die Wettergeschehnisse für ihn eindeutig feststanden.

Wenn auch bei solchen astrologischen Studien die Methode ungleich wichtiger erschien als die angeblichen Resultate, so sollte ihre praktische Bedeutung doch keineswegs unterschätzt werden: Dem Protestanten Kepler erbrachte sie immerhin die Gunst des katholischen Kaisers Rudolf II. und des berühmten Feldherrn Wallenstein, der ihn Ende 1624 um ein Horoskop mit korrigierter Geburtsstunde bat, weil die früheren Prognosen nicht seinen Erwartungen entsprochen hatten. In Golo Manns Wallenstein-Biographie steht zu diesem Ereignis:

»Nachdem er [Kepler] den Anspruch, den Wallenstein an die Wissenschaft stellte, als großenteils töricht widerlegt hatte, erfüllte er ihn gleichwohl, soweit er es mit seinem Gewissen irgend vereinigen konnte, oder etwas weiter – später schrieb er, er habe sein Äußerstes versucht. Er nahm die Korrektur des Augenblicks der Geburt vor, aus der sich beträchtliche Verschiebungen ergaben. Wallensteins höchste Glücksjahre fielen nun zwischen das 40. und 45., nicht, wie ehedem gefunden, zwischen das 47. und 52. Auch die einzelnen ›Revolutionen‹, die Zeitabläufe von

Geburtsstunde zu Geburtsstunde, die Privatjahre, unterzog der Gelehrte einer neuen Kontrolle. September 1624 bis September 1625: über die Maßen gut. 25 bis 26: wichtige Händel, verdrießliche Hinderungen. 26 bis 27: ›Ist eine Revolution des Geborenen Natur ähnlich; denn gelingt es ihm mit Erhöhung seiner Autorität, und Macht an Geld und Gütern, so geschieht es ohne Zweifel mit der Welt und vieler Leute Schaden, weshalb auch ihm Feindschaft, Widerstand, Hinderung und durch Verbitterung ohne Zweifel auch das Podagra erwecken wird.‹ 27 bis 28: mehr bös als gut . . .«

Kepler erhoffte sich für solches »Narrenspiel« vor allem eine fürstliche Entlohnung seines überaus wohlhabenden Klienten – jedoch: »Ich habe von diesem Honorario weder Heller noch Pfennig empfangen, sondern nur etliche vergebliche Botenlöhne bezahlen müssen . . .«

Seine eigentliche Zuflucht fand Kepler daher letztlich doch bei seinem Lehrer Tycho Brahe, dem letzten bedeutenden Astronomen, der noch die ruhende Erde als Zentrum des Universums sah (vergleiche Seite 141). Dieser skandinavische Aristokrat, der unter Friedrich II. von Dänemark eine große Sternwarte, Uranienborg, auf der Insel Hven erbauen konnte, trat wenige Jahre vor seinem Tod (1601) in die Dienste Rudolfs II. zu Prag. Dort vermachte er seinem Mitarbeiter umfangreiches, unübertroffen präzises Beobachtungsmaterial, das die Auffindung der berühmten »drei Keplerschen Gesetze« wesentlich erleichterte, wenn nicht überhaupt erst ermöglichte. Die wissenschaftshistorisch bedeutsame »Entdeckungsgeschichte« dieser Gesetze soll im folgenden etwas ausführlicher betrachtet werden.

Tycho Brahe wurde 1596 auf Johannes Kepler durch dessen Veröffentlichung einer originellen Theorie aufmerksam, die eine pythagoreisch-platonische Synthese des heliozentrischen Weltmodells schaffen wollte: Dabei brachte Kepler die Räume zwischen den sechs Planetenbahnen, von der äußersten Bahn des Saturn bis zur innersten des Merkur, in Verbindung mit den fünf platonischen Körpern (siehe Seite 190). Er zirkelte die Abstände von einer Planetensphäre zur benachbarten also so ab, daß zwischen den beiden kreisförmigen Bahnen jeweils einer der regelmäßigen Körper eingeschoben werden konnte, und zwar – von außen nach innen – Kubus, Tetraeder, Dodekaeder, Ikosaeder und Oktaeder (Abbildung 14.1). Er versuchte damit zu zeigen, daß es aufgrund dieses Zusammenhangs mit Notwendigkeit sechs Planeten geben müsse. Angesichts des reichhaltigen Beobachtungsmaterials, das ihm nach und nach zur Verfügung stand, mußte er dieses scheinbar so bestechende Modell wieder aufgeben. Doch die pythagoreische Idee der Sphärenharmonie, nach der das Planetensystem in Harmonien erklingen sollte, ließ diesen Astronomen, der sein Geld als Mathematiklehrer und Astrologe verdienen mußte, sein Leben lang nicht mehr los.

Daß Kepler »Anzahl, Größe und Bewegung der Planeten« so ungemein

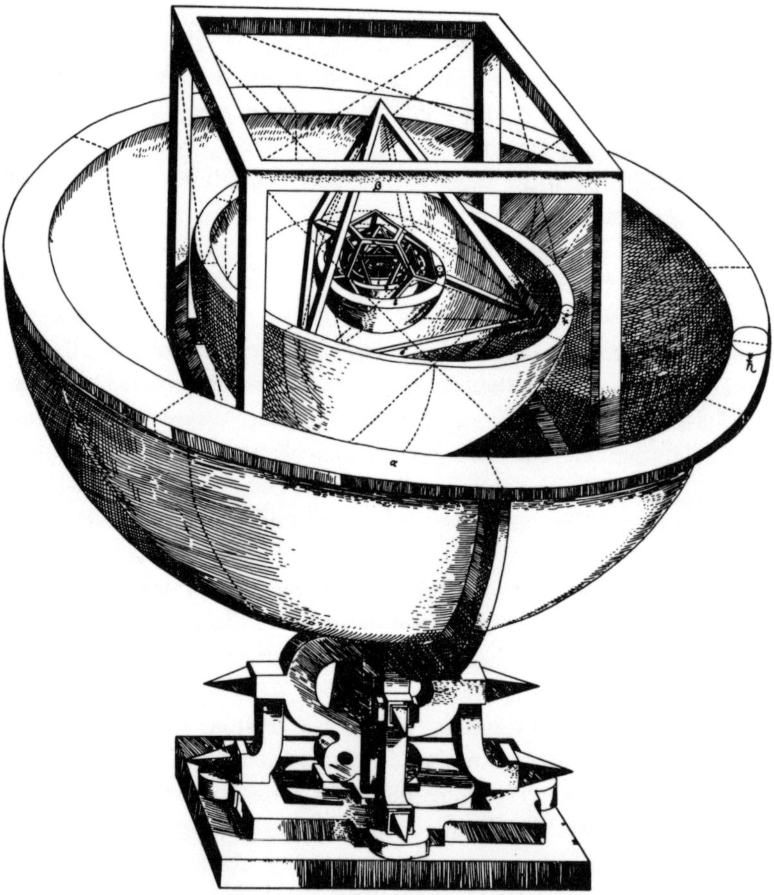

Abbildung 14.1: Johannes Kepler versuchte zunächst, eine pythagoreisch-platonische Synthese des heliozentrischen Weltbildes zu schaffen, indem er die Räume zwischen den sechs Planetenbahnen vom Merkur zum Saturn mit den fünf platonischen Körpern auffüllte.

faszinierten, hatte nicht nur mathematisch-pythagoreische, sondern auch religiöse Gründe, die im Christentum zu suchen waren: »Dies zu wagen, bestimmte mich jene schöne Übereinstimmung der *ruhenden* Dinge, der Sonne, der Fixsterne und des Zwischenraumes mit Gott, dem Vater, dem Sohne und dem Heiligen Geist.« Da also das Universum, was seine ru-

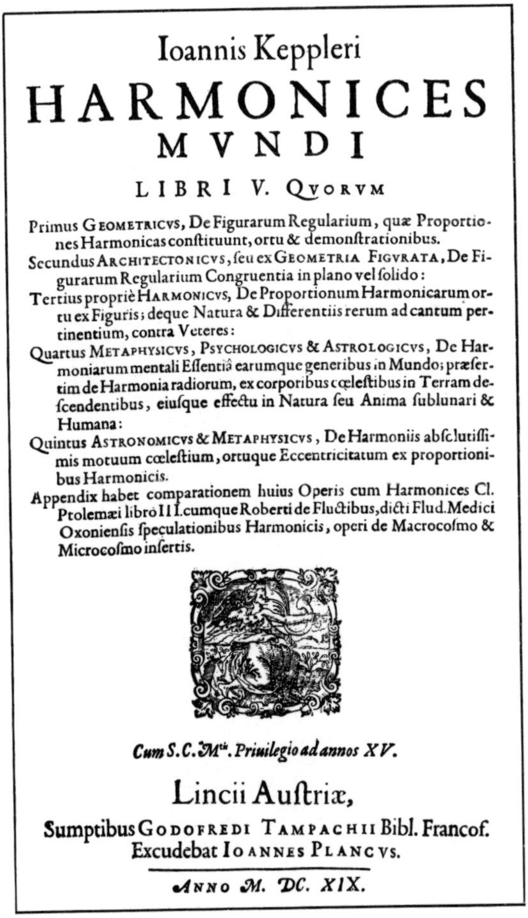
Ioannis Keppleri
HARMONICES
MVNDI
LIBRI V. QVORVM
Primus GEOMETRICVS, De Figurarum Regularium, quæ Proportiones Harmonicas constituunt, ortu & demonstrationibus.
Secundus ARCHITECTONICVS, seu ex GEOMETRIA FIGVRATA, De Figurarum Regularium Congruentia in plano vel solido:
Tertius propriè HARMONICVS, De Proportionum Harmonicarum ortu ex Figuris; deque Natura & Differentiis rerum ad cantum pertinentium, contra Veteres:
Quartus METAPHYSICVS, PSYCHOLOGICVS & ASTROLOGICVS, De Harmoniarum mentali Essentiâ earumque generibus in Mundo; præsertim de Harmonia radiorum, ex corporibus cœlestibus in Terram descendentibus, eiusque effectu in Natura seu Anima sublunari & Humana:
Quintus ASTRONOMICVS & METAPHYSICVS, De Harmoniis absolutissimis motuum cœlestium, ortuque Eccentricitatum ex proportionibus Harmonicis.
Appendix habet comparationem huius Operis cum Harmonices Cl. Ptolemæi libro III. cumque Roberti de Fluctibus, dicti Flud. Medici Oxoniensis speculationibus Harmonicis, operi de Macrocosmo & Microcosmo insertis.
Cum S. C. Mtis. Priuilegio ad annos XV.
Lincii Austriæ,
Sumptibus GODOFREDI TAMPACHII Bibl. Francof.
Excudebat IOANNES PLANCVS.
ANNO M. DC. XIX.

Abbildung 14.2: Im Jahr 1619 erschien Keplers berühmtestes Werk über die *Weltharmonik,* in dem die Harmonien am Himmel als eine »fortwährende mehrstimmige Musik« erklangen, die »durch den Verstand, nicht das Ohr erfaßbar« war.

henden Bestandteile betraf, dem Vorbild der christlichen Trinität entsprachen, argumentierte Kepler, »zweifelte ich nicht an einer entsprechenden Harmonie der bewegten Dinge« – der Planeten also.
Aufgrund dieser uns heute merkwürdig erscheinenden Motivation astronomischen Forschens nennt man Johannes Kepler einen christlichen Neupythagoreer oder Neuplatoniker: Pythagoreische Gedanken – unter anderem: die »ganze Welt sei Harmonie und Zahl«, Harmonik und Astronomie müßten als »Schwesterwissenschaften« betrachtet werden, die Planetenbewegungen würden von symphonen Klängen begleitet – verschmolzen bei Kepler mit dem unbeirrbaren Glauben an den christlichen Gott, der dieses Universum nur als vollkommenes Gebilde erschaffen haben konnte, dessen Vollendung in reinster Harmonie Ausdruck fand. Daher *mußte* für ihn Gott das Planetensystem geradezu in einer Weise konzipiert haben, daß die Harmonien am Himmel als eine »fortwährende mehrstimmige Musik« erklangen, als eine Musik, die »durch den Verstand, nicht das Ohr erfaßbar« war. Jedenfalls kann man dem Schotten Alastair C. Crombie uneingeschränkt zustimmen, wenn er diesen charakteristischen Sachverhalt nüchterner so betrachtete: »Die Vision einer abstrakten Harmonie, in der er die Welt geschaffen glaubte, blieb Kepler in all der Plackerei arithmetischer Berechnungen, zu denen er durch seine astronomischen Forschungen und seinen Beruf als Astrologe gezwungen war.«
Diese »harmonische Vision« leitete Johannes Kepler jedenfalls auch, als er die Umlaufbahn des Planeten Mars nach den drei Systemen des Ptolemaios, des Tycho Brahe und des Kopernikus mit dem präzisen Datenmaterial seines dänischen Lehrmeisters zur Überprüfung ausarbeitete. Dabei ergab sich im heliozentrischen Modell des Kopernikus, das er natürlich für das richtige hielt, mit den kreisrunden Bahnen und der gleichförmigen Planetenbewegung auf ihnen, eine gravierende Ungenauigkeit in der Größenordnung von acht bis neun Bogenminuten. Auf Beobachtungsfehler konnte sie nicht zurückgeführt werden: Tycho Brahe hatte, wie schon gesagt, die Genauigkeit der Bahnbeobachtung auf zwei Bogenminuten »gedrückt«, während Ptolemaios noch mit einer Meßgenauigkeit von lediglich zehn Minuten arbeitete (siehe auch Seite 140). Kopernikus hatte für seine Bahnberechnung aber mit den relativ groben Ptolemaischen Werten operiert. Außerdem hatte er nicht alle Ebenen der Planetenbahnen durch die Sonne gehen lassen. Nach dem heliozentrischen Modell berechnete Kepler zunächst die Erdbahn aus der entsprechend korrigierten Marsbahn, wobei er sie als Exzenter darzustellen versuchte. Das

führte sogar dazu, daß er den von Kopernikus verworfenen Ausgleichspunkt *(punctum aequans)* wieder einführen mußte.

Diese Schwierigkeit und eine minutiöse Auswertung der Bahngeschwindigkeiten von Erde und Mars veranlaßten Kepler schließlich zu jenem kühnen Schritt, mit dem platonischen »Zauber der Kreisförmigkeit« zu brechen. Denn es zeigte sich, daß die Planeten um so schneller liefen, je näher sie der Sonne kamen. Anders gesagt: Ihre Bahngeschwindigkeiten verhielten sich angenähert umgekehrt proportional zur Distanz vom solaren Zentralgestirn. »Mein erster Irrtum war es, die Planetenbahn als vollkommenen Kreis anzunehmen«, erläuterte Kepler, »und dieser Fehler raubte mir um so mehr Zeit, als er mit der Autorität aller Philosophen gelehrt wurde . . .«

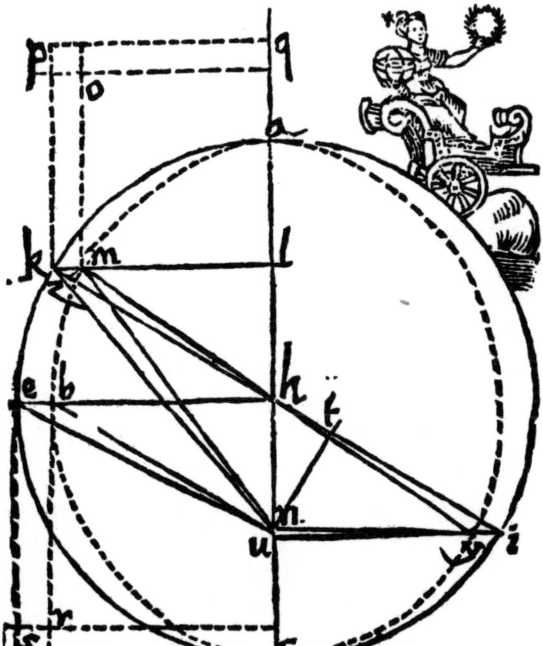

Abbildung 14.3: Zu den kühnsten Taten des Astronomen Kepler gehörte es, mit dem platonischen Zauber der Kreisförmigkeit bei der Planetenbewegung gebrochen zu haben: Er verbog die klassischen Kreisbahnen der griechischen Astronomie zur Ellipsenform.

Johannes Kepler buchtete daher die altehrwürdigen Kreisbahnen der griechischen Astronomie ein und verbog sie zur Ellipsenform. Und obwohl diese Ellipse als sogenannter »Kegelschnitt« von Apollonius aus Perge rund 18 Jahrhunderte vor Kepler mathematisch ausführlich diskutiert worden war, gehört dieser Bruch mit der Kreisform, was den Bahnverlauf der Planeten anlangt, zu den revolutionären Taten der Wissenschaftsgeschichte, durchaus vergleichbar mit der Kopernikanischen Wende. In dieser Hinsicht war Kepler sogar ein progressiverer Denker als sein noch berühmterer Zeitgenosse Galilei, der, wie noch zu zeigen ist, eine geradezu »platonische Liebe« zur kreisförmigen Bewegung entwikkelt hatte: Den Zauber der Kreisförmigkeit vermochte er jedenfalls nicht im keplerschen Sinne zu brechen.

Das zweite Keplersche Gesetz, der sogenannte »Flächensatz«, stand übrigens am Anfang dieser bemerkenswerten Tat des deutschen Astronomen und Mathematikers. Es lautet: Der »Radiusvektor« Sonne – Planet, das heißt die gerichtete Verbindungslinie von der Sonne zum Planeten, überstreicht in gleichen Zeitabschnitten gleiche Flächen. Mit der Formulierung dieses Gesetzes ergab sich unausweichlich, daß die Planetenbahnen aufgrund der Tycho Braheschen Bahnbeobachtung keine Kreise waren. Die Vermutung, daß die Planetenbahnen ellipsenförmig verlaufen, lag dann für einen Mathematiker auf der Hand, der »seinen» Apollonius gelesen hatte: Doch nur ein mehr oder weniger glücklicher Zufall – an den verschiedensten Stellen der Bahnberechnung tauchte immer wieder der gleiche Bruchwert auf – führte Kepler zur Auffindung der richtigen Achsen dieser elliptischen Bahn. Im ersten Keplerschen Gesetz wird dieser Sachverhalt so ausgedrückt: Die Planeten bewegen sich auf Ellipsen, wobei die Sonne in einem der beiden Brennpunkte steht.

Wiederum fast per Zufall stieß Kepler nach rund zehnjähriger Forschungsarbeit auf das dritte Gesetz, das seinen Namen trägt: Es bringt die Quadrate der planetaren Umlaufzeiten mit den Kuben (dritten Potenzen) der großen Achsen ihrer elliptischen Umlaufbahnen in Beziehung. Gerade bei der Formulierung dieses dritten Keplerschen Gesetzes waren übrigens die Kegelschnitt-Untersuchungen des Apollonius aus Perge von größter Bedeutung.

Soviel »Zufälligkeit« bei der Entdeckung so bedeutsamer Naturgesetze bedarf natürlich einer Erklärung: Johannes Kepler, der bei all seiner astronomischen Forschungsarbeit stets die göttliche Sphärenharmonie gesucht hat, die er *harmonices mundi* (Weltharmonik) nannte, betrachtete die Entdeckung der drei nach ihm benannten Gesetze allenfalls als Zwischenergebnis seiner Bemühung. Jedenfalls machte er niemals großes Aufheben von ihnen: »Gottes sind in der ganzen materiellen Welt die Gesetze, Zahlen und Beziehungen von besonderer Feinheit und schön gefügter Ordnung«, schrieb er 1599 in einem Brief. Nur Gott selbst könne solche Gesetze daher enthüllen: »Jene Gesetze sind dem menschlichen Geist erfaßbar. Er hat uns nach seinem Ebenbild geschaffen, so daß wir an seinen Gedanken teilhaben können. Denn was gibt es im menschlichen Geist außer Zahlen und Größen? Nur diese können wir in der rechten Weise verstehen, und – wenn die Ehrfurcht uns das zu sagen erlaubt – in dieser Hinsicht ist unser Verstand von gleicher Art wie der göttliche, zumindest sofern wir in unserem sterblichen Leben etwas davon zu begreifen vermögen. Nur Narren fürchten, wir wollten den Menschen damit Gott gleich machen; denn Gottes Ratschläge sind unerforschlich, seine materielle Schöpfung ist es aber nicht.«

Dem frommen Neupythagoreer Kepler, der den Planetenbahnen möglichst einfache ganzzahlige Verhältnisse zuordnen wollte, die er zunächst in den Abständen von der Sonne suchte, dann angenähert in den Bewegungsabläufen auf den Ellipsenbahnen um die Sonne fand, wurde sein eigentliches »Erfolgserlebnis« aber erst durch eine ziemlich späte, relativ unbekannte Entdeckung zuteil: Er erkannte, daß die Winkelgeschwindigkeiten bei den verschiedenen Planetenbewegungen sowohl im sonnennächsten Punkt des Planeten *(Perihel)* als auch in seinem sonnenfernsten Punkt *(Ap-hel)* in verblüffender Annäherung mit jenen Zahlenverhältnissen in Verbindung gebracht werden konnten, die von den Pythagoreern zum Aufbau der Tonleiter benützt worden sind (vergleiche sechstes Kapitel).

So erschien im Keplerschen Werk die irdische Musik, wie dies die Pythagoreer schon »geahnt« hatten, als Nachahmung der himmlischen Sphärenklänge: Je nachdem, ob man den Perihel- oder den Aphel-Wert des Planeten Saturn als Grundton benutzte, ließ sich, auf den Planetenbahnen nach innen schreitend, eine »Klaviatur« der Dur- oder Moll-Tonleiter aufbauen. Ein damit vergleichbarer Pythagorismus fand sich erst wieder in unserem Jahrhundert, als Arnold Sommerfeld die Quantentheorie zum »geheimnisvollen Organon« kürzte, »auf dem die Natur die Spektralmusik spielt und nach dessen Rhythmus sie den Bau der Atome und der Atomkerne regelt« (vergleiche Seite 105).

Damit erhebt sich natürlich die Frage, ob wir Kepler tatsächlich als »modernen« Physiker ansehen können, der richtungweisend für die künftige Naturforschung gewirkt hat. Hören wir in dieser Hinsicht zunächst die

Meinung von Paul Lorenzen *(Die Entstehung der exakten Wissenschaften):*
»Die geistige Haltung, die Kepler in diesem ersten Jahrzehnt des 17. Jahrhunderts zu seinen ersten beiden Gesetzen führt, ist beispielhaft für die ganze neuzeitliche Physik: Kepler untersucht die Phänomene in kritischer Selbständigkeit gegenüber theologischen und philosophischen Meinungen, seine Arbeitsmethode zeigt die charakteristische Spannung zwischen Mathematik und Empirie. Einerseits glaubt man in der Neuzeit nicht mehr – wie in der Antike –, daß die Wirklichkeit nach dem Menschen einsichtigen Prinzipien geordnet ist (weswegen keine sorgfältige Empirie, sondern vor allem spekulatives Denken erforderlich war), andererseits ist die Wirklichkeit aber doch von mathematischer Gesetzmäßigkeit (weswegen man sich nicht auf bloße Empirie beschränken darf).«
Dies ist gewiß ein wichtiger Aspekt im Forscherleben des Johannes Kepler: Er hat die erläuterte Deformierung der klassischen Kreisbahnen im planetarischen Raum zu der den empirischen Fakten gerechter werdenden Ellipsenform ausgeführt. Aber so bedeutsam die dem Beobachtungsmaterial gerechte Formulierung der Keplerschen Gesetze auch zu werten sein mag: Die bloße Empirie, die Erfahrungswerte allein haben auch hier nicht – wie noch nie in der Geschichte der Wissenschaft – zur Formulierung von überzeugenden Naturgesetzen geführt.
Denn die angeblich so »harten« Fakten erweisen sich ohne soliden theoretischen Überbau stets als vergleichsweise unsicheres Gelände. Um es mit den Worten des Wissenschaftstheoretikers Karl Popper aus seinem Buch *Logik der Forschung* zu sagen:
»Die Wissenschaft baut nicht auf Felsengrund; es ist ein Sumpfland, über dem sich die kühne Konstruktion ihrer Theorien erhebt. Sie ist ein Pfeilerbau, dessen Pfeiler sich von oben her in den Sumpf senken – aber nicht bis zu einem natürlichen ›gegebenen‹ Grund.«
Man kann also ganz klar feststellen: Noch nie in der Geschichte der Naturforschung wurde ein *theoretisches* Gesetz dadurch entdeckt, daß man immer mehr Beobachtungsergebnisse gesammelt und dann über das entsprechende *empirische* Gesetz hinaus verallgemeinert hat. Wissen ist, wie Popper sagte, »ein kritisches Raten, ein Netz von Hypothesen, ein Gewebe von Vermutungen«. Es sind geistige, symbolische Aktivitäten, die zu diesem Wissen führen – »Denkspiele vom Reißbrett« gleichsam.
Johannes Kepler selbst sah es so: »Eine geeignete Proportion in den Sinnendingen auffinden, heißt die Ähnlichkeit dieser Proportion in den Sinnendingen mit einem bestimmten, dem Geist innewohnenden Urbild der

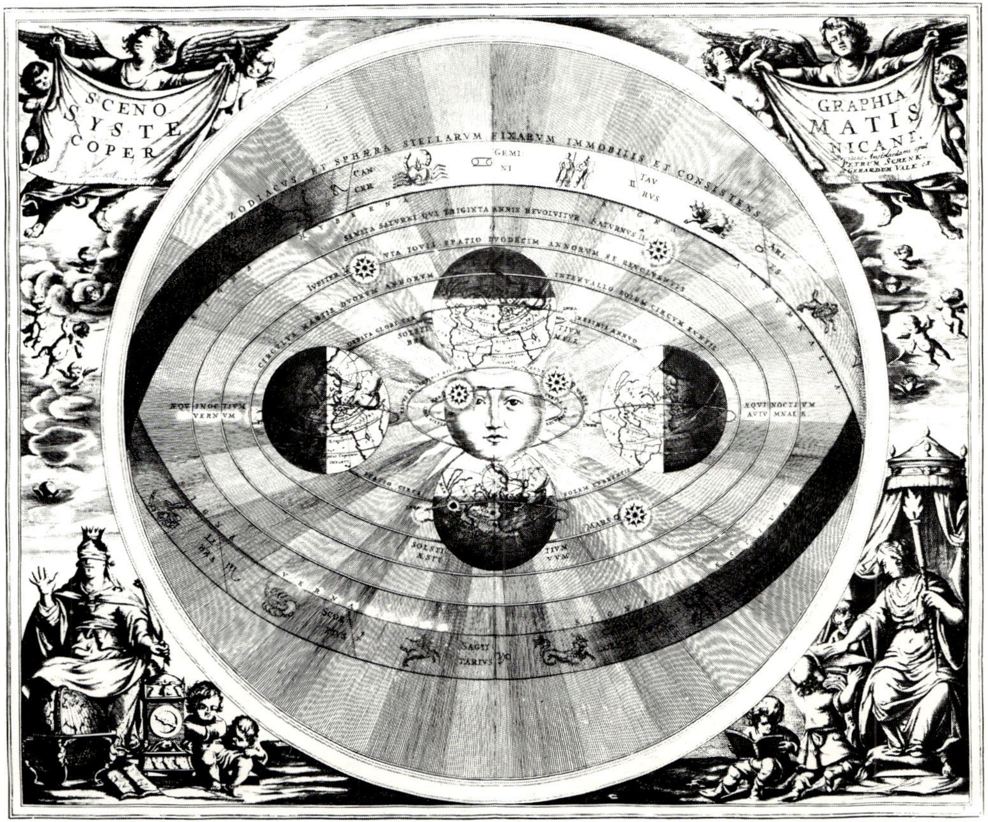

Das heliozentrische Weltsystem des Nikolaus Kopernikus wurde im Sternatlas des Andreas Cellarius (Amsterdam 1708) auf faszinierende Weise bildhaft interpretiert: Die dominierende Position des zentralen Sonnengestirns leuchtet hier auf Anhieb ein.

Isaac Newton gilt zu Recht als der bedeutendste Physiker der Wissenschaftsgeschichte: Sein Buch, die *Philosophiae Naturalis Principia Mathematica (Mathematische Grundlagen der Naturwissenschaften)* ist das Hauptwerk für die Entwicklung der modernen Physik.

wahrsten Harmonie aufdecken, erkennen und ans Licht bringen.« Diese Keplersche Feststellung zeigt Gemeinsamkeiten mit der modernen Naturforschung auf, die Paul Lorenzen erläutert hat, läßt aber auch Unterschiede erahnen, die in den folgenden Überlegungen des Schweizer Physikers Walter Heitler überzeugend aufgezeigt werden. Sie finden sich in seinem Büchlein *Der Mensch und die naturwissenschaftliche Erkenntnis:* »Was Kepler grundsätzlich von der späteren Wissenschaft unterscheidet, ist die Struktur der Gesetze, nach denen er sucht. Die Keplersche Auffassung vom Gesetz betrifft die Planetenbahnen als *Ganzes.* Die Gesamtheit der Bewegung und Bahn wird betrachtet, und diese Bahnen, fand Kepler, sind nach harmonischen Gesichtspunkten angeordnet, sie sind so, wie sie sind, *damit* die Sphärenharmonien existieren und erklingen können (zum Schmucke der Welt, wie er sagt). Wir haben es also mit *theologischen* Argumenten zu tun, das heißt mit *zweck*-bedingten Betrachtungen, die die Welt als Ganzes angehen. Die Welt ist so, wie sie ist, damit etwas sei, und *nicht,* weil es so sein muß oder weil es einen *Grund* dafür gibt. Keplers Forschung ist es, den Zweck zu finden und zu verstehen.« Diese zweck- oder zielorientierte Naturforschung mit ihrer »theologischen« Argumentation, der sich Johannes Kepler widmete, stand der Tradition eines Anaxagoras und Plato, eines Aristoteles und der Scholastiker weitaus näher als der kommenden »modernen« Wissenschaft, die den methodischen Weg von Galilei, Descartes und Newton beschritten hat, einen Weg, den wir ausführlich erläutern werden.

Zuvor jedoch gilt es, noch ein paar Anmerkungen zu einer faszinierenden Science-fiction-Geschichte zu machen, die Kepler unter dem Titel *Somnium (Traum)* fast schon im Stil von Jules Verne verfaßt hat. Bereits als Student an der Universität Tübingen beschäftigte ihn die Frage, wie ein Beobachter auf dem Mond die Himmelserscheinungen sehen würde, so sehr, daß er darüber eine Seminararbeit schrieb. In seiner beispiellosen »Mondsüchtigkeit« wurde Kepler eigentlich erst dreieinhalb Jahrhunderte später von den amerikanischen NASA-Leuten überboten, die seinen »Traum« verwirklichten.

Wer hätte denn vor Kolumbus schon daran gedacht, »daß ein riesiger Ozean friedlicher und sicherer überquert werden könne als die schmale Fläche der Adria, der Ostsee oder des Ärmelkanals?«, argumentierte Kepler und empfahl: »Man stelle Schiffe oder Segel her, die den himmlischen Winden angemessen sind, und es wird sich jemand finden, der selbst die Leere nicht fürchtet. So laßt uns für jene, die *bald* diese Reise versuchen werden, die Astronomie aufstellen!«

Welch konkrete Überlegungen die Keplersche Raumflugphantasie bereits zeitigte, welches technische Problembewußtsein sie auszeichnete, können folgende Sätze verdeutlichen: »Zu einem so ungestümen Auffliegen kann der Reisende nur wenige Gefährten mitnehmen«, erläuterte der Science-fiction-Autor des frühen 17. Jahrhunderts. »Das Abheben ist sehr schwer für ihn, denn er wird gedreht und geschüttelt, als ob er, aus einer Kanone abgeschossen, über Berge und Meere jagen würde. Deshalb muß er mit Medikamenten betäubt und in Schlaf versetzt werden; seine Glieder müssen so gelagert sein, daß sich der explosionsartige Stoß gleichmäßig auf die einzelnen Glieder verteilt und sie ihm nicht ausgerissen werden. Dann kommt es zu neuen Schwierigkeiten: schreckliche Kälte und Atemnot . . .« Es erscheint uns, die wir in der Ära nach den Apollo-Missionen der NASA leben, in der Tat verblüffend, mit welchem Scharfsinn hier bereits Details eines bemannten Weltraumfluges analysiert worden sind. Daß wir daher Keplers *Somnium* nicht mehr nur als literarische Kuriosität betrachten sollten, geht vor allem aus folgender Überlegung Lewis Mumfords hervor:

»Keplers *Traum* überschritt die Grenzen vorsichtiger Spekulation; doch gerade dadurch lenkt er die Aufmerksamkeit auf ein anderes Charakteristikum seines Zeitalters: Die von der Wissenschaft angeregten Phantasien des siebzehnten Jahrhunderts stehen der Wirklichkeit des zwanzigsten Jahrhunderts oft näher als die für den Menschen ergiebigeren, aber relativ prosaischen Unternehmungen der Industrie des achtzehnten und neunzehnten Jahrhunderts; denn deren vielgerühmte technische Fortschritte bestehen im allgemeinen bloß in der Anwendung neuer Energiequellen und eines mehr militärähnlichen Organisationstypus auf die ältesten neolithischen Produktionszweige: auf Spinnen, Weben, Töpferei oder auf die in der Bronze- und Eisenzeit entstandenen Künste des Bergbaus und des Metallschmelzens.«

Auf dem Mond selbst steigert sich der Keplersche *Traum* dann allerdings zu einem Alptraum mit tiefenpsychologischem Niederschlag, wenn die unter den extremen Temperaturbedingungen entstandenen Organismen beschrieben werden: Ahnte der berühmte Astronom, ähnlich wie schon zuvor Leonardo da Vinci, die Gefahr der Lebensunwürdigkeit in einer ausschließlich durch Wissenschaft und Technik mit mechanischem Weltbild geprägten Landschaft, wo man sich allenfalls resignierend verkriechen kann? Leonardo, der den Menschen seziert und mit extremer Genauigkeit in anatomischen Darstellungen zu Papier gebracht hatte, wußte ähnlich wie Kepler, der das astronomische Universum in seinen Forschungen nur als tote Materie mathematisch beschrieb, daß dies lediglich eine der möglichen Ansichten der Welt sein konnte, eine Ansicht, in dem die lebendigsten Elemente der menschlichen Erfahrung fehlten.

Es waren, wie schon gesagt, Galilei, Descartes und Newton, die – offensichtlich von wesentlich weniger Skrupeln geplagt als Leonardo oder Kepler – hier den für die kommende Wissenschaft richtungweisenden Weg beschreiten sollten. Als Ausgangspunkt dieser Entwicklung kann übrigens der arabische Kommentatorenstreit über die Aristotelische Bewegungslehre gesehen werden, die geschilderte Auseinandersetzung zwischen Averroes (Ibn Ruschd) und Avempace (Arab Ibn Bagda) im zwölften Jahrhundert; denn eine lebhafte Diskussion über diesen Streit, die mit Albertus Magnus begann, trug Beträchtliches zur Klärung des Bewegungsproblems durch die Vertreter der »neuen» Physik bei. Blenden wir also zurück: Während Albert der Große sich den Standpunkt des Averroes zu eigen machte, verteidigte Thomas von Aquin die Vorstellung des Avempace, daß ein Körper auch im leeren Raum, das heißt beim Fehlen jeglichen Widerstandes, sich mit endlicher Geschwindigkeit bewege, weil er diesen ausgedehnten Raum durchschreiten müsse.

Eine interessante Position in dieser Diskussion bezog Wilhelm von Ockham (1284–1349), der den Aristotelischen Gedanken der Bewegung als aktualisierte Potentialität total verwarf. Für Ockham war der Bewegungsbegriff dadurch gekennzeichnet, daß der bewegte Körper zu jedem Zeitpunkt eine andere räumliche Beziehung zu einem beliebig gewählten Bezugskörper aufweist. Damit war der englische Franziskaner, der in München wirkte, dem ersten Newtonschen Bewegungsaxiom entschieden näher gekommen als Aristoteles (Seite 169). Er befand sich eigentlich schon auf dem richtigen Weg zu Newtons *Relativitätsprinzip der Bewegung*. Dieses lautete schließlich: »Körper, die in einem Raum eingeschlossen sind, vollführen dieselben Bewegungen im Verhältnis zueinander, ob nun der Raum selbst unbewegt ist oder sich in einer gleichförmigen und geradlinigen Bewegung befindet.«

Für eine überzeugende »Newton-Nähe« des Wilhelm von Ockham fehlte allerdings der entscheidende Gesichtspunkt eines Prinzips der *Trägheit:* die Beibehaltung von Geschwindigkeit *und* Richtung durch den bewegten Körper. Erst dieser Gedanke ermöglichte letztlich eine Auffassung der *Kraft* als etwas, das den Zustand der Ruhe oder der in Geschwindigkeit und Richtung gleichmäßigen Bewegung *ändert,* das heißt als etwas, das *Beschleunigung* hervorruft.

Die bleibend verdienstvolle Tat des Wilhelm von Ockham und der anderen sogenannten »Terministen«, die beispielsweise Galileo Galilei nachhaltig beeinflußten, war zweifellos das Bemühen um eine präzise Wissenschaftssprache: »Wenn wir uns genauer ausdrücken und Wörter wie ›Beweger‹, ›bewegt‹, ›beweglich‹ gebrauchen würden, statt von ›Bewegung‹, ›Bewegbarkeit‹ und ähnlichem zu sprechen, was nach dem Sprachgebrauch und nach der Meinung vieler nichts Bleibendes bezeichnet, so wären viele Schwierigkeiten und Zweifel von vornherein beseitigt. Jetzt aber scheint es aufgrund dieser Ausdrucksweise, als sei Bewegung etwas Unabhängiges, gänzlich losgelöst von den bleibenden Dingen.«

Großen Einfluß auf die kommende Entwicklung hatte aber auch der dagegen vergleichsweise konservative Jean Buridan (etwa 1300–1358), Rektor der Universität Paris. Seine *Impetus*-Theorie postulierte noch ganz im aristotelischen Geist, daß »ein Beweger, wenn er einen Körper bewegt, diesem einen bestimmten Impetus ausdrückt, eine Kraft, die diesen Körper in der Richtung weiterzubewegen vermag, die ihm der Beweger gegeben hat, sei es nach oben, nach unten, seitwärts oder im Kreis.« Durch diesen »Impetus« werde, so Buridan, ein Stein weiterbewegt, nachdem er sich vom Werfer gelöst habe. Luftwiderstand und Schwerkraft schwächten nach und nach den Impetus so sehr, daß sich der Stein »abwärts zu seinem natürlichen Ort« bewege. Mit dieser Impetus-Theorie erläuterte Buridan aber dann sogar die beschleunigte Fallbewegung:

»Zu Beginn des Falls bewegte allein die Schwerkraft den Körper: Er fiel zunächst langsamer. Aber im Verlauf des Bewegens teilte diese Schwerkraft dem schweren Körper einen Impetus mit, der zugleich mit der Schwerkraft den Körper bewegt. Daher wird die Bewegung schneller, und in dem Maße, wie sie schneller wird, wächst der Impetus. Es ist offensichtlich, daß die Bewegung *stetig beschleunigt* wird.«

Galileo Galilei (1564–1642) war zunächst genauso Anhänger der Impetus-Theorie wie vor ihm Leonardo da Vinci, der sich unter anderem mit großem Eifer um die *Mathematisierung der Physik* bemüht hatte: »Keine Gewißheit gibt es da, wo man nicht eine der mathematischen Wissenschaften anwenden kann oder wo keine Verbindung mit ihnen ist«, sagte Leonardo. Und Galilei disqualifizierte überhaupt jede Erkenntnis ohne mathematische Ordnung als bloße Subjektivität:

»Die Philosophie ist in dem großen Buch niedergeschrieben, das vor unseren Augen immer offenliegt, ich meine das Universum. Aber wir können es erst lesen, wenn wir die Sprache gelernt haben und mit den Zeichen vertraut sind, in denen es geschrieben ist. Es ist in der Sprache der Mathematik geschrieben, und seine Buchstaben sind Dreiecke, Kreise und

andere geometrische Figuren; ohne diese Mittel ist es dem Menschen unmöglich, auch nur ein einziges Wort zu verstehen.«
Aufgrund dieser Einstellung hat man Galilei damals, ähnlich wie zuvor übrigens Archimedes, einen »platonischen Philosophen« genannt: Das war zumindest insofern irreführend, als der italienische Physiker die reale Welt und ihre Geschehnisse niemals als ungenaue Abbildung einer metaphysischen Ideenwelt angesehen hat wie einst Platon. Es ging Galilei darum, die Bewegungslehre des Aristoteles in der gleichen – gleichsam »euklidischen« – Weise zu mathematisieren, wie dies Archimedes mit der Statik gemacht hatte (Seite 202).
Einen wichtigen Teil dieser Aufgabe bildete die korrekte Darstellung der Gesetze des freien Falls; die Ansicht des Aristoteles darüber – je schwerer der fallende Körper und je dünner das Medium, das die Fallstrecke auffüllt, um so größer die Fallgeschwindigkeit – war längst als falsch erkannt worden. Doch was die experimentelle Arbeit betraf, war Galilei zunächst auf dem falschen Weg; denn er fand – vermutlich allerdings nur durch »erdachte Experimente«, das heißt Gedankenexperimente – heraus, daß Körper von höherem spezifischen Gewicht schneller fallen. In der schon erwähnten Schrift *De motu (Über die Bewegung)* schrieb Galilei 1590: »Wenn man die Körper von einem hohen Turm fallen läßt, kommt das Blei dem Holz um ein gutes Stück zuvor. Das habe ich oft erprobt.«
Ein ihm vielfach zugeschriebenes Experiment, bei dem zwei Bleikugeln – von denen eine zehnmal so schwer war wie die andere – aus großer Höhe auf ein Brett fielen und zugleich aufschlugen, war bereits von Simon Stevin (1548–1620) ausgeführt worden. Auch die immer wieder zitierten Fallversuche des Galileo Galilei, die er bereits 1590 vom Schiefen Turm in Pisa herab praktiziert haben soll, gehören zur wohl unausrottbaren Legendenbildung um diesen berühmten Physiker: Tatsächlich wurden dort solche Experimente einige Zeit später von zwei anderen Italienern ausgeführt, von Giorgio Coresio im Jahr 1612 und von Vincencio Renieri 1641.
Erst im Laufe des ersten Jahrzehnts des 17. Jahrhunderts entdeckte Galilei das richtige Fallgesetz ($s = {}^1/_2\, gt^2$) – weit mehr durch reines Nachdenken als durch systematisches Experimentieren übrigens: Zunächst hatte er vermutet, daß die Geschwindigkeit beim freien Fall von der Differenz der spezifischen Gewichte zwischen dem fallenden Körper und dem durchfallenen Medium abhängen würde. Eine Bleikugel, so stellte Galilei fest, fällt nicht durch Quecksilber, sondern steigt darin hoch. Dagegen

fällt eine Goldkugel langsam durch dieses Medium. Beide Kugeln fallen durch Wasser, die goldene allerdings deutlich schneller. Im Medium Luft ist der Vorsprung der Goldkugel beim freien Fall kaum mehr nachzuweisen. Galilei schloß daher: »Angesichts dessen glaube ich, daß, wenn man den Widerstand der Luft ganz aufheben würde, dann alle Körper gleich schnell fielen.«

Die richtige Beziehung zwischen dem Weg s und dem Quadrat der Falldauer t leitete er anfänglich allerdings durch eine fehlerhafte Rechnung aus der falschen Beziehung zwischen der Geschwindigkeit v und dem Weg s ab. Vermutlich hat Galilei schon 1604 versucht, die, wenn auch aufgrund eines Irrtums gefundene, so doch richtige Formel $s = {}^1/_2\, gt^2$ durch die bekannten Versuche mit einer Bronzekugel, die über eine Fallrinne (»schiefe Ebene«) rollt, experimentell zu stützen. Dieses Testverfahren war jedoch sehr unbefriedigend, da ihm keine genaue Uhr zur Verfügung stand: Er mußte deshalb gleiche Zeitspannen durch das Auswiegen gleicher Wassermengen definieren, die aus dem Loch eines Behälters liefen. Immerhin: Gegen Ende des ersten Jahrzehnts im 17. Jahrhundert konnte er die falsche Proportionalität von v und s durch die richtige, v proportional t, ersetzen und sie mit s proportional t^2 in einen korrekten Ableitungszusammenhang bringen.

In seiner physikalischen Hauptschrift aus dem Jahr 1638, den *Discorsi (Unterredungen)*, berichtete Galilei über seine Experimente zum freien Fall nur sehr unvollständig und überaus zurückhaltend: Entscheidend waren ihm dabei vor allem die daraus gezogenen Schlüsse, die theoretische Darstellung der Ergebnisse. Damit verdankte der italienische Physiker seiner mathematischen Intuition seinen Erfolg wohl zumindest im gleichen Maße wie seiner noch heute gerühmten Experimentierkunst: Der physikalische Versuch, der so oft unter Berufung auf Galilei als das eigentliche harte Fundament der Erfahrungswissenschaft Physik gepriesen wird, war für ihn selbst eigentlich nicht viel mehr als demonstrative Illustration zu einem Ergebnis, allenfalls ein plausibler Überprüfungsvorgang, dessen Überzeugungskraft weit hinter der theoretischen Argumentation zurückstand. Der eher demonstrative, ja didaktische Charakter der Galileischen Experimente, so bestechend »schön« und revolutionär sie uns auch heute erscheinen mögen, ist daher kaum zu leugnen.

In einer Zeit, in der geschriebenes und gedrucktes Buchwissen über die menschliche Erfahrung an die Stelle der Erfahrung selbst getreten war, mußte Galilei aber wohl oder übel auf diese Weise taktieren: In einer Geschichte seines *Dialog*-Buches über das Ptolemaische und Kopernikanische System, dessen prokopernikanischen Inhalt er 1633 widerrufen mußte, wurde von einem Arzt berichtet, der beim Sezieren einer Leiche demonstrierte, daß eine große Zahl von Nerven aus dem Gehirn kommt, dagegen nur ein Nerv da ist, der vom Herz ausgeht. Der Mediziner wollte damit Aristoteles widerlegen, der als Sitz des Nervensystems das Herz angegeben hatte. Doch ein Anhänger des griechischen Philosophen kommentierte dieses Beweisverfahren mit folgenden Worten: »Du hast mir diese Sache so klar und einleuchtend vorgeführt, daß ich, würde ich nicht den Text des Aristoteles kennen, der das Gegenteil besagt, deine Auffassung als die richtige anerkennen müßte.«

Eine solche Einstellung konnte natürlich die Naturforschung jener Zeit nicht mehr voranbringen, die wahrlich noch mit einigen Erkenntnissen aufwarten konnte: »Wer möchte behaupten, daß alles, was in der Welt wahrnehmbar und erkennbar ist, bereits entdeckt und erkannt sei?« fragte zu Recht Galilei im Jahr 1615. Das hatten die führenden Aristoteliker seit den Tagen des Albertus Magnus – den seine Gegner übrigens boshafterweise den »Affen des Aristoteles« nannten – nicht mehr ernsthaft behauptet: Eigene Beobachtungen und Experimente waren für sie zumeist eine Selbstverständlichkeit. Doch Galilei stand zeitlebens auch in mehr oder weniger heftiger Auseinandersetzung mit den »niederen Chargen« des philosophischen Lehrbetriebes, die den Aristotelismus in seiner naivsten Form vertraten. Deren starrköpfige und dabei vielfach recht unklare Vorstellungen von der Lehre des griechischen *Physikos* prallten dann meist in großer Heftigkeit mit dem – auch noch nicht so ganz ausgegorenen – »funktionellen« Wissenschaftsverständnis des Galilei zusammen. Solche äußeren Umstände erklären manches am lavierenden oder polternden, taktierenden oder beleidigenden Publikationsstil des italienischen Physikers.

Damit war Galileis größte Leistung für die Erarbeitung einer neuen Physik zweifellos die Reformation des Bewegungsbegriffs mit Hilfe der – wenn auch von ihm noch nicht allgemein formulierten – *Trägheits*vorstellung. An der Geschwindigkeit eines bewegten Körpers gab es jetzt nichts mehr zu erklären: Nur bei Geschwindigkeits*änderungen*, also bei Beschleunigungen sollte von nun an nach einer Ursache gefragt werden, nicht mehr wie in der Aristotelischen Bewegungslehre bei jeder Ortsveränderung des bewegten Körpers. Dieser Ansatz bestimmte die Entwicklung einer neuen Dynamik, einer neuen Physik, ja einer neuen Naturwissenschaft: Mit Galileo Galilei begann die konsequente Übertragung mathematischer und experimenteller Methoden auf die Realwissenschaften, setzte ein Prozeß ein, der noch immer nicht abgeschlossen ist. Durch Experimente an einer Balkenwaage, an der ein großes Gewicht, das nahe am Drehpunkt angebracht war, im Gleichgewicht mit einem weiter entfernten kleineren Gewicht Schwingungen ausführte, wurde Galilei zu der Vermutung angeregt, daß es das Produkt aus Gewicht und Geschwindigkeit sein müsse, das beim Bewegungsvorgang erhalten bliebe: Dieses Produkt nannte er *impeto* oder auch *momento*. (Später wurde der *Impuls* als das Produkt aus Masse und Geschwindigkeit zu einem der nützlichsten Begriffe der klassischen Mechanik.)

Im Gegensatz zu Buridans *Impetus* war Galileis *impeto* zum einen ein klar *quantitativer Begriff*, zum anderen kennzeichnete er keine Bewegungsursache, sondern die *Wirkung* dieser Bewegung: »Jede Geschwindigkeit, die einem sich bewegenden Körper einmal mitgeteilt ist, wird so lange starr beibehalten, bis die äußeren Ursachen der Beschleunigung oder Verzögerung entfernt werden.« Die unaufhörliche Bewegung konnte damit als Grenzfall angesehen werden, der in einer idealen, reibungslosen Welt erreicht werden kann. Der Bewegungszustand wurde zum Beharrungszustand des bewegten Körpers, der unverändert andauert, bis eine äußere Kraft auf ihn einwirkt.

Als grundlegende Bewegungsformen wählte Galilei also solche, die am einfachsten mathematisch darstellbar waren: Die geradlinig gleichförmige Bewegung, die gleichförmig beschleunigte Bewegung und die gleichförmige Kreisbewegung sah er als »ursachlos« an. Durch diese letztgenannte Annahme des kreisförmigen Grundbewegungstyps erübrigte es sich für Galilei, die Bewegung der Himmelskörper durch Schwerkraftanziehung zu erklären. Es gelang dem italienischen Physiker noch nicht, ähnlich wie seinem deutschen Kollegen Kepler, den Zauber der Kreisförmigkeit zu brechen (siehe Seite 241). Galilei, der »platonische Philosoph«, war hier noch ganz »Altpythagoreer«, der die Kreisbewegung als eine natürliche Bewegung der Himmelskörper ansah.

Immerhin entwickelte Galilei tatsächlich »über einen sehr alten Gegenstand eine ganz neue Wissenschaft«, wie er selbst behauptete: Unsere Vorstellung von der »Natur der Bewegung« ist schon aufgrund unserer erschütterungsfreien Bewegungsmittel (Schnellzug, Düsenclipper, Luftkissenboote) immer deutlicher »galileisch« geworden. Es bereitet uns heute nicht mehr Mühe, durch einen fahrenden Zug zu schlendern als durch den Flur eines Hauses, nicht mehr Mühe, uns im Flugzeug einem Glas Bier zu widmen als im Gasthaus – und, wie wir zumindest aus dem Werbefernsehen wissen, es läßt sich an Deck eines Öltankers auf hoher

See genauso bequem Fahrrad fahren wie auf einer Straße. Geschwindigkeit spielt hier keine Rolle mehr: Daß man sich im einen Fall relativ zur Erde bewegt, im anderen aber nicht, ist bedeutungslos geworden. Was zählt und sich bemerkbar macht, ist nur die Geschwindigkeitsänderung, die Beschleunigung.

Kompliziertere Bewegungen werden seit Galilei aus den einfachen zusammengesetzt, wobei nicht mehr davon die Rede ist, daß jede Bewegung ein Ziel haben muß und den Körpern aufgrund ihrer verschiedenen »Naturen« verschiedene Bewegungsformen zukommen müssen. So »mon-

Abbildung 14.4: Nach der Aristotelischen Bewegungslehre konnte es keine zusammengesetzte Bewegung im Sinne der späteren Galileischen Physik geben: Die »krumme« Geschoßbahn wurde daher aus zwei geradlinigen Bewegungen zusammengesetzt, einer schräg ansteigenden, erzwungenen Bewegung und der natürlichen Fallbewegung.

tierte« der italienische Physiker als erster aus der Fallbewegung und der gleichförmig geradlinigen Wurfbewegung die bekannte *Wurfparabel:* »Man hat beobachtet, daß Geschosse oder geworfene Körper irgendeine krumme Linie beschreiben«, erläuterte Galilei, »aber daß diese Linie eine Parabel ist, hat niemand ausgesprochen.«
Die vereinfachende, »abstrahierende« Methode allen künftigen Experimentierens in der Physik, das Ausklammern »unwesentlicher« Aspekte beim Versuchsaufbau und der Interpretation der Versuchsergebnisse, demonstrierte Galilei übrigens am eindrucksvollsten bei seinen Messungen zur Schwingungsdauer von Pendeln: Sie sind heute noch Paradebeispiel jedes experimentellen Physikunterrichts der Mittelstufe. Gerade hier zeigte sich aber auch die Überlegenheit des glänzenden Theoretikers über

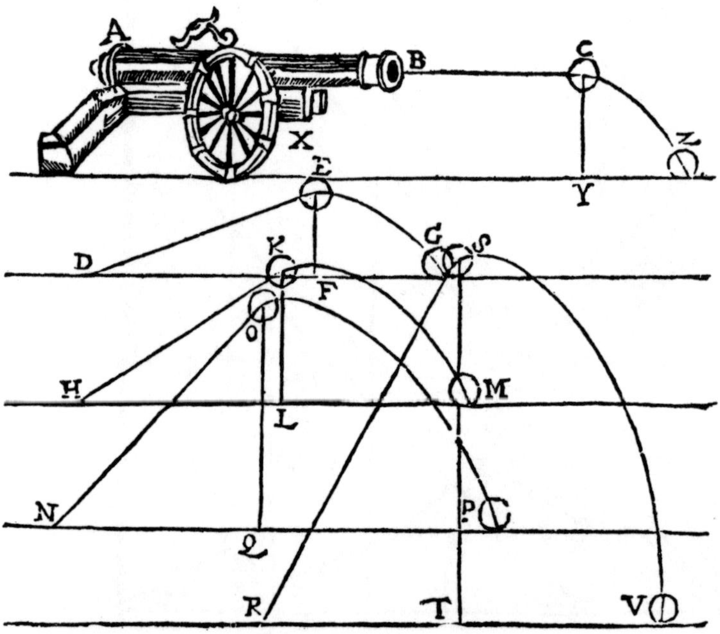

Abbildung 14.5: »Man hat beobachtet«, schrieb Galilei, »daß Geschosse oder geworfene Körper irgendeine krumme Linie beschreiben: Aber daß diese Linie eine Parabel ist, hat niemand ausgesprochen« – bis der »Vater der modernen Physik« dies tat und die Wurfparabel durch Superposition der Fallbewegung mit einer gleichförmig geradlinigen Wurfbewegung erklärte.

den bloßen Empiriker, der lediglich beobachtbare Tatsachen protokolliert.

Ähnliches gilt für seine Sternbeobachtung mit dem Fernrohr, wobei er die mondgleichen Phasen des Planeten Venus und die periodische Verfinsterung der von ihm entdeckten Jupitermonde als Bestätigung des Kopernikanischen Systems interpretierte und als unvereinbar mit dem Ptolemäischen System ansah. Seine von Historikern, Schriftstellern und Dramatikern gleichermaßen gewürdigte Auseinandersetzung mit der katholischen Inquisition betraf ausschließlich diesen Problemkreis: 1616 hatte die Kirche die Lehre des Kopernikus verurteilt. 1632 verteidigte Galilei diese als die »physikalisch wahre« Theorie – und widerrief sie unter Druck im Jahr darauf. »Dieser Widerruf rettete ihn davor, Märtyrer wie Giordano Bruno zu werden, und ermöglichte ihm so, seine Kinematik in den *Discorsi* darzustellen – womit der Wissenschaft in der Tat viel besser gedient war«, meint sicher zu Recht Paul Lorenzen. (Übrigens soll Bruno im Jahr 1600 nicht wegen seines Eintretens für die Kopernikanische Lehre auf den Scheiterhaufen gebracht worden sein. Jedenfalls schrieb der Historiker Lynn Thorndike: »Ausgenommen die Ermahnung, die man ihm am 24. Mai 1597 gab, er solle so müßige Vorstellungen wie die einer Vielzahl und Unendlichkeit von Welten aufgeben, scheint das, was am meisten gegen ihn sprach, der Abfall von seinem Orden, seine langjährige Verbindung mit Häretikern und seine fragwürdige Haltung gegenüber der Inkarnation und der Trinität gewesen zu sein.«)

Zumindest hat Galilei in weiser Einsicht dieses zum Teil zur Farce, sogar zur Burleske abgleitende Drama, in dem kleinkarierte Gelehrtenspießer wie Melchior Inchofer mit Sachverständigengutachten aufwarten durften, bis zur bitteren Abschwörung mitgemacht. Daß die Kirche hier einen überaus billigen Sieg errungen hatte, zeigte schon das trotzige »Und sie bewegt sich doch!« *(Eppur si muove)*, das die Legende dem Physiker in den Mund gelegt hat:

»Auch wenn es höchst unwahrscheinlich ist, daß Galilei es gewagt haben könnte, sich mit diesem Ausspruch von der Inquisition zu verabschieden, so kann man dennoch nachfühlen, wie treffend diese Worte seine innere Haltung nach der erzwungenen Abschwörung wiedergeben«, schrieb der Wissenschaftshistoriker Joachim Fleckenstein. »Der Legende kommt hier wie oftmals ein hoher Grad von Wahrheit zu, indem sie – obgleich mit dem Buchstaben der äußeren Ereignisse im Widerspruch – die Wirklichkeit vollendet offenbart.

»Und sie bewegt sich doch«: Dieser legendäre Ausspruch des Galilei sollte tatsächlich die Antwort der neuen Physik auf die Fragen nach den Bewegungen des Planeten Erde sein. Er selbst hat zeitlebens vergeblich versucht, den Nachweis für die Erdumdrehung zu bringen: Was er zeigen konnte, war nur, daß die Erdrotation wenigstens ebenso einleuchtend sei wie ihre Ruheposition. Daher können wir unsere Betrachtungen zur Weltgeschichte der Physik unter dem Titel *Bevor die Erde sich bewegte* mit den eigentlichen Giganten der exakten Wissenschaft Physik zum Abschluß bringen, mit Isaac Newton und Albert Einstein.

15
Und es bewegt sich doch . . .

In der Sprache der Mathematik, mit Dreiecken, Kreisen und anderen geometrischen Figuren als Buchstaben, sei die Philosophie im Universum selbst niedergeschrieben, behauptete Galilei und wurde damit, wie Lewis Mumford sich ausdrückte, zusammen mit seinen Schülern zu »Philosophen der unbelebten Prozesse, die dann in den neuen Maschinen angewandt wurden«. Hand in Hand mit dieser neuartigen Maschinenproduktion verlief aber der geistig viel tiefgreifendere Prozeß, der das Universum selbst zum Uhrwerksautomaten machte und das mechanistische Denken schließlich in der exakten Wissenschaft triumphieren ließ.
Unsere Betrachtungen haben gezeigt, daß schon Anaximander aus Milet und vor allem Eudoxos aus Knidos mit seiner multisphärischen Astronomie von einer uhrwerkähnlichen Himmelsmaschinerie geträumt haben (vergleiche vor allem Seite 125). Doch der eigentliche »Automatentick« setzte erst im 17. Jahrhundert ein, seltsamerweise mit dem frommen Neupythagoreer Kepler, der allerdings nicht nur im Buch der Natur zu lesen pflegte, um Gott zu feiern, sondern auch als mondnärrischer Technokrat in seinem Science-fiction-Traum *Somnium* den technischen Erfindungsreichtum seiner Zeit zum Überkochen brachte. 1605 schrieb Johannes Kepler in einem Brief:
»Mein Ziel dabei ist es, zu zeigen, daß die himmlische Maschine nicht einem göttlichen Organismus zu vergleichen ist, sondern vielmehr einem Uhrwerk, insofern nämlich, als fast alle die mannigfachen Bewegungen mit Hilfe einer einzigen, einfachen magnetischen Kraft ausgeführt wer-

den, wie im Falle eines Uhrwerks alle Bewegungen durch ein einziges Gewicht verursacht sind.«

Als wir die Ideenkette des Atomismus aufgespürt haben, war schon die Rede vom ersten »modernen« Atomistiker, dem katholischen Geistlichen und Mathematikprofessor Pierre Gassendi. Er hatte die Vorstellungen von Leukipp, Demokrit und Epikur übernommen, daß der Raum als Leere zu begreifen sei, durch den die seit Ewigkeit existierenden Atome schwirren – und zwar für ihn in unbegrenzter geradliniger Bewegung, solange keine äußere Kraft wie etwa die Schwerkraft sie dazu zwingt, ihre Geschwindigkeit oder Bewegungsrichtung zu ändern. Mit dieser Abwandlung des im klassischen Atomismus senkrecht nach unten prasselnden »Atomregens« war Gassendi der erste, der das *Trägheitsprinzip* in seiner allgemeinen Form veröffentlichte (1642). Seine Atome waren als massive Partikeln gedacht, die aufgrund ihres Beharrungsvermögens eine nach Größe und Richtung gleichbleibende Trägheitsbewegung im Vakuum ausführten. Dabei identifizierte der französische Gelehrte den physikalischen Raum mit dem homogenen, unendlichen Bezugssystem der Euklidischen Geometrie. Die Bewegungsabläufe der für den Geistlichen Gassendi natürlich von Gott erschaffenen Atome waren streng determiniert, mechanisch notwendig nach der Fügung des Weltenschöpfers: Damit wurde die letztlich extrem materialistische Lehre des griechischen Atomismus mit der christlichen Theologie »versöhnt«.

Einem anderen Franzosen, dem berühmten René Descartes (1596–1650), der sich den Gelehrtennamen »Cartesius« gab, blieb es allerdings vorbehalten, jene merkwürdige Metapher des mechanistischen Weltbildes zu kultivieren, die Gott zum Uhrmacher oder Spieldosenbauer degradierte, der das universelle Räderwerk, nachdem er es einmal in Gang gebracht hatte, sich selbst überlassen konnte. Erdacht wurde dieses Bild bereits von dem 1382 verstorbenen Nikolaus von Oresme, der unter anderem einen französischen Kommentar zur Himmelsschrift des Aristoteles verfaßt hatte. In seinem *Livre du Ciel et du Monde (Buch vom Himmel und der Welt)* schrieb Oresmius über die uhrengleiche Himmelsmaschinerie:

»Ihre Kräfte sind so sehr beherrscht, gedämpft und ausgeglichen durch die Widerstände, daß die Bewegungen ohne Heftigkeit ablaufen; und da keine Gewalt angewendet wird, ist es fast wie bei einer Uhr, die der Uhrmacher gemacht hat und dann ablaufen und sich allein bewegen läßt. So überließ Gott die Himmel ihrer stetigen Bewegung in Übereinstimmung mit der Proportionalität ihrer Bewegungskräfte zu ihren Widerständen und mit der geschaffenen Ordnung.«

Physik und Mathematik wurden bei René Descartes geradezu identifiziert: Jede Veränderung war nichts weiter als die meßbare Bewegung von Körpern, eine Ortsbewegung von Gebilden, deren einzig wesentliche Eigenschaft ihre Ausgedehntheit *(res extensa)* darstellte. Das Universum lief also unerbittlich ab wie eine einmal angestoßene primitive Maschinerie, wobei die gleichförmig geradlinige Bewegung als geometrisch einfachste Form deren gottgewollte Grundlage bildete. Es war die tendenzielle Bewegungsform in einer Welt, die realisierte Geometrie war. Da für Cartesius das Wesen der Materie die Ausdehnung, die *res extensa*

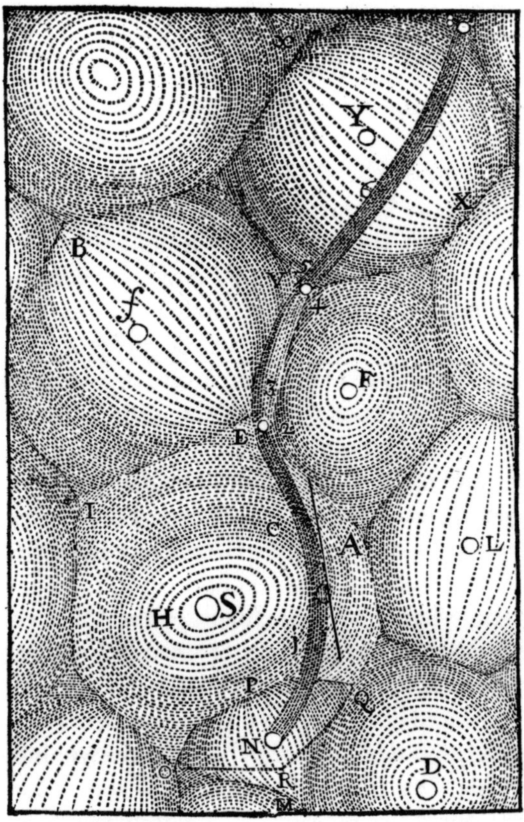

Abbildung 15.1: René Descartes hat versucht, die Schwerkraft in einem mechanischen Modell durch die Wirbelbewegung des Weltäthers zu erklären.

war, konnte der Raum für ihn nicht wie für Gassendi die Leere, das Vakuum der Atomismuslehre sein: Er akzeptierte daher die Aristotelische *Plenum*-Konzeption des Raumes, nach der die Ausdehnung ähnlich wie andere Eigenschaften nur in Verbindung mit irgendeiner Substanz existieren konnte (vergleiche Seite 188). Wie aber konnte Descartes mit diesen Hypothesen die Kurvenbewegung der Planeten um die Sonne erklären? Auf der einen Seite war die einfachste Bewegungsform der Körper die gleichförmige geradlinige, auf der anderen Seite konnte im Plenum diese Bewegung nur direkt von einem Körper auf einen anderen übertragen werden. Descartes löste dieses Problem der direkten mechanischen Berührung bei der Bewegungsübertragung durch die Idee einer universellen Wirbelbewegung. Alastair C. Crombie erläuterte sie folgendermaßen:

»Cartesius versuchte, die Tatsachen durch Wirbel im Plenum zu erklären. Die ursprüngliche Ausdehnung bestand seiner Ansicht nach aus Blöcken von Materie; jeder von diesen drehte sich mit großer Geschwindigkeit um seinen Mittelpunkt. Die sich daraus ergebende Abnutzung erzeugte dann drei Arten von sekundärer Materie, charakterisiert durch Leuchtkraft (Sonne und Sterne), Durchsichtigkeit (interplanetarer Raum) oder Undurchdringlichkeit (Erde). Die Partikeln dieser Materie sind keine Atome; sie sind vielmehr unendlich teilbar, und ihre geometrischen Formen zeigen ihre verschiedenartigen Eigenschaften an. Sie sind alle in Berührung miteinander, so daß Bewegung nur dadurch eintreten kann, daß in einer Aufeinanderfolge jedes das nächste verdrängt und so ein Wirbel erzeugt wird, bei dem die Bewegung durch mechanischen Druck weitergegeben wird. Solche Wirbel tragen die Himmelskörper im Kreise rund.«

Man kann also sagen, daß Descartes versuchte, die Schwere durch eine Wirbelbewegung des Plenum oder »Äthers« zu erklären, eines hypothetischen Urstoffes aus Teilchen von unendlicher Teilbarkeit, der an das *apeiron* (Unbegrenzte, Unerschöpfliche) des Anaximander aus Milet erinnert (Seite 94). Durch mechanischen Druck in dieser unendlich feinen, unwägbaren Substanz *(materia subtilis)* pflanzten sich nach der Cartesischen Vorstellung auch das Licht und der Magnetismus fort – eine Hypothese, die erst im 19. Jahrhundert mit der Maxwellschen Elektrodynamik recht zögernd aufgegeben wurde. Der eigentliche Todesstoß wurde diesem ätherischen Ungetüm erst durch die Einsteinsche Relativitätstheorie versetzt, nachdem alle Versuche gescheitert waren, den vermeintlichen »Ätherwind« auf der sich um die Sonne durch die *materia subtilis* bewegenden Erde nachzuweisen.

René Descartes (Renatus Cartesius) gehörte zu den extremen Theoretikern der modernen Naturforschung, zu den philosophischen »Rationalisten«, denen eine erfahrungsmäßige Erkenntnis auch im physikalischen Bereich als völlig unwesentlich erschien.

Mit Albert Einstein wurde die moderne Physik für lange Zeit geradezu identifiziert und personifiziert: Seine Relativitätstheorie galt zunächst als absolut unverständlich – heute ist sie klassisches Gedankengut der Naturforschung.

René Descartes, der mit seinem »Uhrmacher«-Gott einen extremen Mechanizismus in die neue Physik einbrachte, der weder von Galilei noch – wie gleich zu zeigen ist – von Newton beabsichtigt war, hielt sogar die Tiere für reine Automaten:
»Ich weiß wohl, daß Tiere manche Dinge besser verrichten als wir, aber ich bin darüber nicht erstaunt; denn auch das ist ein Beweis dafür, daß sie durch Naturgewalt und wie aufgezogene Federn handeln – wie eine Uhr, die uns die Tageszeit besser ansagt, als unser eigenes Urteil es könnte. Und wenn Schwalben im Frühling wiederkehren, handeln sie zweifellos wie ein Uhrwerk. Alles, was Honigbienen tun, ist von gleicher Art.«
Was wunder, daß schließlich Descartes' Landsmann Julien de la Mettrie (1709–1751) auch noch den Menschen als bloße Maschine beschrieb: »Er ist im Vergleich zu den Affen und den klügsten Tieren, was die Planetenuhr von Huygens im Vergleich zu einer Uhr des Königs Julianus ist.« (Der holländische Physiker Christiaan Huygens, der von 1629 bis 1695 lebte, vertrat nicht nur die Wellentheorie des Lichtes, nach der sich Licht als Welle im Äther ähnlich wie Schall in Luft ausbreitete, sondern beschäftigte sich auch auf recht erfolgreiche Weise mit dynamischen Problemen, etwa mit den Stoßgesetzen oder der gleichförmigen Kreisbewegung.)
Bei den Überlegungen de la Mettries erfaßte der Descartessche »Uhrentick« also sogar die Natur des Menschen: »Ich täusche mich wirklich nicht«, erläuterte er in seiner Abhandlung *Der Mensch, eine Maschine,* »der menschliche Körper ist eine Uhr, aber eine erstaunliche und mit soviel Kunst und Geschicklichkeit verfertigt, daß, wenn das Sekundenrad stillsteht, das Minutenrad seinen Gang immer weiter geht und ebenso das Viertelstundenrad und alle die anderen in ihrer Bewegung fortfahren, wenn die ersteren verrostet oder aus irgendeiner Ursache verdorben sind und ihren Gang unterbrochen haben.«
Doch zurück zur Himmelsmaschinerie des René Descartes: Seine Uhrwerk-Konzeption des Universums stärkte mehr und mehr den Glauben der Physiker an eine absolute Determiniertheit der physischen Ereignisse. Prinzipiell mußte sich alles, was irgendwann und irgendwo in diesem Räderwerk passierte oder passiert war, exakt voraus- oder zurückberechnen lassen. Wieder war es ein französischer Gelehrter, der Mathematiker und Astronom Pierre-Simon de Laplace (1749–1827), der in seiner *Himmelsmechanik* diesem Gedanken mit seinem berühmt gewordenen »Dämon« plakativen Ausdruck verlieh. Laplace spekulierte:
»Wir müssen also den gegenwärtigen Zustand des Weltalls als Ergebnis seines früheren Zustandes und als Ursache seines zukünftigen Zustandes

betrachten. Ein Dämon, der für einen Augenblick alle Kräfte, die die Natur beleben, und die Lage aller Dinge, aus denen sie besteht, kennen würde – ein Dämon, der genügend groß wäre, alle diese Daten einer Analyse zu unterziehen –, könnte in derselben Formel die Bewegungen der größten Körper des Weltalls und die des kleinsten Atoms einschließen. Für ihn würde nichts unbestimmt sein, und die Zukunft wie die Vergangenheit würden offen vor ihm liegen.«

Diese seltsame Märchengestalt des Laplaceschen Weltdämons wurde zur philosophischen Gallionsfigur der deterministischen Physik des 19. Jahrhunderts: Alles, was damals als exakte Naturbeschreibung gelten wollte, mußte auf Bewegungsvorgänge zurückgeführt werden, die den starren Gesetzen der klassischen Mechanik gehorchten. Erst das mechanische Modell wurde als physikalische Erklärung akzeptiert. Man sprach folgerichtig vom *Erklärungsmechanismus,* der ein Bild des Vorgangs mit »Maschinenelementen« zu zeichnen hatte: Hier durfte nichts zufällig geschehen. Dieses Streben nach Maschinenanalogien – rein *methodisch* gesehen durchaus fruchtbar – machte in seiner Ideologisierung viele Physiker zu philosophisch dünnblütigen Spieldöschen-Metaphysikern.

Heute können wir sagen, daß dieser extreme Determinismus einen höchst bescheidenen Stellenwert in der modernen Physik einnimmt. Seine Bedeutung ist zudem mehr von theoretischer als praktischer Art; denn Max Born konnte überzeugend erläutern, daß zur exakten Vorhersage irgendeines Ereignisses die wirklich exakte Kenntnis aller Anfangsbedingungen Voraussetzung ist. Nun lassen sich aber kompliziertere Vorgänge nicht vollständig mathematisch erfassen, und jede Messung ist mit einer prinzipiellen Ungenauigkeit behaftet. All das gilt bereits für die heute als »klassische« Physik genannten Untersuchungsgebiete, die noch überhaupt nichts mit den atomaren und subatomaren Prozessen zu tun haben, in denen das theoretische Instrumentarium der Quantenmechanik gebraucht wird. Bei einem 1959 gehaltenen Vortrag *Die Grenzen des physikalischen Weltbildes* sagte Born:

»Der Laplacesche Dämon kann seine Aufgabe nur leisten, wenn er absolut genau messen kann. Die Gesetze der klassischen Physik sind so beschaffen, daß der Ablauf des Geschehens für alle Zeiten vollkommen festliegt, wenn die Anfangsdaten mit mathematischer Genauigkeit gegeben sind. Aber wir sind doch Menschen und keine Dämonen. Wir können nur mit endlicher Genauigkeit messen, nicht einmal mit einer großen. Die besten Messungen liefern heutzutage sechs oder höchstens sieben Dezimalstellen. Zunächst scheint das nichts zu schaden. Der Dämon ist ja nur ein fernes Ideal, und wenn jede Generation die Meßgenauigkeit steigert (wie es in den letzten Dezennien der Fall war), kann man sich diesem Ideal nähern. So hat man wohl immer gedacht. Es ist aber falsch. Die Sache liegt nämlich folgendermaßen: Selbst bei einfachsten mechanischen Vorgängen, einem sich drehenden Rade, einem schwingenden Pendel, bleibt eine anfängliche kleine Ungenauigkeit nicht klein, sondern wächst dauernd, und es kommt immer ein kritischer Augenblick, wo sie größer wird als der ganze Bereich der Bewegung. Man sagt, solche mechanischen Systeme sind dynamisch instabil. Verkleinert man die ursprüngliche Ungenauigkeit, so rückt zwar der kritische Zeitpunkt weiter hinaus; aber es gibt ihn doch immer. Eine absolut genaue Messung wäre eine dämonische, keine menschliche Leistung. Sie ist nicht nur begrifflich eine Abstraktion, die man ruhig als unsinnig bezeichnen kann. Die kinetische Theorie der Wärme lehrt, daß die mittlere kinetische Energie jedes frei beweglichen Körpers, sei es ein einzelnes Atom, sei es eine Atomgruppe, ein Molekül oder ein sichtbares makroskopisches Stück, nur von der Temperatur abhängt, und zwar dieser proportional ist (außer bei den tiefsten Temperaturen). Bei gegebener Temperatur ist diese thermische Zitterbewegung daher um so größer, je leichter der Körper ist. (Denn kinetische Energie ist halbe Masse mal Quadrat der Geschwindigkeit). Feine Messungen bedingen extrem leichte Indikatoren (Hebel oder dergleichen); die thermischen Schwankungen dieser Indikatoren setzen also eine Grenze für die Meßbarkeit, die von der Temperatur abhängt. Genau dieselben Überlegungen gelten, *mutatis mutando,* für elektrische Messungen. Auch hier gibt es spontane Schwankungen von Strömen, die von der Temperatur abhängen; man kann sie mit Hilfe eines Telefons als Geräusch hörbar machen. Es ist klar, daß ein Strom nur meßbar ist, wenn er stark genug ist, sich von diesem Hintergrund abzuheben. Man kann die Grenze der Meßbarkeit herunterdrücken, indem man bei tiefen Temperaturen arbeitet. Aber der absolute Nullpunkt ist unerreichbar, somit kann die thermische Grenze der Meßbarkeit niemals ganz zum Verschwinden gebracht werden.«

Soweit die überzeugenden Gedanken des Physikers Max Born zu einem trügerischen Idol der Naturforschung, das sogar Max Planck und Albert Einstein noch faszinieren konnte. Born selbst hat den Determinismus mit einem »phantastischen Roman« verglichen, mit dem, was im Englischen im weitesten Sinne *fiction* genannt wird: »Auch ich habe mich lange an diesem Roman ergötzt, bis ich einsah, daß er kein Bild der Wirklichkeit ist«, bekannte er. Nun kann man zwar, wie wir das vorhin gemacht

haben, diesen »Roman« des physikalischen Determinismus von Descartes ausgehend über Laplace bis in unser Jahrhundert verfolgen; aber eine entscheidende »Romanfigur« fehlt dann eben doch – Isaac Newton (1643–1727). Der große englische Physiker hat zwar selbst nie die Ansicht vertreten, daß die Welt »in Wirklichkeit« nichts anderes sei als ein gigantischer Mechanismus, dessen Ereignisse von vornherein bestimmt und damit exakt berechenbar seien. Doch letztlich war es nicht das Cartesische Instrumentarium der Physik, das diese Vorstellung so einleuchtend machte, sondern das seinige. Newtons Naturgesetze waren nämlich als erste differentiell, kausal und deterministisch. Hören wir dazu wieder den Schweizer Physiker Walter Heitler, der bereits die charakteristischen Merkmale der Keplerschen Gesetze für uns analysiert hat (Seite 247).
»Betrachten wir gleich das grundlegende zweite Newtonsche Bewegungsgesetz: Ein Körper bewegt sich so, daß seine Beschleunigung (Änderung der Geschwindigkeit pro Zeiteinheit) in jedem Moment gleich der auf ihn wirkenden Kraft, dividiert durch seine Masse ist. Die Bewegung wird also nur von einem Moment zum nächstfolgenden bestimmt. Daher ist das Gesetz differentiell. Für jede Geschwindigkeitsänderung gibt es einen zwingenden Grund: die Kraft (daher kausal). Die ganze Bahnbewegung eines Körpers ergibt sich erst durch Integration aller dieser momentanen Wirkungen. Die Bahn läßt sich mathematisch mit völliger Präzision vorausberechnen, wenn wir erstens die Kraft kennen, und wenn zweitens zu einem bestimmten anfänglichen Zeitpunkt die Lage und die Geschwindigkeit des Körpers vorgegeben sind. Dies nennen wir die Anfangsbedingungen. In diesem Fall ist die Zukunft völlig vorausbestimmt. Daher ist das Gesetz deterministisch. In dieser deterministischen Eigenschaft liegt die ungeheure Macht des Gesetzes.«
Um die »wirklichen« Planetenbahnen von vornherein zu berechnen, müßte man im Newtonschen Kalkül daher die Anfangsbedingungen, das heißt die Ursprungssituation des Planetensystems, kennen. Es ist leicht einzusehen, daß dies eine praktisch unlösbare Forderung ist. Deshalb begnügt man sich in der Newtonschen Mechanik lediglich mit einer Menge von möglichen Bahnen für die Planetenbewegung – etwa mit Ellipsenformen, die fast kreisrund oder langgestreckt sein können, von großem oder kleinem Umfang. Entscheidend ist hier also die Erkenntnis, daß sich die Planeten auf Ellipsen bewegen: Das kann aus den Newtonschen »Bewegungsaxiomen« und dem Newtonschen Gravitationsgesetz rein mathematisch abgeleitet werden. Die drei Bewegungsaxiome Newtons dafür lauten:

1. Jeder Körper verharrt in seinem Zustand der Ruhe oder der geradlinig gleichförmigen Bewegung, wenn er nicht durch eine einwirkende Kraft gezwungen wird, diesen Zustand zu ändern.
2. Die Änderung der Bewegung ist der einwirkenden Kraft proportional und geschieht in Richtung der geraden Linie, in der diese Kraft angreift.
3. Es existiert stets eine der Wirkung entgegengesetzte und gleiche Rückwirkung (Gegenwirkung).

In der Originalarbeit Newtons, den 1687 veröffentlichten *Philosophiae Naturalis Principia Mathematica (Mathematische Grundlagen der Na-*

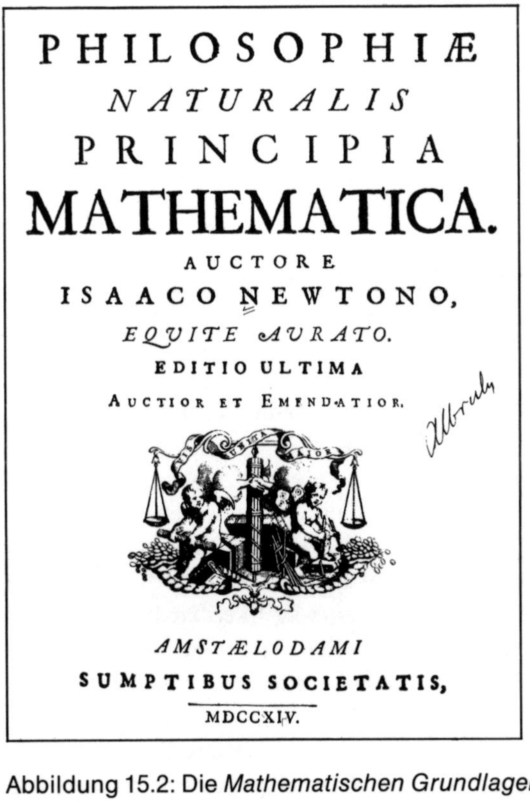
PHILOSOPHIÆ
NATURALIS
PRINCIPIA
MATHEMATICA.
AUCTORE
ISAACO NEWTONO,
EQUITE AURATO.
EDITIO ULTIMA
AUCTIOR ET EMENDATIOR.

AMSTÆLODAMI
SUMPTIBUS SOCIETATIS,
MDCCXIV.

Abbildung 15.2: Die *Mathematischen Grundlagen der Naturwissenschaft* von Isaac Newton zählen zu den bedeutendsten Veröffentlichungen der menschlichen Geistesgeschichte.

turwissenschaft), sind diese Gesetze oder Axiome übrigens lateinisch formuliert. Das dritte Gesetz *(Lex tertia)*, zumeist als »Prinzip von *actio* und *reactio*« überliefert, heißt in den *Principia* beispielsweise »*Actioni contrariam semper et aequalem esse reactionem*«. Daher kann man in der Literatur auf die verschiedensten Übersetzungen stoßen, zum Beispiel für Axiom drei »Wirkung gleich Gegenwirkung« oder – bereits kräftemäßig interpretiert – »Kraft gleich Gegenkraft«. Hinsichtlich dieses dritten Gesetzes bezog sich Newton ausdrücklich auf Arbeiten seiner Landsleute John Wallis (1616–1703) und Christopher Wren (1632–1723), außerdem auf den bereits erwähnten Holländer Christiaan Huygens. Axiom eins, das sogenannte »Trägheitsprinzip«, vollendete dagegen die skizzierten Galileischen Überlegungen.

Erst im dritten Band der *Principia* erscheint dann das Newtonsche Gravitationsgesetz, das die Kraft K, zwischen zwei Körpern mit den Massen m_1 und m_2 als direkt proportional zu m_1 *und* m_2 (Prinzip von *actio* und *reactio*!) und als umgekehrt proportional zum Quadrat ihres Abstandes r kennzeichnet, in Formelschreibweise:

$$K = \text{Konstante} \cdot \frac{m_1 \cdot m_2}{r^2}$$

Aufgrund dieses Gravitationsgesetzes konnte Newton erstmals klar zwischen dem ortsabhängigen *Gewicht* eines Körpers und seiner ortsunabhängigen *Masse* unterscheiden. Er definierte diese Masse als Produkt aus Dichte und Volumen.

Doch Newtons Gravitationskraft war eine »Fernwirkung« über den leeren interplanetaren Raum hinweg, so daß nach der beispielsweise von Descartes vertretenen Auffassung der Schwere eine mechanische Erklärung fehlte. Neben Descartes übten vor allen Newtons bedeutende Zeitgenossen Huygens und Leibniz Kritik an dieser Fernwirkungstheorie der Gravitationskraft. Isaac Newton hielt zwar eine mechanische Erklärung der Schwere für ebenso erforderlich wie seine Kritiker, stellte jedoch mit Bedauern fest: »Den Grund dieser Eigenschaften der Schwere habe ich aus den Erscheinungen noch nicht ableiten können, und Hypothesen mache ich nicht – *hypotheses non fingo*.«

Diese Newtonsche Aussage zeigte noch deutlicher als das Vorgehen Galileis, wie sehr sich das Interesse der experimentellen Naturforschung von den *Warum*- auf die *Wie*-Fragen verlagerte (vergleiche Seite 168). Nur im mechanistisch-deterministischen Weltbild lebte die Tradition der Warum-

Fragen weiter. In seiner bereits erwähnten *Optik*-Schrift schilderte Newton seine methodische Haltung auf so überzeugende Weise, daß sie bis zur Schwelle unseres Jahrhunderts Gültigkeit besaß, als man an die Grenzen der klassischen Physik im Stile von Galilei und Newton stieß:
»Es ist wohlbekannt, daß Körper durch die Anziehungen der Schwere, des Magnetismus und der Elektrizität aufeinander einwirken. Diese Beispiele zeigen Ziel und Weg der Natur und machen es nicht unwahrscheinlich, daß es noch andere Anziehungskräfte außer ihnen gibt. Denn die Natur ist ganz im Einklang und in Übereinstimmung mit sich selbst. Wie diese Anziehungen zustande kommen, erwäge ich hier nicht. Was ich Anziehung nenne, mag durch Stoß oder irgendwelche anderen mir unbekannten Mittel hervorgerufen werden. Ich verwende dies Wort hier nur, um generell jede Kraft zu bezeichnen, welche Körper einander zustreben läßt, was auch immer die Ursache sein mag. Denn wir müssen aus den Naturerscheinungen lernen, welche Körper einander anziehen und was die Gesetze und Verhältnisse der Anziehung sind, ehe wir nach der Ursache fragen, welche die Anziehung hervorbringt.«
Soweit Isaac Newton, der mit seiner Bewegungslehre in den *Principia* einen neuen Meilenstein in der Entwicklungsgeschichte der Naturforschung gesetzt hat: Diese Newtonsche Dynamik ist in ihrer Bedeutung für die exakte Wissenschaft allenfalls mit der Euklidischen Geometrie vergleichbar, wobei ihre Systematik als mathematisches Axiomensystem allerdings weniger imposant erscheint als ihre Erklärung der Planetenbewegung und der Gezeiten durch die Mondanziehung. (Da die Gravitationskraft auf der dem Mond zugekehrten Seite des Planeten Erde die Wassermassen der Ozeane stärker anzieht als auf der mondabgewandten Seite, ergibt sich zusammen mit der täglichen Erdumdrehung der Mechanismus von Ebbe und Flut.) Alastair C. Crombie hat die Newtonsche Leistung wie folgt gewürdigt:
»Er faßte Galileis Gesetze über fallende Körper und Wurfgeschosse und das vervollständigte Trägheitsprinzip mit Keplers Gesetzen über Planetenbewegung und dem vervollständigten Gravitationsbegriff zusammen. Dann konnte er beim Vergleich eines Planeten mit einem Wurfgeschoß die Vorwärtsbewegung beider auf das Beharrungsvermögen zurückführen, die Abweichung von der geradlinigen Flugbahn auf die Schwerkraft. Ein Planet war also nichts anderes als ein Flugkörper, der durch seine Geschwindigkeit daran gehindert wird, auf die Erde zu fallen, so daß seine Flugbahn eine Ellipse statt einer Parabel darstellt. Newton zeigte, daß die Fallbeschleunigung des Mondes in seiner elliptischen Um-

laufbahn um die Erde gleich ist der Beschleunigung, die Galileis Gesetz vom freien Fall genügt; das gleiche gilt für die Planetenbahnen um die Sonne. Er leitete Keplers drittes Gesetz von seinem Gesetz der allgemeinen Gravitation ab. Weiterhin legte er dar, daß es für die ungeheuer große Sonne dynamisch unmöglich ist, sich um die winzige Erde zu drehen, daß vielmehr ein zentraler Körper sich mit seinem Satelliten um ihren gemeinsamen Schwerkraftsmittelpunkt drehen muß, der beim Sonnensystem innerhalb der Sonnenoberfläche liegt. So gelang ihm, was Galilei und Kepler nicht fertiggebracht hatten: nicht nur die Argumente gegen die Erdumdrehung zu widerlegen, sondern auch die zwingende Beweiskraft der Argumente, die dafür sprechen, darzutun. Sie sind zwingend im Rahmen eines allgemeinen Systems der Dynamik, das sich in allen anderen erprobten Beobachtungsbereichen bestätigt hat. Zum erstenmal war damit ein entscheidendes Kriterium geschaffen, nach dem das eine Rechensystem einem anderen vorzuziehen war, das innerhalb der Grenzen der Astronomie Voraussagen mit gleicher Genauigkeit machte.«

Newtons Dynamik beruhte wesentlich auf dem *Trägheitsprinzip*, das im ersten Gesetz formuliert war: Dabei bereitete vor allem die *Geradlinigkeit* der durch äußere Kräfte ungestörten Bewegung eine physikalische Interpretationsschwierigkeit. Newton selbst gab lediglich folgende Erklärung: »Jeder Körper bewegt sich, wenn keine Kraft wirkt, längs der Kante eines Raumes, der im *absoluten Raum* ruht.« Und über dieses fiktive Gebilde sagte er: »Der absolute Raum bleibt vermöge seiner Natur und ohne Beziehung auf einen äußeren Gegenstand stets gleich und unbeweglich.« Im Grunde war dieser merkwürdige, unbeobachtbare Raum der Newtonschen Physik aber nicht viel mehr als das ins Unendliche ausgedehnte und jeglicher Materie beraubte »Weltgerüst« der geozentrischen multisphärischen Astronomie, wenn auch die Trägheitsidee forderte, daß sich jeder frei bewegliche Körper »im Prinzip« über alle Grenzen des Raumes hinaus bewegen konnte.

Eigentlich hat erst der österreichische Physiker Ernst Mach (1838–1916), der vielgeschmähte, aber für die Entwicklung der relativistischen Physik so nützlich meditierende »Ahnherr des modernen Positivismus«, am absoluten Raum des Isaac Newton und damit am reichlich überflüssigen »Weltgerüst« der alten Himmelsmaschinerie erfahrungswissenschaftlich profunde Kritik geübt, eine Kritik, an die Albert Einstein (1879–1955) direkt anknüpfen konnte: Der absolute Raum läßt sich auf keine Weise experimentell prüfen, das heißt auf beobachtbare, reproduzierbare Vorgänge zurückführen. Er besagt eigentlich nur, daß in der Newtonschen

Physik die *Beschleunigung* eine *absolute Größe* ist – ein höchst unerfreulicher Tatbestand in einer Erfahrungswissenschaft, die über Bewegungen eines Körpers immer nur in bezug auf andere Körper urteilen kann. Gegen diese Vorstellung des absoluten Raumes und damit der Beschleunigung als absolute Größe spricht sich das »Machsche Prinzip« aus, dessen einleuchtendste Formulierung von Einstein stammt: Es kann keine Trägheit der Materie gegenüber dem Raum geben, sondern nur eine Trägheit von Materie gegenüber Materie.

Ein einfaches Beispiel soll diesen entscheidenden Unterschied verdeutlichen: Der französische Physiker Léon Foucault ließ 1850 ein 67 Meter langes Pendel unter der Kuppel des Pariser Pantheon schwingen, wobei ein »Schreibstift« die Pendelbewegung im Sand markierte. Dabei konnte man beobachten, wie sich die Orientierung des Pendels im Laufe des Tages änderte, das heißt die Erde sich unter dem Pendel wegdrehte. In der Tat versucht jedes Pendel, seine Schwingungsebene beizubehalten, gleichgültig, was mit dem Beobachtungssystem unter ihm geschieht. Aber dieses Beharrungsvermögen geschieht nicht relativ zu einem unbeobachtbaren, fiktiven »absoluten Raum«, sondern relativ zur Materie des Fixsternhimmels. Da sich dieses System der Fixsterne innerhalb von 24 Stunden einmal relativ zur Erde rotierend bewegt, macht die Schwingungsebene des Pendels diese Bewegung mit.

Damit mußte das Newtonsche Trägheitsprinzip in seiner revidierten Fassung ungefähr lauten: Jeder Körper behält Geschwindigkeit, Größe und Richtung seiner Bewegung *relativ zum System der Fixsterne,* solange er nicht durch eine äußere Kraft gezwungen wird, diesen Zustand zu ändern (vergleiche Seite 269). Isaac Newton hatte die Geschwindigkeit als relativ, die Beschleunigung dagegen als absolut betrachtet: Diese Beschleunigung, die grundlegende dynamische Eigenschaft der Umlaufbewegung der Erde, verläuft genau in der Richtung, in der wir die Sonne sehen. Der Blick auf die Sonne, die *optische* Beobachtung, aus welcher Richtung das Licht von der Sonne kommt, war also grundlegend für die *Mechanik* Newtons.

»Solange man annimmt, daß das In-Bewegung-Bleiben eine Erklärung erfordert, schaut man natürlich in der Richtung der Geschwindigkeit der Erde, um die ›Ursache‹ der Bewegung zu finden«, erläuterte der englische Physiker Hermann Bondi. »Aber in dieser Richtung wird man nie etwas von Bedeutung sehen können – außer einem jeweils anderen Gegenstand, so oft man hinsieht. Schaut man jedoch im rechten Winkel zur Geschwindigkeit, das heißt in der Richtung der Beschleunigung der Erde,

dann sieht man stets die Sonne, die ganz offensichtlich von großer Bedeutung ist.«
Wenn wir also in diesem Bild bleiben wollen, so können wir jetzt sagen, daß Ernst Mach und Albert Einstein unseren Blick wieder auf den Sternenhimmel gelenkt und damit die absolute Beschleunigung zu Fall gebracht haben: Es gibt nur Trägheit von Materie relativ zur Materie.
»Bleibt man auf dem Boden der Tatsachen«, schrieb schon Mach in seinem faszinierenden Buch *Die Mechanik in ihrer Entwicklung historisch-kritisch dargestellt,* »so weiß man bloß von relativen Räumen und Bewegungen. Relativ sind die Bewegungen im Weltsystem dieselben nach der Ptolemäischen und nach der Kopernikanischen Auffassung. Beide Auffassungen sind auch gleich richtig, nur ist die letztere einfacher und praktischer. Das Weltsystem ist uns nicht zweimal gegeben mit ruhender und mit rotierender Erde, sondern nur einmal mit seinen allein bestimmbaren Relativbewegungen. Wir können also nicht sagen, wie es wäre, wenn die Erde nicht rotierte. Wir können den einen uns gegebenen Fall in verschiedener Weise interpretieren.«
Galileis trotziges »Und sie bewegt sich doch« ist bei Mach und Einstein zum sachlichen »Und *es* bewegt sich doch« geworden: Unser erkennbares Universum ist ein System von Relativbewegungen, mit denen sich schon in Stonehenge und Babylon, in Heliopolis und Alexandria die Astronomen auf redliche Weise beschäftigt hatten, »bevor die Erde sich bewegte«. Ernst Mach hatte mit seiner Überlegung, daß die Trägheitskräfte, die materielle Körper von ihrer Standardbahn ablenken, keine Äußerungen des absoluten Raumes sind, wie Newton meinte, sondern als Wirkungen der weit entfernten Fixsternmassen betrachtet werden müßten, Einstein zu einem seiner kühnsten Gedanken angeregt: Er betrachtete das Universum als eine zwar unbegrenzte, aber doch endliche Welt, gleichsam als die Oberfläche einer vierdimensionalen Kugel. In einer solchen Welt bekommt der Ausspruch des Pythagoras, der, als man ihn nach dem Sinn seines Lebens fragte, antwortete, er lebe, »um den Himmel und die Natur zu beobachten«, eine völlig neue Bedeutung: Bei jeder simplen Beobachtung, bei jedem noch so ausgeklügelten Experiment spielt dann das *gesamte Universum* seine gewichtige Rolle; denn es bestimmt die Trägheitseigenschaften, mit denen alle Körper in den Versuchsanordnungen ausgestattet sind.
Dadurch kommt es zu Verzahnungen der Geschehnisse, deren weitreichende Konsequenzen wir »Kinder des Weltalls« bisher nur vage erahnen: Wer hätte denn vor Einstein schon vermutet, daß so scheinbar

einfache Begriffe wie Raum und Zeit sich überhaupt nicht von der Materie trennen lassen und darüber hinaus Materie und Energie in der berühmten Energie-Masse-Äquivalenz stehen? Unser alltägliches Raum-Zeit-Verständnis ist nur deshalb so scheinbar simpel, weil die Materie im All extrem dünn verteilt ist, das heißt zwischen den Gestirnen eine scheinbare Leere gähnt: Die in der Kosmologie bisweilen praktizierten Rückrechnungen auf den Anfangszustand des Universums beim sogenannten »Urknall« dürften daher wenig sinnvoll sein, da die gewaltige Materiekonzentration, die mit einer solchen Situation verbunden ist, zwangsläufig zu raum-zeitlichen Gegebenheiten führt, die sich unserer Vorstellungswelt entziehen. Die Frage nach dem Ursprung des Universums, nach dem Anfang von Raum und Zeit ist damit naturwissenschaftlich gesehen vermutlich genauso sinnlos wie eine Frage der Art »Wie würde ein Universum aussehen, in dem es überhaupt keine Materie gibt?«.

»Aber wenn man von solchen Fragen sagt, daß sie falsch sind, weiß man noch längst nicht, wie die richtigen lauten müssen«, bekannte Hermann Bondi. Es ist daher anzunehmen, daß es die diesbezüglich »richtigen« Fragen sein werden, die der Entwicklung der Physik in naher Zukunft eine neue Chance geben. Anders gesagt: Die Astrophysik wird den künftigen Weg der exakten Naturforschung vermutlich deutlicher bestimmen als die Teilchenphysik, in der die Frage nach den letzten Bausteinen der Natur gestellt wird. Dort ist man bisher nur auf einen riesigen »Elementarteilchenzoo« gestoßen, von dem jedes Teilchen aus allen anderen bestehen kann.

»Wer will der Verstandeskraft und der Erfindungsgabe des Menschen Grenzen vorschreiben?«: Diese Frage, die Galilei vor mehr als dreieinhalb Jahrhunderten gestellt hat, ist nach wie vor von brennender Aktualität in der Physik. Sie wird aber wohl ergänzt werden müssen durch die lapidare Feststellung seines amerikanischen Kollegen Freeman Dyson, der erst vor wenigen Jahren sagte: »Es besteht keine Hoffnung mehr für Spekulationen, die nicht auf den ersten Blick verrückt erscheinen.« Doch schließlich haben die Naturforscher über mehr als zwei Jahrtausende hinweg immer wieder gezeigt, daß es in ihrer Wissenschaft nicht bei diesem ersten Blick bleibt: Auch verrückt erscheinende Theorien werden schließlich plausibel – werden bestätigt oder aber widerlegt. Und naturwissenschaftlich ist eine Theorie eben genau dann, wenn die Möglichkeit besteht, sie zu widerlegen.

Anhang

»Weltgeschichte der Physik« in Texten der Forscher

Als Ergänzung zur vorangegangenen Betrachtung, die sich mit den Quellen unserer Naturerkenntnis beschäftigt hat, soll im folgenden eine kleine Auswahl typischer Originaltexte präsentiert werden, die den Geist der Forschung in den verschiedenen Epochen widerspiegelt. Dabei wird eine scheinbare »Langatmigkeit« bei gewissen Textbeispielen ganz bewußt in Kauf genommen.

Doch schon der erste Text, der möglicherweise bereits auf das Ägypten der III. Dynastie (um 2750 v. Chr.) zurückgeht, die Zeit des berühmten Imhotep, ist von einer erstaunlichen Präzision und einer prägnanten Formulierungskunst. Er wird geradezu verblüffend »modern«, wenn man das Wort »Herz« jeweils durch »Gehirn« ersetzt:

»So haben Herz und Zunge Macht über alle Glieder; denn das Herz ist im Körper und die Zunge im Munde aller Götter und aller lebendigen Menschen, Tiere und Reptilien. Und das Herz denkt alles, was es will, und die Zunge befiehlt alles, was sie will.

Das Sehen der Augen, das Hören der Ohren, das Atmen der Nase erstatten dem Herzen Bericht. Und dieses Herz bringt unaufhörlich jede Erkenntnis hervor; und die Zunge verkündet, was das Herz denkt.

So werden jede Arbeit und jede Tätigkeit vollbracht – das Tun der Hände, das Gehen der Beine, das Bewegen aller anderen Glieder auf diesen Befehl hin, den das Herz ersonnen und den die Zunge ausgedrückt hat, die das Sein aller Dinge unaufhörlich schafft.«

Ein kurzer Auszug aus der babylonischen Edition Enuma Anu Enlil *(etwa Ende zweites Jahrtausend v. Chr.) zeigt zwar bereits deutlich die pseudowissenschaftlichen Spekulationen der Astrologie, läßt aber auch deren durchaus positive Einflüsse auf die Entwicklung der astronomischen Forschung ahnen:*
»Wenn im Monat Siwan am 14. Tag eine Mondfinsternis stattfindet, wenn der Mondgott bei seiner Verdunklung an der Ostseite oben dunkel und an der Westseite unten hell wird, wenn ein Nordwind aufsteigt in der ersten Nachtwache, der sich dann wieder legt in der mittleren Nachtwache, dann wird der Mondgott, der in seiner Verdunklung an der Ostseite oben dunkel und an der Westseite unten hell wird, dabei eine Entscheidung über Ur und die Könige von Ur fällen: Der König von Ur sieht einer Hungersnot entgegen, und die Toten werden zahlreich sein. Dem König von Ur wird von seinem Sohne Gewalt angetan, und der Sohn, der seinem Vater Gewalt antut, wird vom Sonnengott Schamasch gefangen: Er wird sterben wegen des pietätlosen Verhaltens gegenüber seinem Vater. Dann wird ein Sohn des Königs, der nicht als Thronfolger proklamiert worden ist, den Thron besteigen.«

Parmenides aus Elea (um 500 v. Chr.), ein griechischer Philosoph, dessen Überlegungen neben denjenigen der Pythagoreer den berühmten Platon nachhaltig beeindruckt und beeinflußt haben, lehrte erstmals in der Wissenschaftsgeschichte die überragende Rolle des Denkens bei der Erkenntnis des Seins. Seine Polemik traf daher den rigorosen Empiriker Heraklit mit seiner Lehre vom ständigen Werden der Dinge (Seite 121). Parmenides setzte als unabdingbare Grundlage der Erkenntnis von Veränderungen die unveränderlichen, »ewigen« Formen des Denkens voraus – womit es für ihn »eigentlich« gar keine Veränderungen geben konnte:
»Was wolltest du denn auch für einen Ursprung für das Seiende erfinden? Wie und wo sollte es entstanden sein? Aus dem Seienden kann es nicht hervorgegangen sein; sonst gäbe es ja ein anderes Sein vorher. Auch kann ich nicht zulassen, daß du denkst oder sagst, es sei aus dem Nichtseienden entstanden. Denn man darf weder denken noch aussprechen, daß es nicht vorhanden sei! Welcher Zwang hätte es denn auch dazu bringen können, früher oder später mit dem Nichts zu beginnen und dann zu wachsen? So muß es denn notwendig schlechthin vorhanden sein oder überhaupt nicht!
Und nie wird die Kraft der Überzeugung zulassen, daß aus dem Nichtseienden etwas neben ihm entstehe. Daher hat die Göttin des Rechtes

weder Entstehen noch Vergehen aus ihren Fesseln losgelassen, sondern sie gebannt. Die Entscheidung hierüber liegt in folgender Erwägung: Etwas ist, oder es ist nicht! Damit ist unweigerlich entschieden, den einen Weg als undenkbar und unaussprechlich zu verwerfen – er ist ja nicht der wahre –, den anderen aber zu wählen als den einzig richtigen. Wie könnte also das Seiende in der Zukunft sein? Wie könnte es jemals entstanden sein? Denn wenn es einmal entstanden ist, dann ist es nicht; es ist aber auch nicht, wenn es jemals in Zukunft sein sollte. So ist das Werden ausgelöscht und das Vergehen der Dinge abgetan. Das Seiende ist auch nicht teilbar, da es in seinem ganzen Umfange gleichmäßig ist. Und nirgends gibt es ein stärkeres Sein, das seinen Zusammenhalt hinderte, nirgends ein schwächeres: denn alles ist voll vom Seienden. Daher ist es in seinem ganzen Umfange zusammenhängend. Denn Seiendes stößt an Seiendes.

Aber unbeweglich ruht es in den Grenzen gewaltiger Bande, ohne Anfang und ohne Ende; sind doch Entstehen und Vergehen in die äußerste Ferne verschlagen! Denn feste Überzeugung hat sie verjagt. Und als dasselbe verharrt es an derselben Stelle und ruht in sich selber, und so bleibt es fest an seinem Platz. Denn die starke Notwendigkeit hält es in den Banden der Grenzen, die es ringsum einschließen. Daher darf das Seiende nicht ohne Abschluß sein. Denn es haftet ihm keinerlei Mangel an. Wäre das der Fall, dann fehlte ihm alles!«

Empedokles aus Agrigent (etwa 482–424 v. Chr.) versuchte, den Gedanken einer »wahren« Unveränderlichkeit des Seins – trotz scheinbarer Veränderungen im Bereich des sinnlich Wahrnehmbaren – durch die Bewegung unsichtbarer Elementarteilchen zu deuten, die sich, gesteuert durch stofflich gedachte Kräfte, »Liebe« und »Haß«, mischen und entmischen:

»Zweifelhaft ist der sogenannten ›Sterblichen‹ Entstehen, zweifelhaft ihr Hinschwinden: Denn Entstehen und Vergehen bewirken erzeugend und auflösend das Zusammenkommen aller, indem wiederum alle auseinanderwachsen, schwindet es dahin, nachdem es heranwuchs. Und die Sterblichen, als durcheinander Wechselnde, hören niemals auf, weil zu einer Zeit alle durch Liebe zu einem zusammenwachsen, zu anderer Zeit jedoch wieder ein jeder auseinandergetrieben wird durch des Streites Haß. Insofern also, als das Eine aus mehreren erwächst und, indem es auseinanderwächst, mehrere herauskommen, ›entstehen‹ die ›Sterblichen‹, und nicht ist ihnen dauernd das Leben. Insofern sie aber, als durcheinander Wechselnde, niemals aufhören, insofern sind die ›Sterblichen‹ ständig unbewegt gemäß dem Kreis, das heißt ›unbewegt‹ in dem diesem Kreislauf möglichen Sinn, nämlich als sich identisch durchhaltende Ständigkeit.«

Anaxagoras aus Klazomenai (etwa 500–428 v. Chr.), der – ähnlich wie Heraklit – Astrophysik im Sinne der ionischen Aufklärung betrieb, erweiterte die »Elementarteilchen-Theorie« des Empedokles und ersetzte die stofflichen Ordnungskräfte »Liebe« und »Haß« durch den ordnenden Geist:

»Und über alles, was Seele hat, Größeres und Kleineres, hat der Geist Gewalt. Auch über die gesamte Wirbelbewegung hat der Geist die Gewalt, so daß sie im Anfang herumzukreisen begann. Und zuerst begann diese Bewegung von einem kleinen Punkt aus herumzukreisen; sie greift aber weiter um sich und wird noch mehr um sich greifen. Und alle diese Dinge, die sich mischten und absonderten und voneinander schieden, erkannte der Geist. Wie alles werden wird, wie alles war, was heute nicht mehr vorhanden ist, und wie es jetzt ist, das alles hat der Geist angeordnet, auch diese Wirbelbewegung, die jetzt die Sterne, Sonne und Mond vollführen, wie auch die Luft und der Äther, die sich schieden.«

Der Pythagoreer Archytas aus Tarent, ein Zeitgenosse Platons, war ein hervorragender Mathematiker, Mechaniker, Musiker und Politiker. In seinen Fragmenten der Harmonik *spiegelt sich deutlich jener »mathematische Geist« der griechischen Naturforschung, der noch immer in der modernen Physik wirksam ist:*

»Treffliche Erkenntnisse scheinen mir die Mathematiker gewonnen zu haben, und es ist gar nicht verwunderlich, daß sie über die Beschaffenheit der einzelnen Dinge richtig denken. Denn da sie über die Natur des Alls treffliche Erkenntnisse gewonnen haben, mußten sie in die Beschaffenheit der Dinge im einzelnen ebenfalls einen trefflichen Einblick gewinnen. So haben sie uns denn auch über die Geschwindigkeit der Gestirne, über ihren Auf- und Untergang und über Geometrie, Zahlen (Arithmetik), Sphärik und nicht zuletzt auch über Musik klare Einsicht gegeben. Denn diese Wissenschaften scheinen verschwistert zu sein. Sie beschäftigen sich mit den beiden verschwisterten Urgestalten des Seienden, mit Zahl und Größe. Zuerst nun überlegten sie sich, daß unmöglich ein Schall entstehen könnte, ohne daß ein gegenseitiger Anschlag von Körpern stattgefunden habe. Anschlag aber, behaupteten sie, entstünde dann, wenn die in Bewegung befindlichen Körper sich gegenseitig treffen und zusammenstoßen. Diejenigen Körper nun, die sich aufeinander zu bewegen und einander begegnen, brächten, dadurch daß sie sich hemmen, den Schall hervor; diejenigen Körper aber, die sich in gleicher Richtung, aber mit ungleicher Geschwindigkeit fortbewegten, brächten den Schall hervor, indem sie, von den nachkommenden eingeholt, getroffen würden. Viele von diesen Schällen könnten nun von uns nicht erfaßt werden, teils wegen des schwachen Anschlags, teils wegen der weiten Entfernung von uns, einige auch wegen ihrer außerordentlichen Stärke. Denn die gewaltigen Schälle könnten nicht in unser Ohr eindringen, wie sich ja auch in enghaltige Gefäße, sobald man viel eingießen will, nichts eingießen läßt. Von den an unseren Sinn anschlagenden Schällen erscheinen uns nun die hoch, welche schnell und stark von dem Anschlag her zu uns dringen, und tief die, die uns langsam und schwach erreichen. Denn nimmt man eine Gerte und bewegt sie langsam und schwach, so wird man mit dem Schlag einen tiefen Schall hervorbringen, bewegt man sie aber rasch und stark, einen hohen. Aber nicht nur daran können wir dies erkennen, sondern auch an folgendem: Wenn wir beim Reden oder Singen etwas laut und hoch klingen lassen wollen, so werden wir dies mit starkem Atem erreichen, wollen wir aber leise oder tief sprechen, so werden wir schwachen Atem anwenden. Dies verhält sich auch zum Beispiel bei Geschossen so. Die kräftig abgeschleuderten fliegen weit, die schwach abgeschleuderten in die Nähe. Denn den kräftig abgeschleuderten gibt die Luft stärker nach, den anderen dagegen weniger. Dasselbe trifft, wie schon gesagt, auf die Töne zu: Ein Ton, der unter starkem Atemstoß hervorgebracht wird, wird stark und hoch klingen, unter schwachem Atemstoß dagegen schwach und tief. Wir können dies an dem folgenden Beispiel am deutlichsten feststellen: Ein Mensch, der sich mit lauter Stimme weithin vernehmlich macht, ist mit leiser dagegen nicht einmal in der Nähe zu hören. So auch bei den Flöten: Strömt die aus dem Mund gestoßene Luft in die nahe dem Mund liegenden Löcher, so gibt die Flöte infolge des starken Druckes einen höheren Klang von sich, dringt die Luft dagegen in die weiter abgelegenen Löcher, einen tieferen. Daraus ergibt sich, daß die schnelle Bewegung den Klang hoch, die langsame ihn tief macht. Doch auch bei den in den Mysterienweihen geschwungenen Instrumenten, Waldteufel genannt, geschieht genau dasselbe: Langsam geschwungen geben sie einen tiefen Klang von sich, heftig dagegen einen hohen. Doch auch das Rohr wird, wenn man sein unteres Ende verstopft und hineinbläst, uns einen tiefen Ton geben; bläst man dagegen in die Hälfte oder sonst einen beliebigen Teil von ihm, so wird es hoch klingen. Denn dieselbe Luft strömt durch einen langgestreckten Raum zwar langsam, durch einen kürzeren jedoch heftig aus.«

Die mathematischen Darlegungen (Expositio rerum mathematicarum) *des Griechen Theon aus Smyrna, die aus der ersten Hälfte des zweiten nachchristlichen Jahrhunderts stammen, enden mit einem Text, der unter Fachleuten als* Fragment des Derkyllides *bekannt ist. Mutmaßlicher Autor dürfte jedoch der griechische Gelehrte und »Wahlrömer« Geminos gewesen sein (vergleiche Seite 115). Es handelt sich jedenfalls um eine der bemerkenswertesten wissenschafts- und erkenntnistheoretischen Abhandlungen über die Prinzipien der griechischen Astronomie:*
»Im folgenden sagt Derkyllides: So wie es in der Geometrie und Musik unmöglich ist, die nach den Prinzipien kommenden Sätze anzuknüpfen, wenn man nicht die Hypothesen festgestellt hat, ebenso ist es auch für die Astronomie nötig, sich vorweg über die Hypothesen zu verständigen, von denen aus die Lehre über die Planetenbewegung fortschreitet. An der Spitze der meisten mathematischen Abhandlungen, so sagt er, steht die Annahme der Prinzipien, die als zugestanden behandelt werden. Es wird angenommen:
Erstens also, daß die Zusammensetzung der Welt einem Ursprung folgend geordnet ist. Dieser liegt sowohl dem Seienden als den Phänomenen zugrunde. Deshalb soll man nicht sagen, daß der Kosmos nur unseren Augen aus dem Unendlichen her als endlich erscheint, sondern es ist ringsum begrenzt.
Zweitens, daß die göttlichen Körper in ihren Auf- und Untergängen nicht erlöschen und wieder entflammen; denn wenn ihr Bestand nicht ewig wäre, würde die Ordnung im ganzen nicht bewahrt.
Drittens, daß es nicht mehr und nicht weniger als sieben Planeten gibt; dies ist offenkundig aus langer Beobachtung.
Viertens, da es vernünftig ist, daß nicht alles Seiende bewegt ist und nicht alles ruht, sondern einiges bewegt ist und einiges ruht, muß man übereinkommen, was im Universum ruhen muß und was bewegt sein.
Er sagt aber, man müsse glauben, daß die Erde ruht, als der Herd des Hauses der Götter nach Platon, daß sich jedoch die Planeten mit dem ganzen umgebenden Himmel bewegen; diejenigen, die das Bewegliche ruhen und das nach Natur und Sitz Unbewegliche sich bewegen lassen, weist er ab, weil sie sich im Gegensatz zu den Hypothesen der mathematischen Wissenschaft befinden.
In dieser Schrift sagt er auch: Wenn wir annehmen, daß sich die Plane-

ten, in der Länge, Tiefe und Breite geordnet, gleichmäßig und kreisförmig bewegen, so werden wir wohl die Wahrheit über sie nicht verfehlen. Deshalb lehnt er die Aufgänge und die Mitaufgänge der Bewegung in der Länge – und die von den Alten gegebenen schwachen und leichtfertigen Erklärungen des sogenannten Zurückbleibens – ab. Richtig sei es, sagt er, anzunehmen, da eine solche Bewegung alles Vernunftlose und Ungeordnete meidet, daß die Planeten ruhig in einer der Fixsternbewegung entgegengesetzten Bewegung laufen und daß die innere Bewegung von der äußeren mit herumgeführt wird. Er glaubt nicht, daß man als primäre Ursache der Planetenbewegung die schraubenförmigen Linien annehmen soll, auch nicht die Linien, die der Hippopede ähnlich sind; diese entstünden nämlich durch Zufall. Als erste Ursache sowohl der Ungleichmäßigkeit wie der Schleife solle man die Bewegung gemäß dem schiefen Tierkreis annehmen. Denn die Schleifenbewegung sei zufällig und sekundär eine Folge der doppelten Bewegung um diese. Als erste muß man die längs des schiefen Kreises fortschreitende Bewegung ansprechen; die Schleife ist sekundär und nicht primär.

Ferner bestreitet er, daß die Exzentrizitäten die Ursachen der Bewegung nach der Tiefe hin seien. Er glaubt vielmehr, die Bewegung aller Himmelskörper finde um einen einzigen Mittelpunkt statt, der ihnen selbst und dem Himmel gemeinsam sei. Nicht als Primärbewegung, sondern als akzidentelle Folge würden von den Planeten Epizykeln und exzentrische Kreise durch den Tiefenraum der konzentrischen Sphären beschrieben. Denn zwei Oberflächen hat jede Sphäre, die eine ist nach innen hohl, die andere nach außen gewölbt, und in dem Zwischenraum bewegen sich die Sterne gemäß Epizykeln und Konzentren; zufolge dieser Bewegung beschreiben sie zufällig die Exzenter. Er sagt auch, für unseren Augenschein seien zwar die Bewegungen der Planeten ungleichförmig, in der Substanz und Wahrheit aber gleichförmig. Jede von ihnen habe eine freiwillige und ungezwungene Bewegung durch die geringste Zahl von Bewegungskomponenten und in geordneten Sphären. Er tadelt einige Philosophen, welche die Sterne wie etwas Unbeseeltes ihren Sphären anheften und für ihre Kreise eine Vielheit von Sphären einführen, so wie es Aristoteles sich denkt, und von den Mathematikern Menaichmos und Kallippos, die tragende und zurückrollende Sphären angenommen haben. Gemäß diesen Voraussetzungen glaubt er, daß sich der Himmel mit den Gestirnen in gleichmäßigen und kreisförmigen Bewegungen auf einer Mindestzahl symphoner, konzentrischer und zwangloser Bahnen um die Erde bewegt, und er bezeut, daß diese Hypothesen bei Platon gewahrt werden.«

*Aristoteles (384–322 v. Chr.) hatte von den mathematischen Gegenständen, die auch für den Physiker von größtem Interesse sind, eine deutlich andere Vorstellung als sein Lehrer Platon, für den die Mathematik bekanntlich eine Vorstufe der Ideenerkenntnis darstellte: Aufgrund des Aristotelischen Begriffsapparates mit den körperlichen Dingen aus Materie, die durch substantielle und akzidentelle Formen gekennzeichnet waren (Seite 164), konnte den mathematischen Gegenständen überhaupt keine selbständige Existenz, keine »Substantialität« zukommen – sie entstanden lediglich durch Abstraktion. Aristoteles griff bei der Erläuterung dieses Gedankens zu durchaus plastischen Vergleichen (*Physik, *III, 7):*
»Das durch Abstraktion Bezeichnete wird gedacht, so wie man sich ›das‹ Stumpfnasige denkt: sofern es stumpfnasig ist, ist es nicht abgesondert (von der Nase), sofern es aber krumm ist, wenn man nur dies faktisch denkt, so wird man es ohne Fleisch denken, an welchem das Krumme ist. So denkt man die mathematischen Dinge, die nicht abgesondert sind, als abgesondert, wenn man sie denkt.«

Die unterschiedlichen Betrachtungsweisen der Mathematiker und Physiker, was die Dinge der »Natur« betrifft, hatte Aristoteles bereits in Physik, *II, 2 erklärt:*
»Nachdem wir aber festgestellt haben, in wie vielen Betrachtungen ›Natur‹ gesagt werde, so müssen wir hierauf betrachten, worin sich der Mathematiker von dem Physiker unterscheide; denn die physischen Körper haben sowohl Flächen- als auch Körper-Inhalt und Längen-Ausdehnung und Punkte, über welche Gegenstände der Mathematiker Erwägungen anstellt; auch ist ferner die Astronomie entweder verschieden von der Physik oder ein Teil derselben; denn wenn es Sache des Physikers wäre, wohl nur zu wissen, was die Sonne oder der Mond sei, nicht aber irgend etwas von jenem, was an und für sich an ihnen vorkommt, so wäre dies ungereimt; zumal da es sich zeigt, daß jene, welche über die Natur sprechen, auch über die Figur des Mondes und der Sonne sowie darüber sprechen, ob die Erde und die ganze Welt kugelförmig seien oder nicht. Mit diesen Figuren nun beschäftigt sich auch der Mathematiker, aber mit keiner im Hinblick darauf, daß es sich um einen physischen Körper handelt, dessen Grenze sie sind; und auch das an jenen Vorkommende betrachtet er nicht insofern, als es an so oder so Beschaffenem vorkommt. Darum auch trennt er das Mathematische, denn es ist dem Gedanken nach von der Bewegung trennbar, und es macht weder einen Unterschied, wenn man es trennt, noch entsteht hierdurch etwas Unwahres. (Ohne es zu

merken aber tun dies auch jene, welche von den ›Ideen‹ sprechen; diese nämlich trennen auch das Physische, welches doch weit weniger trennbar ist als das Mathematische.)
Dieses Verhältnis dürfte jedoch klarwerden, wenn man versuchte, die Grenzgebiete beider, sowohl der Dinge selbst als auch des an ihnen Vorkommenden, anzugeben: nämlich das Ungerade und das Gerade bei den Zahlen und das Gerade und das Schiefe; ferner Zahl und Linie und Figur sind ohne Bewegung, Fleisch aber und Knochen und Mensch sind schon nicht mehr ohne Bewegung, sondern diese werden als Benennungen gebraucht in dem Sinne wie ›schielendes Auge‹, nicht aber in dem Sinne wie ›schief‹.
Es zeigen dies aber auch die physikalischeren unter den mathematischen Wissenschaften, wie zum Beispiel die Optik und die Harmonik und die Astronomie; denn sie sind in gewisser Art Gegenstücke zur Geometrie. Aber einerseits betrachtet die Geometrie eine physische Linie, nur nicht insofern sie physisch ist, und andererseits betrachtet die Optik eine mathematische Linie, nur nicht insofern sie mathematisch, sondern insofern sie physisch ist.«

Über die streng mathematische Methode, mechanische, das heißt statische Probleme der Physik anzupacken, wie sie Archimedes (287–212 v. Chr.) praktiziert hat, gibt ein Text dieses Gelehrten Auskunft, der Archimedes grüßt Eratosthenes *überschrieben worden war:*
»Da ich dich, Eratosthenes, als einen hervorragenden philosophischen Forscher und Lehrer kennengelernt habe, der auch mathematische Betrachtungen, wenn sie irgendwann auftauchen, hochschätzt, habe ich beschlossen, die Eigenart einer bestimmten Methode in diesem Buch auseinanderzusetzen, mit deren Hilfe du imstande sein wirst, gewisse mathematische Betrachtungen mittels der ›Mechanik‹ (Statik) anzustellen. Ich bin aber überzeugt, daß die Methode nicht weniger nützlich ist zum Beweis der Theoreme selbst. Denn einiges von dem, was mir auf ›mechanische‹ Weise klarwurde, wurde später auf geometrische Art bewiesen, weil die Betrachtungsweise der (›mechanischen‹) Art der (strengen) Beweiskraft entbehrt. Denn es ist leichter, den Beweis zustande zu bringen, wenn man schon vorgreifend durch die ›mechanische‹ Weise einen Begriff von der Sache gewonnen hat, als ohne eine derartige Vorkenntnis. Deshalb wird man auch einen nicht geringen Verdienstanteil an der Entdeckung jener Theoreme, für die Eudoxos zuerst den Beweis fand – über Kegel und Pyramide, daß der Kegel der dritte Teil des Zylinders und die

Pyramide der dritte Teil des Prismas mit derselben Basis und Höhe sind –, dem Demokrit zubilligen müssen, der die Sätze über diese Figuren zuerst aussprach, wenn auch ohne Beweis.«

Mit methodologischen Fragen der Naturforschung als Erfahrungs- und Experimentalwissenschaft beschäftigten sich im 13. Jahrhundert neben Albertus Magnus und Robert Grosseteste vor allem Roger Bacon, dessen programmatische Schriften bereits einer Mathematisierung der Physik das Wort redeten, wie sie später von Galilei und Kepler praktiziert wurde. In Bacons Opus Majus *war etwa zu lesen:*
»Die Experimentalwissenschaft hat drei große Vorzüge gegenüber den anderen Wissenschaften. Erstens untersucht sie mit Hilfe des Experiments die ausgezeichneten Schlußfolgerungen aller Wissenschaften. Denn diese können zwar ihre Prinzipien durch Experimente herausfinden; aber ihre Schlüsse folgern aus Argumenten, die auf gefundenen Prinzipien basieren. Wenn sie aber ihre Schlußfolgerungen im einzelnen genau und vollständig erfahren sollen, so ist das nur durch die Hilfe dieser edlen Wissenschaft möglich. Es ist in der Tat wahr, daß die Mathematik universale Erfahrung bezüglich ihrer Schlüsse im Rechnen hat; sie werden gleicherweise in allen Wissenschaften, auch in der Experimentalwissenschaft, angewandt, weil keine ohne Mathematik auskommen kann. Aber wenn wir uns den Erfahrungen zuwenden, die ausschließlich in ihrer eigenen Disziplin genau, vollständig und gesichert sind, so müssen wir den Verfahrensweg jener Wissenschaft gehen, die die experimentelle genannt wird.«

Mit großem Eifer bemühte sich auch Leonardo da Vinci (1452–1519) um die Mathematisierung der Physik, indem er betonte, daß es ohne Verbindung mit den mathematischen Wissenschaften keine Gewißheit geben könne. Darüber hinaus versuchte er jedoch, die rein mathematisch-euklidische Methode, mit der sich Archimedes den mechanischen Problemen widmete, durch experimentelle Techniken zu erweitern. Der Kraft-Begriff seiner Mechanik war dabei allerdings rein spekulativ, ja animistisch, noch ganz der Tradition der »Platonischen Akademie« zu Florenz verhaftet:
»Die Kraft ist ganz in dem Ganzen und ganz in jedem Teil desselben.
Die Kraft ist eine geistige Fähigkeit, ein unsichtbares Wirkungsvermögen, das unter einem zufälligen Zwang allen ihrer natürlichen Neigung nicht mehr folgenden Körpern verliehen wird.
Die Kraft ist nichts anderes als eine geistige Fähigkeit, ein unsichtbares

Wirkungsvermögen, das durch einen zufälligen Zwang geschaffen und von den lebendigen Körpern auf die leblosen übertragen wird und diesen Körpern einen Schein von Leben gibt. Dieses Leben ist von wunderbarer Wirkung. Während die Kraft alle geschaffenen Dinge bezwingt und ihre Lage und Form ändert, geht sie mit rasender Eile ihrer Auflösung entgegen und ändert sich selbst mittels der Ursachen.
Langsamkeit macht sie stark, Geschwindigkeit macht sie schwach.
Sie lebt unter Zwang und stirbt in der Freiheit.
Sie verwandelt jeden Körper und zwingt ihn zur Änderung der Lage und Form.
Großes Wirkungsvermögen verleiht ihr großen Drang zum Tode.
Mit rasender Gewalt vertreibt sie das, was ihrem Vernichtungswillen widersteht.
Stets lebt sie im Widerstreit mit dem, was sie beherrscht.
Immer widersetzt sie sich allem natürlichen Bestreben.
Sie wird allmählich größer und gewinnt ein schreckliches und wunderbares Wirkungsvermögen.
Indem sie sich selbst bezwingt, bezwingt sie alles.
Sie wohnt in dem von ihrem natürlichen Lauf und ihrer Gewohnheit abgebrachten Körpern.
Freiwillig verzehrt sie sich selbst.
Die Kraft ist überall in dem Ganzen, ja überall in dem ganzen Körper, wo sie erzeugt wird.
Das Wirkungsvermögen ist nur ein Drang zur Flucht.
Sie trachtet immer danach, sich zu verlieren und zu verschwenden.
Hat sie sich selbst bezwungen, so bezwingt sie jeden Körper. Ohne sie bewegt sich nichts.
Ohne sie ist kein Schall oder Ton zu hören.
Ihr wahrer Ursprung ist in den lebendigen Körpern.«

Erst Galileo Galilei (1564–1642) gelang es, die neuzeitliche Bewegungslehre vorzubereiten, die dann als Newtonsche Dynamik die Archimedische Statik ablösen konnte. Galilei schrieb:
»Über einen sehr alten Gegenstand entwickeln wir eine ganz neue Wissenschaft. Nichts ist vielleicht älter in der Natur als die Bewegung, und über sie sind zahlreiche und stattliche Bände von den Forschern geschrieben worden. Trotzdem finde ich so manche wissenswerte Eigenschaften derselben, die bisher nicht beobachtet, geschweige bewiesen sind. Einige näherliegende pflegt man zu erwähnen, zum Beispiel, daß die natürliche

Bewegung fallender schwerer Körper sich stetig beschleunigt. Aber nach welchem Gesetz ihre Beschleunigung zustande kommt, ist bis jetzt nicht bekanntgemacht worden. Denn niemand hat meines Wissens bewiesen, daß die von einem aus dem Ruhestand fallenden Körper in der gleichen Zeit zurückgelegten Strecken sich verhalten wie die aufeinanderfolgenden ungeraden Zahlen, von eins angefangen. Man hat beobachtet, daß Geschosse oder geworfene Körper irgendeine krumme Linie beschrieben; aber daß diese eine Parabel ist, hat niemand ausgesprochen. Daß sich dies so verhält und vieles andere ebenso Wissenswerte, werde ich beweisen und, was ich für wichtiger halte, den Zugang zu einer sehr ausgedehnten und hervorragenden Wissenschaft erschließen, deren Anfangsgründe unsere vorliegenden Arbeiten bilden werden. Scharfsinnigere Geister als ich werden in ihre entlegeneren Gegenden vordringen.«

Zu diesen »scharfsinnigeren Geistern« gehörte vor allem Isaac Newton (1643–1727), dessen Gravitationstheorie die Planetenbewegung und die Mechanik der Gezeiten überzeugend erklärte, ohne allerdings eine mechanistische Erklärung der Schwere zu geben, wie das beispielsweise René Descartes versuchte. In den Principia *heißt es daher:*

»Ich habe bisher die Erscheinungen der Himmelskörper und die Bewegungen des Meeres durch die Kraft der Schwere erklärt, aber ich habe nirgends die Ursache der letzteren angegeben. Diese Kraft rührt von irgendeiner Ursache her, welche bis zum Mittelpunkt der Sonne und der Planeten dringt, ohne irgend etwas von ihrer Wirksamkeit zu verlieren. Sie wirkt nicht proportional zur Oberfläche derjenigen Teilchen, worauf sie einwirkt (wie die mechanischen Ursachen), sondern proportional zur Menge fester Materie, und ihre Wirkung erstreckt sich nach allen Seiten hin, bis in ungeheure Entfernungen, indem sie stets im doppelten Verhältnis der letzteren abnimmt. Die Schwere gegen die Sonne ist aus der Schwere gegen jedes ihrer Teilchen zusammengesetzt, und sie nimmt mit der Entfernung von der Sonne genau im doppelten Verhältnis der Abstände ab, und dies geschieht bis zur Bahn des Saturn, wie die Ruhe der Aphelien der Planeten beweist; sie erstreckt sich ferner bis zu den äußeren Aphelien der Kometen, wenn diese Aphelien in Ruhe sind.

Ich habe es noch nicht erreicht, aus den Erscheinungen den Grund dieser Eigenschaften der Schwere abzuleiten, und Hypothesen erstelle ich nicht. Alles nämlich, was nicht aus den Erscheinungen folgt, ist eine Hypothese, und Hypothesen, seien es nun metaphysische oder physische, mechanische oder diejenigen der verborgenen Eigenschaften, dürfen nicht in die Experimentalphysik aufgenommen werden. In dieser leitet man die Sätze aus den Erscheinungen ab und verallgemeinert sie durch Induktion. Auf diese Weise haben wir die Undurchdringlichkeit, die Beweglichkeit, den Stoß der Körper, die Gesetze der Bewegung und der Schwere kennengelernt. Es genügt, daß die Schwere existiere, daß sie nach den von uns dargelegten Gesetzen wirke und daß sie alle Bewegungen der Himmelskörper und des Meeres zu erklären imstande sei.«

Albert Einstein (1879–1955) war mit seinen theoretischen Arbeiten der eigentliche Vollender der Newtonschen Dynamik, die nur eine Relativität der Geschwindigkeiten kannte, während die Beschleunigung eine absolute Größe war. Einstein erweiterte nun das Relativitätspostulat auch auf die Beschleunigungen: Dabei erbaute er seine allgemeine Relativitätstheorie auf dem Fundament des Machschen Prinzips, das besagte, daß es keine Trägheit der Materie gegenüber dem Raum geben könne, sondern nur eine Trägheit von Materie gegenüber Materie. Diese erkenntnistheoretische Verpflichtung Einsteins gegenüber Ernst Mach zeigte sich deutlich in seinem Nachruf auf den »Ahnherrn des modernen Positivismus« aus dem Jahr 1916:

»Die Bedeutung solcher Geister, wie Mach, liegt keineswegs nur darin, daß sie gewisse philosophische Bedürfnisse der Zeit befriedigen, die der eingefleischte Fachwissenschaftler als Luxus bezeichnen mag. Begriffe, welche sich bei der Ordnung der Dinge als nützlich erwiesen haben, erlangen über uns leicht eine solche Autorität, daß wir ihres irdischen Ursprungs vergessen und sie als unabänderliche Gegebenheiten hinnehmen. Sie werden dann zu ›Denknotwendigkeiten‹, ›Gegebenen a priori‹ und so weiter gestempelt. Der Weg des wissenschaftlichen Fortschrittes wird durch solche Irrtümer oft für lange Zeit ungangbar gemacht. Es ist deshalb durchaus keine müßige Spielerei, wenn wir darin geübt werden, die längst geläufigen Begriffe zu analysieren und zu zeigen, von welchen Umständen ihre Berechtigung und Brauchbarkeit abhängt, wie sie im einzelnen aus den Gegebenheiten der Erfahrung herausgewachsen sind. Dadurch wird ihre allzu große Autorität gebrochen. Sie werden entfernt, wenn sie sich nicht ordentlich legitimieren können, korrigiert, wenn ihre Zuordnung zu den gegebenen Dingen allzu nachlässig war, durch andere ersetzt, wenn sich ein neues System aufstellen läßt, das wir aus irgendwelchen Gründen vorziehen.

Derartige Analysen erscheinen dem Fachwissenschaftler, dessen Blick mehr auf das Einzelne gerichtet ist, meist überflüssig, gespreizt, zuweilen

gar lächerlich. Die Situation ändert sich aber, wenn einer der gewohnheitsmäßig benutzten Begriffe durch einen schärferen ersetzt werden soll, weil es die Entwicklung der betreffenden Wissenschaft erheischt. Dann erheben diejenigen, welche den eigenen Begriffen gegenüber nicht reinlich verfahren sind, energischen Protest und klagen über revolutionäre Bedrohung der heiligsten Güter. In dies Geschrei mischen sich dann die Stimmen derjenigen Philosophen, welche jenen Begriff nicht entbehren zu können glauben, weil sie ihn in ihr Schatzkästlein des ›Absoluten‹, des ›a priori‹ oder kurz derart eingereiht hatten, daß sie dessen prinzipielle Unabänderlichkeit proklamiert hatten.
Der Leser errät schon, daß ich hier vorzugsweise auf gewisse Begriffe der Lehre von Raum und Zeit sowie der Mechanik anspiele, welche durch die Relativitätstheorie eine Modifikation erfahren haben. Niemand kann es den Erkenntnistheoretikern nehmen, daß sie der Entwicklung hier die Wege geebnet haben; von mir selbst weiß ich mindestens, daß ich insbesondere durch Hume und Mach direkt und indirekt sehr gefördert worden bin.«

Ergänzende und weiterführende Literatur

Asimov, Isaac: *Biographische Enzyklopädie der Naturwissenschaften und der Technik*. Freiburg 1973.

Bernal, John Desmond: *Wissenschaft – Science in History*. 4 Bände. Hamburg 1970.

Bondi, Hermann: *Mythen und Annahmen in der Physik*. Göttingen 1971.

Crombie, Alastair C.: *Von Augustinus bis Galilei – Die Emanzipation der Naturwissenschaft*. Köln und Berlin 1964.

Dampier, William C.: *Geschichte der Naturwissenschaft in ihrer Beziehung zu Philosophie und Weltanschauung*. Zürich 1952.

Diels, Hermann: *Die Fragmente der Vorsokratiker*. Hamburg 1957.

Einstein, Albert, und Infeld, Leopold: *Die Evolution der Physik – Von Newton bis zur Quantentheorie*. Hamburg 1957[3]

Fleckenstein, Joachim O.: *Naturwissenschaft und Politik – Von Galilei bis Einstein.* München 1965.

Flügge, Siegfried: *Wege und Ziele der Physik.* Berlin, Heidelberg, New York 1974.

Fuchs, Walter R.: *Knaurs Buch der modernen Physik.* München 1972[14].

Hawkins, Gerald S.: *Stonehenge decoded.* New York 1965.

Heisenberg, Werner: *Das Naturbild der heutigen Physik.* Hamburg 1958[6].

Heitler, Walter: *Der Mensch und die naturwissenschaftliche Erkenntnis.* Braunschweig 1964[3].

Hermann, Armin (Herausgeber): *Lexikon Geschichte der Physik A–Z.* Köln 1972.

Hoppe, Edmund: *Geschichte der Physik.* Braunschweig 1926 (Neudruck: 1965).

Hoppe, Edmund: *Mathematik und Astronomie im klassischen Altertum.* Heidelberg 1911 (Neudruck: 1966).

Hoyle, Fred: *From Stonehenge to Modern Cosmology.* San Francisco 1972.

Köstler, Arthur: *Die Nachtwandler – Das Bild des Universums im Wandel der Zeit.* Bern, Stuttgart 1959.

Lorenzen, Paul: *Die Entstehung der exakten Wissenschaften.* Berlin, Göttingen, Heidelberg 1960.

Müller, Rolf: *Der Himmel über dem Menschen der Steinzeit – Astronomie und Mathematik in den Bauten der Megalithkulturen.* Berlin, Heidelberg, New York 1970.

Müller, Rolf: *Sonne, Mond und Sterne über dem Reich der Inka.* Berlin, Heidelberg, New York 1972.

Mumford, Lewis: *Mythos der Maschine – Kultur, Technik und Macht.* Wien 1974.

Reiche, Maria: *Geheimnis der Wüste – Vorbericht für eine wissenschaftliche Deutung der vorgeschichtlichen Bodenzeichnungen von Nazca, Peru, und Einführung in ihr Studium.* Stuttgart 1968.

Schrödinger, Erwin: *Die Natur und die Griechen – Kosmos und Physik.* Hamburg 1956.

Register

(Alle Zahlen verweisen auf Seiten)

Bildquellen

British Museum, London: 59 unten. Deutsches Museum, München: 42, 59 oben, 60, 100, 127, 128, 158, 171, 177, 178, 190, 195, 196, 228, 239, 241, 245, 246, 261, 263, 264, 269. Deutsche Verlags-Anstalt, Stuttgart: 30, 31, 32, 33, 34, 38, 44, 45, 47 (Klaus Bürgle); 59 unten; 72, 89, 90, 91, 106, 113, 114, 131, 132, 138, 141, 142, 146, 150, 201, 202 (Klaus Bürgle); 210, 230, 238, 255, 256. Rolf Kunitsch, Altheim: 41. Maria Reiche, Stuttgart: 109, 110.